VDE-Schriftenreihe *136*

Zu den Autoren

Prof. Dr.-Ing. **Fevzi Belli** vertritt das Fachgebiet Angewandte Datentechnik, im Institut für Elektrotechnik und Informationsverarbeitung an der Universität Paderborn. Er war Obmann der internationalen Arbeitsgruppe zur Erstellung der IEC 62309.

Dr. **Ferdinand Quella** leitete das Referat Produktbezogener Umweltschutz der Siemens AG in München. Er ist Initiator dieser Norm und fungierte bei der DKE-Arbeitsgruppe als stellvertretender Obmann.

Dr. **Jan Bohnstedt** ist Partner einer Rechtsanwaltsgesellschaft in Frankfurt am Main mit Schwerpunkt im Technikrecht (Vertriebsrecht, Produkthaftung etc.). Neben seiner Anwaltstätigkeit ist er als Dozent an der Universität Paderborn und beim VDE tätig.

VDE-Schriftenreihe Normen verständlich

136

Einsatz gebrauchter Komponenten in neuen Produkten der Elektrotechnik

nach DIN EN 62309
(VDE 0050):2005-02

und unter Berücksichtigung europäischer Richtlinien
(RoHS-, WEEE-, Abfallrahmen-, Ökodesignrichtlinie) und
des ElektroG

Prof. Dr.-Ing. Fevzi Belli
Dr. Jan Bohnstedt
Dr. Ferdinand Quella

VDE VERLAG GMBH • Berlin • Offenbach

Auszüge aus DIN-Normen DIN EN 62309 (VDE 0050):2005-12 sind für die angemeldete limitierte Auflage wiedergegeben mit Genehmigung 032.013 des DIN Deutsches Institut für Normung e. V. und des VDE Verband der Elektrotechnik Elektronik Informationstechnik e. V. Für weitere Wiedergaben oder Auflagen ist eine gesonderte Genehmigung erforderlich. Die zusätzlichen Erläuterungen geben die Auffassung der Autoren wieder. Maßgebend für das Anwenden der Normen sind deren Fassungen mit dem neuesten Ausgabedatum, die bei der VDE VERLAG GMBH, Bismarckstr. 33, 10625 Berlin und der Beuth Verlag GmbH, Burggrafenstr. 6, 10787 Berlin erhältlich sind.

Bibliografische Information der Deutschen Nationalbibliothek
Die Deutsche Nationalbibliothek verzeichnet diese Publikation in der Deutschen Nationalbibliografie; detaillierte bibliografische Daten sind im Internet über http://dnb.dnb.de abrufbar.

ISBN 978-3-8007-3493-1
ISSN 0506-6719

© 2013   VDE VERLAG GMBH · Berlin · Offenbach
Bismarckstr. 33, 10625 Berlin

Druck: H. Heenemann GmbH & Co., Berlin
Printed in Germany   2013-03

Inhalt

Vorwort

Wenn Ihnen jemand ein neues Gerät „unter Verwendung von neuwertigen Teilen" als neu verkaufen möchte, würden Sie es kaufen? Sie zögern? Tatsächlich gelangen immer mehr Geräte samt ihren neuwertigen Komponenten in den Abfallstrom, die noch weitere „Leben" haben könnten. Das immens große Nutzungspotenzial der Wiederverwendung zur Schonung unserer Umwelt wird augenblicklich nur von wenigen Anbietern industrieller Produkte genutzt, beispielsweise von Herstellern der Kopier- und Medizingeräte. Die meisten anderen Hersteller zögern (wie evtl. auch Sie) noch, wohl aufgrund vermeintlich offener technischer, wirtschaftlicher, rechtlicher und sonstiger Fragen. Die Behandlung dieser Fragen bildet den Gegenstand dieses Buchs.

Die Akzeptanz der Wiederverwendung hängt zum einen vom Vertrauen des Kunden in die Qualität der wiederverwendeten Komponenten ab. Zum anderen muss für den Hersteller der Aufwand überschaubar bleiben, um dieses Vertrauen zu gewährleisten. Schließlich ist es notwendig, jegliches Risiko der Wiederverwendung für die Umwelt auszuschließen.

Zum Aufzeigen gangbarer Lösungswege für die Probleme der Wiederverwendung elektr(on)ischer Produkte und deren Komponenten haben die Autoren dieses Buchs die internationale Norm IEC 62309 initiiert, die von einem Team weltweit anerkannter Experten ausgearbeitet wurde. In dieser Norm werden die Begriffe „neues Produkt", „neuwertig", „Gesamtlebensdauer" u. v. a. aus dem Blickwinkel der Wiederverwendung überdacht und neu definiert. Auch die Schritte vom Ausbau der Komponente aus einem gebrauchten Produkt bis hin zum Vertrieb des neuen Produkts werden erläutert. Die Struktur dieser Norm bildet den roten Faden des vorliegenden Buchs, dessen Ziel und Struktur wir nachfolgend zusammenfassen.

Ziel und Struktur des Buchs

Die Autoren haben sich zum Ziel gesetzt,

- technische Entscheidungskriterien für die Wiederverwendung von Komponenten zu definieren und Regeln für Produktverbesserungen zu benennen,

- ökonomische Entscheidungskriterien für die Wiederverwendung festzulegen,

- den gesetzlich normativen Hintergrund zur Wiederverwendung zu erläutern,

- Anwendern einen Überblick über die IEC 62309 bzw. DIN EN 62309 (**VDE 0050**) zu verschaffen und dies an etlichen Stellen durch praktische Beispiele zu verdeutlichen,

- übergeordnete Aspekte, z. B. der Software in wiederzuverwendenden Produkten und Komponenten zu erläutern.

In der Hauptsache geht es um Komponenten, die so zu qualifizieren sind, dass sie in neuen Produkten wieder eingesetzt werden können. Zahlreiche Produkte lassen sich auch so wieder herrichten, dass sie, was Qualität und geplante Nutzungsdauer anbetrifft, alle Kriterien eines neuen Produkts erfüllen. Deshalb liegt auch hier der Schwerpunkt des Buchs, wie durch seine Struktur bekräftigt wird.

Im Kapitel 1 wird „Die Philosophie der Neuwertigkeit" erklärt: Wiederverwendung setzt bereits in der Entwicklung auf und kann zu einem Ergebnis führen, das den Nichtfachmann verblüfft: Die Qualität der Geräte mit wiederverwendeten Teilen kann besser sein als die von Geräten, die aus neuen Teilen bestehen! Denn die wiederverwendeten Komponenten haben neben ihrer ursprünglichen Qualitätsprüfung auch noch eine erfolgreiche Bewährungsperiode hinter sich gebracht, und zwar durch Einsatz in ihrem „ersten Leben". Das erste Kapitel führt auch verwendete Begriffe ein und erläutert ökonomische Aspekte sowie die Norm DIN EN 62309 (**VDE 0050**). Voraussetzung für die erfolgreiche Wiederverwendung ist die Akzeptanz durch den Kunden. Dabei ist die vollständige Information über das Vorhandensein solcher Teile natürlich vorzugswürdig, jedoch dann nicht zwingend erforderlich, wenn das Gesamtprodukt einem Produkt, das nur fabrikneue Komponenten enthält, ebenbürtig ist. Wird dieser Standard nicht sicher erreicht, muss offengelegt werden, inwieweit das Produkt wiederverwendete Bauteile enthält. Insgesamt ist zu beobachten, dass das Haftungsrisiko steigt und besonders sorgfältig vorgegangen werden muss. Die Prüfung der wiederzuverwendenden Bauteile kann dabei nur der Anfang der umfassenden Risikovorsorge sein. Natürlich müssen auch die Anforderungen von Verbraucherschutz, Produkthaftung oder Umweltschutz eingehalten werden. In diesem Kapitel wird auch eine Übersicht über besonders wichtige Gesetze gegeben, die später in Kapitel 7 vertieft werden.

Grundsätze zur Identifizierung und Qualifizierung von Komponenten zur Wiederverwendung und Qualitätsaspekte bilden den Inhalt des Kapitels 2.

Durch die Hinwendung zur Neuwertigkeit ergibt sich eine einfache Möglichkeit zur Qualitätsüberprüfung im Vergleich zu den traditionell definierten Eigenschaften der neuen Komponente. Die engen Fachgrenzen müssen verlassen werden: Genauso wie die juristischen Klärungen ist eine gut strukturierte Kommunikation zwischen allen Beteiligten nötig. Weiterhin gehören profundes technisches und Qualitätswissen dazu, wie auch der Überblick über den gesamten Produktlebenszyklus. Diese Aspekte bilden den Gegenstand der Kapitel 3 bis 5.4. Beschrieben werden auch verschiedene Wiederverwendungsstrategien unter Einbeziehung aller Werte, die in einem Produkt stecken, d. h. Restwert des gebrauchten Produkts, Werte neuwertiger und gebrauchter Teile, Materialwerte sowie Vermarktungsmöglichkeiten. Kapitel 5.5 enthält Überlegungen zur Wiederverwendung von Software in neuwertigen Geräten. Aufbauend auf die einleitenden Bemerkungen im Kapitel 1.6 werden in Kapitel 7 spezielle rechtliche Fragestellungen, z. B. zur Produkthaftung, Dokumentation, oder zu notwendigen Informationen über wiederverwendete Komponenten diskutiert. Kapitel 8 fasst die Betrachtungen mit einem Ausblick zusammen.

Leserkreis und Perspektiven

Die Struktur und der Inhalt des Buchs, wie bisher knapp erläutert, macht deutlich, an wen es sich richtet, nämlich an

- *Manager*, die sich über Chancen der Wiederverwendung informieren und eine Recyclingstrategie aufbauen möchten,
- *Produktplaner* und *Entwickler*, die über die Integration gebrauchter Teile nachdenken,
- Mitglieder aus der gesamten *Lieferkette*, die an dieser Wertschöpfungskette beteiligt werden und Kosten senken möchten,
- *Beschaffer* in Behörden und Industrie, Qualitäts- und Umweltingenieure, Kunden, Produzenten oder Verkäufer, welche fundierte Kenntnisse über die Kostenpotenziale, Risikovermeidung und rechtlichen Zusammenhänge sowie Zuverlässigkeitshintergründe bei Wiederverwendung erhalten möchten,
- *Studierende* aller Fachrichtungen mit Interesse auf Umwelt- und/oder Qualitätstechnik.

Der Druck auf Hersteller zur Wiederverwendung wird international wachsen, nicht zuletzt durch ihren hohen Stellenwert in der Abfallrahmenrichtlinie der EU und im Altgeräterücknahmegesetz WEEE (Waste Electrical and Electronic Equipment). Vor allem bei Serienprodukten ist das Nutzungspotenzial der Wiederverwendung für die Umwelt sehr hoch, denn nach Erfahrungswerten eignen sich etwa 25 % der Komponenten für die Wiederverwendung. Kurzum, Wiederverwendung wird mit Sicherheit neue Betätigungsfelder für die Elektroindustrie eröffnen und neue Arbeitsplätze schaffen.

Die Autoren werden sich glücklich schätzen, wenn die folgenden Seiten helfen, diesen ökonomisch/ökologischen Prozess in die richtige Richtung zu bringen und zu beschleunigen.

Änderungen der zweiten Auflage

Diese überarbeitete Auflage wurde nötig, weil inzwischen wesentliche Gesetze, wie z. B. die zur Beschränkung von gefährlichen Stoffen (RoHS2) und zur Altgeräterücknahme (WEEE), geändert wurden. Betroffen von der RoHS2 sind inzwischen (fast) alle elektrischen und elektronischen (E&E-)Geräte. In der neuen Richtlinie zur Altgeräterücknahme (WEEE) wurden die Quoten deutlich erhöht, was auch bedeutet, dass mehr wiederverwendet werden sollte.

Auch in der Normung gab es einige Veränderungen: Mit der IEC/PAS 62814 werden Verfahren zur Softwarewiederverwendung in gebrauchten Geräten vorgeschlagen. Auch ein Vorschlag zur Berechnung des Recyclinggrads von E&E-Produkten wurde vorgestellt (IEC/TR 62635). Durch die nunmehr genormten Inhaltsstoffangaben ergeben sich ebenfalls neue Chancen für ein umweltverträgliches Design.

Schließlich hat sich die Diskussion auf dem Rohstoffmarkt über die Rückgewinnung von seltenen Stoffen so verstärkt, dass darauf auch im Zusammenhang mit der Wiederverwendung von Komponenten eingegangen werden sollte.

Diese und einige andere kleinere Änderungen, wie die Aktualisierung des Rechtsrahmens, wurden von den Autoren eingearbeitet und damit das Buch für den Anwender auf den neuesten Stand gebracht.

Die Autoren hoffen, dass vor allem die Gesetze jetzt für etwas längere Zeiträume Bestand haben werden.

Paderborn, Frankfurt am Main und München, Frühjahr 2013

Prof. Dr.-Ing. *Fevzi Belli* · Dr. *Jan Bohnstedt* · Dr. *Ferdinand Quella*

1 Einleitung

Zur Herstellung eines PC werden ca. 700 unterschiedliche Stoffe herangezogen. Dabei werden ca. 3 000 l Wasser verbraucht und rund 2 000 kWh elektrische Energie umgesetzt [1]. Bei der Produktion fallen große Mengen teilweise giftiger Abfälle an. Dieses eine Beispiel zeigt bereits die Großzügigkeit des Umgangs mit wertvollen Ressourcen. Es gilt im Prinzip für die Herstellung fast aller entsprechenden Geräte. Diese Großzügigkeit führt allein in Deutschland jährlich zu 1,1 Mio. t elektr(on) ischer Altgeräte; EU-weit beträgt diese Schrottmenge 6 Mio. t mit einer jährlichen Steigerungsrate von 3 % bis 5 % [2]. Zwar fehlen bisher genauere Zahlen über tatsächlich zurückgenommene Geräte und Verwertungsquoten in Bezug auf ihre Inverkehrbringung, dafür wird jedoch die Brisanz der Rohstoffverknappung größer. Die Bundesregierung hat eigens eine Rohstoffagentur gegründet. Die Anteile wertvoller Metalle in Geräten werden diskutiert und die Notwendigkeit der verstärkten Rücknahme wird erkannt. In 1 kg Handy stecken beispielsweise 16 mg Gold und 69 g Kupfer, in einem Fernseher finden sich 580 mg Silber, 140 mg Gold, 260 mg des sehr seltenen Indiums, 44 mg Palladium und fast 70 mg verschiedener seltener Erden [3]. Diese Mengen übersteigen die Gehalte in den Erzen erheblich, sodass sich die Sammlung und Verwertung der Altgeräte vermehrt lohnt. Um die Stoffe jedoch recyceln zu können, müsste man teilweise gezielt demontieren oder, was bis heute noch nicht ausreichend geschieht, Produkte gezielt darauf hin gestalten. Für das gezielte Gestalten spricht auch, Komponenten gezielt wiederzuverwenden. Denn die mögliche Lebensdauer elektr(on)ischer Bauteile beträgt bis zu 20 Jahre. Sehr viele Geräte, in denen solche Bauteile Verwendung finden, werden allerdings im Durchschnitt nur zwei bis vier Jahre benutzt, bevor sie als altmodisch oder technisch überholt ausgemustert werden. Viele Komponenten sind noch jünger und somit nahezu unverbraucht. Diese Tatsachen führen zu der Überlegung, solche wertvollen Teile oder Aggregate dieser Teile wiederzuverwenden.

Besondere Eigenschaften dieser Geräte erschweren allerdings eine Wiederverwendung, insbesondere die Art ihrer Herstellung, ihre mannigfaltige Produktgestaltung und ihre Materialstrukturen. Als Folge steigt der Aufwand für die Fraktionierung und für die Demontage solcher Geräte, was entweder nur eine Verwertung im Schredder zulässt, in jedem Fall aber die Wiederverwendung einzelner Teile erschwert. Die folgende Analyse soll die Situation der Wiederverwendung und Wiederverwendbarkeit aus verschiedenen Blickwinkeln beleuchten.

1.1   Die Philosophie der Neuwertigkeit

Der Einsatz von gebrauchten Teilen in neuen Produkten war in der Vergangenheit immer der Schrecken des Qualitätsmanagers. Entdeckte er solche Teile in einem Produkt, stand er meist vor einem Fall bewusster Täuschung.

Unabhängig davon hatten verschiedene Firmen, wie Xerox, bewusst gebrauchte, aber neuwertige Teile in neue, technologisch hoch entwickelte Produkte eingebaut; sie haben allerdings ihre Kunden auch über diese Tatsache informiert und klare Qualitätsaussagen getroffen. Das Ergebnis war Gewinn für Kunden und Hersteller.

Daneben gibt es aus dubiosen Quellen mehr oder minder gebrauchte Geräte und Teile zu kaufen, für die jedoch meist keine Garantie- oder Qualitätsaussage zu erhalten ist. Die Extreme bewegen sich zwischen neuem Produkt/Teil auf der einen und unbrauchbarem Schrott auf der anderen Seite (vgl. Kapitel 2.1.4). Aus diesem breiten Spektrum ergibt sich, dass es zwischen dem Zustand „neu" und dem Zustand „Schrott" beliebig viele Zwischenzustände gibt, die praktisch jedes gebrauchte Teil zu einem Einzelfall machen. Mit solchen Teilen können Reparatur- und Servicebetriebe gut umgehen, sogar dann, wenn sie eine gewisse Garantie für die Restlebensdauer übernehmen. Eine Serienfertigung lässt sich damit jedoch nicht aufbauen.

Ein besonderes Problem für den Reparaturbetrieb besteht noch darin, dass dieser im Allgemeinen die Spezifikation des neuen Produkts und seine Qualitätsdaten nicht kennt und letzten Endes auch deshalb nur selten wirkliche Qualitätsaussagen treffen kann. Der Originalhersteller demgegenüber hat sich meist um die Rücknahme seiner Produkte nicht gekümmert und erfährt, außer durch Schadensfälle, nichts mehr über sein Produkt. Diese beiden Informationswelten gilt es zusammenzuführen, um mehr für alle Beteiligten zu erreichen.

Kommt jetzt noch der Druck aus dem Umweltschutz hinzu, die Restwerte zu nutzen, stellen sich mehrere mögliche Szenarien dar, die zu einem größeren Verwertungsvolumen führen können und in den folgenden drei Kapiteln besprochen werden.

Reparaturen werden in großem Stil propagiert, sind preiswert und umweltverträglich

Durch die Gesetze zur Rücknahme von Elektroaltgeräten (s. a. Kapitel 1.6 und 4.2) fallen deutlich mehr Geräte in Sammelcontainern vor allem bei den Kommunen an. Das trifft zunächst in dieser Form nur für Deutschland zu. In anderen Ländern sind die Rücknahmesysteme sehr verschieden. Die meisten dieser Produkte aus den Sammelcontainern sind jedoch unbrauchbar, weil sie schon sehr alt bzw. verschlissen sind und ihr Lebensende erreicht haben. Auch wenn tatsächlich – beispielsweise durch mehr Sorgsamkeit im Umgang – zukünftig mehr brauchbare Teile anfallen sollten, die für eine Reparatur zur Verfügung stehen, muss aufgrund des hohen Produktalters angezweifelt werden, ob die Reparaturen wirklich immer erstrebenswert sind. Die alten elektrischen Geräte sind oft im Stromverbrauch so ineffizient, dass ein Neukauf sinnvoller und billiger als eine Reparatur ist.

Gebrauchte Teile können in diversen, auch neuartigen Produkten Eingang finden

Es ist sehr wahrscheinlich, dass viele Komponenten diverser elektrischer und elektronischer Produkte auch unterschiedlicher Produktgruppen untereinander austauschbar sind. Es ist deshalb vermutlich möglich, auch unabhängig von einem Originalhersteller Teile zu vermarkten, die sich für verschiedene bekannte Standardgeräte eignen, wie Drucker, PC, Telefone etc.

Auch für neuartige, bisher noch unbekannte neue Geräte, hauptsächlich aus gebrauchten Teilen bestehend, könnten sich Teile zur Wiederverwendung eignen, sogar dann noch, wenn sich die Lebensdauer der Geräte, aus denen sie stammen, bereits dem Ende zuneigt. Die Möglichkeit des Quertauschs von Komponenten zwischen diversen Geräten wurde bisher nie wirklich in der Realität untersucht. Deshalb fehlen Zahlen, welche Komponenten denn tatsächlich zwischen verschiedenen Produkten austauschbar sind oder umgekehrt: Welche Komponenten so standardisiert sind oder sein sollten, dass sie sich für den Quertausch eignen.

Realisiert wird diese Möglichkeit unseres Wissens nach derzeit nicht. Noch am ehesten kommt dieser Idee die Verwendung von Geräten für andere als ihre bisherigen Anwendungen nahe. So hat schon so mancher Dentalbohrer ein weiteres Leben zur Präparation von Fossilien gefunden. Dies sind und bleiben allerdings Marktnischen. Die eigentliche Idee dahinter ist jedoch, dass – gleich welches elektrotechnische Produkt neu erfunden wird – man auf einen großen Stamm bekannter Teile zurückgreifen kann und wird. Und dies könnten bereits bei der Neuentwicklung neue oder neuwertige Teile sein.

Das Hauptproblem bei der Realisierung solcher Ideen, selbst wenn sie sehr gut sind, dürfte die schnelle, aber für einzelne Geräte unterschiedliche technologische Veränderung sein, die vielen Produkten oft nur geringe Lebensdauer gewährt, sodass die für das neuartige Produkt benötigten Teile nicht mehr ausreichend zur Verfügung stehen.

Das **Bild 1.1** zeigt, dass die unterschiedlichen Verweildauern einzelner Produktgruppen A, B, C im Markt auch bei sehr kurzen Produktzyklen dann eine Möglichkeit zur Wiederverwendung eröffnen, wenn genügend gleiche Teile für einen Quertausch

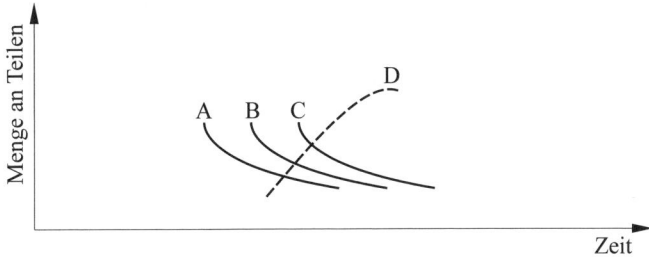

Bild 1.1 Verfügbarkeit von Teilen aus verschiedenen Produktgruppen A, B, C im Markt für die Wiederverwendung in einer neuen Produktgruppe D (fiktives Beispiel), entsprechend ihrer auslaufenden bzw. verkauften neuen Stückzahl

zur Verfügung stehen. Dabei könnten sich Funktionswechsel wie von Faxgeräten, Kopierern, Anrufbeantwortern anbieten, die teilweise als eigenständige Geräte verschwinden, aber auch Geräte wie Navigationsgeräte, Terminplaner u. a. eignen, die nun teilweise in Mobiltelefone integriert werden. Es ginge bei der Wiederverwendung in diesen Fällen sicherlich nicht um die Elektronik, sondern eher um Gehäuseteile, speziell um wenig beanspruchte und alterungsanfällige Teile.

Der Originalhersteller übernimmt auch die Verwertung seiner „gebrauchten" Teile

Der Originalhersteller kennt seine Spezifikation für das neue Produkt und dessen Teile. Er kennt die Demontagevoraussetzungen sowie die Prüfbedingungen und die Qualitätsdaten, auch die aus dem Feld. Da er auch die Kunden kennt, kann er gezielt an gebrauchte Produkte über Leasing oder Rückgabe nach Ablauf der Lebensdauer herankommen. Gegenüber Wettbewerbern und dem Reparaturbetrieb hat er die Vorteile, vor allem bei einem ausreichend hohen eigenen Marktanteil an genügend Teile zur Wiederverwendung zu gelangen. Daher darf man die größte Chance dieser Variante zubilligen.

Der Hauptvorteil für den Originalhersteller besteht darin, dass er die Teile auswählen kann, die den neuen – vielleicht erst nach einer Aufarbeitung – nahezu gleich sind. Sie werden in die normalen Prozesse der Serienfertigung – angefangen mit der Eingangsprüfung – eingeschleust und verursachen dadurch keine Extrakosten.

Der Einbau der gebrauchten Teile führt sogar zu höherer Qualität und Zuverlässigkeit des Gesamtprodukts, weil die Frühausfälle schon erfolgt sind. Aktuell wurde diese Aussage am Beispiel von PC erneut wissenschaftlich belegt [4].

Bewertung der methodischen Ansätze

Als Fazit aus Gründen der höchsten Umweltentlastung bleibt zunächst die Variante c), nach der sich alle die Teile für die Wiederverwendung in größerem Maßstab eignen, die den neuen Teilen mehr oder minder gleich sind. Es muss für den Einsatz dieser Teile fast kein zusätzlicher Aufwand getrieben werden, weil z. B. die Eingangsprüfungen denen der Neuteile entsprechen und damit identisch sind. Der Wert der wiederverwendeten gebrauchten Teile kann dem der Neuteile entsprechen. In jedem Fall ist er in der Anwendung in Neuprodukten deutlich höher als im ungeprüften gebrauchten Zustand. Damit können sich auch Wertschöpfungen ergeben, die mit keiner normalen Fertigung zu erzielen sind.

Im Vertrauensverhältnis zu einem Kunden ist der entscheidende Schritt im Umgang mit der Wiederverwendung, dass der eine oder andere Kunde aufgrund seiner manchmal schlechten Erfahrung mit dem Gebrauchtwarenhandel nicht glauben kann, dass gebrauchte Teile neuwertig sein können und ein Hersteller das höchste Qualitätsniveau der Neuware auch garantieren kann. Dabei wird oft die Situation des Originalherstellers nicht bedacht, der ein anderes, wesentlich höheres Risiko als der

Gebrauchtwarenhändler tragen muss, nämlich, dass sein Ruf bei schlechter Qualität auch für die neuen Geräte ruiniert wird. Zudem muss er damit rechnen, dass sich die Randbedingungen während der Anwendungszeit der wiederzuverwendenden Teile ändern können und sich seine oft hohen Investitionen in das Wiederverwendungskonzept nicht auszahlen. Um die Risiken bei der Wiederverwendung zu begrenzen, fehlte es deshalb an einer Norm mit klaren Regeln für Hersteller und Kunden, in der die Maßnahmen genau beschrieben sind, wie und welche Qualitätsaussagen getroffen werden können. Hersteller und Kunden sollen sich auch gleichermaßen darauf berufen können: IEC 62309 bzw. DIN EN 62309 (**VDE 0050**) [5–7].

Mit der Entwicklung dieser Norm war verbunden, den Begriff des *neuen Produkts* neu zu definieren (vgl. Kapitel 2.4.1), und zwar ohne etwaige Nachteile für Kunden und Hersteller. Denn aus rechtlichen Gründen gibt es die Notwendigkeit, klare Aussagen zu solchen Begriffen wie „Neuwertigkeit" oder zu dem Zustand eines neuen Produkts mit gebrauchten Teilen zu treffen. Solche Aussagen können (und müssen) von Branche zu Branche unterschiedlich sein. Beispielsweise sieht man in der Elektronik und Elektrotechnik eher die Frühausfälle von Bauteilen im Vordergrund. Ein elektrisches oder elektronisches Bauteil oder sogar ein gesamtes Produkt in der Elektrotechnik wird häufig vor dem Einsatz im sog. „Burn-in" (vgl. Kapitel 1.2) künstlich gealtert, d. h., unter anderem thermisch belastet, um Frühausfälle herauszufiltern, sodass sie gar nicht erst beim Kunden ankommen. Diese Komponenten werden dadurch eher wertvoller. Dies teilt man dem Kunden mit, und er zahlt dafür sogar den durch Mehraufwand bedingten höheren Preis. Unerwünscht ist dagegen der Fall von mehrfachen, verschwiegenen Reparaturen einer bestückten Leiterplatte, durch die die Qualität des Produkts vermindert wird. Dies hat mit dem „Burn-in"-Prozess nichts zu tun.

Mit einem neuen Begriff geht es also auch darum, die gängige Vermutung anzugreifen, Gebrauchtes sei eher minderwertig, gleichzeitig aber auch darauf hinzuweisen, dass für die wiederverwendeten Teile scharfe und eindeutige Regeln gelten können und auch müssen. Insgesamt geht es dabei um eine neue zu verändernde Meinung bei Kunden und Öffentlichkeit, die natürlich nur im Konsens entstehen kann. Dies bedeutete, mit den Verbänden, die mit dem Thema befasst sein könnten, einen Konsens herbeizuführen, also in Deutschland u. a. mit VDE, BDI, Bitkom, PlasticsEurope und ZVEI zu sprechen. Natürlich gelten die Begriffe der Neuwertigkeit zunächst nur für die Produkte der Elektronik und Elektrotechnik, einschließlich ihrer Komponenten und Materialien. Viele Erfahrungen dürften allerdings gleichermaßen auch für andere Branchen gelten, so enthält ein Auto auch Elektronik bzw. Teile für die dieselben Prinzipien teilweise bereits angewendet werden.

In der Norm IEC 62309 haben zahlreiche internationale Firmen u. a. aus dem IT- und Medizinbereich sowie Berufsverbände und Verbraucherschutzvereine im Sinn eines Konsenses ihre oft jahrelangen Erfahrungen eingebracht. Über den IEC TC 56 und den JTC 1 ist die Norm zur ISO harmonisiert, sodass sie weltweit für IEC und ISO gültig ist.

1.2 Begriffliche Klärungen

Obwohl relativ neu, haben sich im Bereich Wiederverwendung viele Begriffe bereits etabliert, welche im Folgenden systematisch erläutert werden.

Recycling und verwandte Begriffe

Gemäß VDI-Richtlinie 2243 [8, 9] wird *Recycling* als „erneute Verwendung oder Verwertung von Produkten, Teilen von Produkten sowie Werkstoffen in Form von Kreisläufen" bezeichnet. In der Definition nach DIN ISO 22628 [10] bedeutet Recycling nur die Wiederverarbeitung von Materialien für gleiche oder andere Zwecke mit Ausnahme der Energieerzeugung. Wir verwenden hier die erste und umfassendere Definition, ansonsten den Begriff *Materialrecycling*. Die Recyclingmöglichkeiten lassen sich gliedern in einen Weg unter (a) Beibehaltung der Produktgestalt und einen unter (b) Auflösung der Produktgestalt (Zerlegung).

Nach (a) werden Komponenten oder das ganze Produkt erneut verwendet. Dazu kann man diese weiterverwenden oder wiederverwenden. Unter *Wiederverwendung*[1] verstehen wir die erneute Nutzung einer Komponente in gleicher Funktion oder in gleichen Produkten, unter *Weiterverwendung* den Einsatz der Komponente in geänderter Funktion oder anderen Produkten [11]. Dazwischen wird ein Qualitätsprüfungsschritt und evtl. ein Aufarbeitungsschritt liegen, in dem die Komponente in einen mehr oder minder definierten Zustand für den neuen Einsatz gebracht wird.

Im zweiten Weg (b) wird die Produktgestalt weiter aufgelöst. Mit dem *Materialrecycling* führt man die werthaltigen Materialien einer *Verwertung* zu. Dies kann im gleichen Produkt erfolgen, was eine *Wiederverwertung* bedeutet, aber auch im Sinn einer *Weiterverwertung* in geänderter Funktion oder in anderen Produkten nach einer Qualitätsprüfung und einer evtl. Aufarbeitung. Unbrauchbare Materialien werden fachgerecht entsorgt. Als *Aufarbeitung* wird die Bewahrung oder Wiederherstellung der Produkteigenschaften zu erneuter Verwendung bezeichnet. Aufbereitung ist demnach die Vorbereitung von Stoffströmen zur stofflichen Verwertung.

Am Ende der Nutzungsphase bestehen zahlreiche Optionen, ein Gerät einer weiteren Nutzung zuzuführen: Das Gerät kann instand gesetzt und für dieselbe Anwendung wiederverwendet werden. Das Gerät wird aber evtl. auch aufgearbeitet, d. h., brauchbare Komponenten werden für ein neues Produktleben entnommen, evtl. in einem gänzlich anderen Produkt als bisher. Danach folgt die stoffliche Verwertung von brauchbaren Werkstoffen oder die Energienutzung durch thermische Verwertung. Erst ganz zuletzt folgt die Beseitigung thermisch und/oder durch Deponierung der Reste.

---

[1] Nach DIN EN 62309 (**VDE 0050**) wird der Begriff weiter gefasst als Verwendung eines Teils, das bereits als Bestandteil eines Produkts verwendet wurde, nach dessen Ausbau Bestandteil eines anderen Produkts wird.

Burn-in

Dies ist der Prozess, mit dem neue Komponenten eines Produkts oder Systems bereits beansprucht werden, bevor man sie entweder ins Produkt einbaut oder bevor das System seinen Betrieb aufnimmt. Die Intention ist, die Komponenten herauszufinden, die der stark fehlerbehafteten Anfangsphase der sog. „Badewannenkurve" der Komponentenzuverlässigkeit unterliegen (s. a. Kapitel 1.5, Bild 1.2). Wird dieser Bereich während der Burn-in-Belastung voll abgedeckt, weisen die nicht ausgefallenen Komponenten in ihrer nächsten Lebensphase deutlich weniger Fehler auf. Eine Vorbedingung ist, dass die Badewannenkurve auch tatsächlich gilt [12].

Qualifiziert als neuwertig, oder: *Quagan* (*Qualified-as-good-as-new*)

Dieser Begriff, im Folgenden meistens kurz „Quagan" genannt, wurde erstmalig in IEC 62309 eingeführt, um deutlich zu machen, dass es sich nicht um neue Teile handelt, sondern um solche, die erst nach einer Qualifikation den neuen gleichen. Demnach bezeichnet *Quagan* den Zustand eines Teils, das bereits ein- oder mehrmals wiederverwendet wurde, sich aber von einem herkömmlichen gebrauchten Teil dadurch unterscheidet, dass es einer wohl definierten und dokumentierten Qualitätsprüfung unterworfen wurde und diese auch bestanden hat, evtl. nach einer Überarbeitung. Der notwendige Grad der Qualitätsprüfung bzw. der Dokumentation hängt von der Anwendung bzw. den Marktanforderungen ab. Für die „wie neue" Auslegungslebensdauer ist das Produkt mit wiederverwendeten Teilen in all seinen Zuverlässigkeitseigenschaften gleichwertig mit einem Produkt mit nur neuen Teilen. Genauso sind Teile, die „qualifiziert als neuwertig" sind, für den Verwendungszweck geeignet und so zuverlässig wie neue Teile für die nachfolgend beschriebene Auslegungslebensdauer des Produkts mit wiederverwendeten Teilen.

Auslegungslebensdauer

Produkte werden üblicherweise für eine bestimmte Lebensdauer ausgelegt. Dies gilt für komplett neue Produkte und ist deshalb auch eine essenzielle Eigenschaft für Quagan-Teile und für Produkte mit Quagan-Teilen. Die Definitionen der entsprechenden Auslegungslebensdauern sind deshalb besonders wichtig:

Die *Auslegungslebensdauer – NDL* (*new designed life*) ist die vorgesehene Lebensdauer eines Produkts, das nur neue Teile für die Anwendung unter spezifischen Betriebsbedingungen enthält (gemäß DIN EN 62309 (**VDE 0050**)). Demgegenüber wird die *as-new* (*wie neu*) *Auslegungslebensdauer – ANDL* (*as-new designed life*)[2] als vorgesehene Lebensdauer eines Produkts bezeichnet, das zumindest ein wieder-

---

[2] Die Auslegungslebensdauer NDL (auch geplante Lebensdauer) kann abhängen von der Anwendung des Produkts, von den Marktanforderungen, der Auslastung, der Wirtschaftlichkeit, der Technologie usw. Die Auslegungslebensdauer NDL und die as-new Auslegungslebensdauer ANDL müssen nicht gleich groß sein, aber es ist wünschenswert, dass die ANDL nicht kleiner als die NDL ist.

verwendetes Teil für die Anwendung unter spezifischen Betriebsbedingungen enthält (gemäß DIN EN 62309 (**VDE 0050**)).

Auch ein *neues Produkt* kann unter den Voraussetzungen der Verwendung von Quagan-Teilen neu gesehen werden (s. a. Kapitel 2.4.1).

1.3   Technische Entscheidungskriterien

Die Einflussgrößen für die Entscheidung zur Wiederverwendung sind zahlreich und sollten in Form einer Checkliste abgearbeitet werden. Ob die genannten Kriterien Ausschlusskriterien für die Teile sind, hängt sehr von der Anwendung ab. Zu prüfen sind folgende Aspekte:

- *Technologischer Entwicklungsstand des Produkts oder der Komponente*
  Hier kann es beispielsweise die Software sein, die sich nicht auf den neuesten Stand bringen lässt.

- *Demontageeignung*
  Dabei kommt es auf die Demontagegerechtheit einer Verbindung an: Erkennbarkeit, Anzahl der Elemente, Arbeits- und Lösungsaufwand sowie Zugänglichkeit.

- *Produktaufbau*
  Wie hoch ist der Anteil standardisierter Komponenten? Diese eignen sich evtl. für weitere Anwendungen.

- *Prüfbarkeit*
  Da hohe Sicherheit eine Grundbedingung für die erneute Verwendung ist, sind die Eigenschaften der Komponenten zu beurteilen. Geht dies nicht ausreichend, sollte dies ein K.-o.-Kriterium sein.

  - *Anteil technisch intakter Baugruppen*
    Diese Eigenschaft bestimmt den Wert der Komponenten.

  - *Modernisierungsmöglichkeit bzw. technische Hochrüstbarkeit*
    Unter Umständen genügt der Tausch weniger Komponenten oder das Aufspielen einer neuen Software, um wieder ein technisch hochwertiges Produkt zu erzeugen.

  - *Art der vorausgegangenen Nutzung*
    Wenn beispielsweise starke Belastungen vorlagen, kann das Gerät trotz kurzer Lebensdauer nicht mehr geeignet sein.

Darüber hinaus ergeben sich in der speziellen Praxis sicherlich weitere Kriterien, die hinzugefügt werden müssen.

1.4 Ökonomische Entscheidungskriterien

Nach den technischen sind die ökonomischen Kriterien zu bewerten. Zu überprüfen sind:

- Rücklaufmenge und Organisation des Rücklaufs,
- Verbreitungsgrad des Geräts,
- Gerätewert (ursprünglicher und Restwert),
- Markenpolitik,
- Fremd- oder Eigenprodukt,
- Substitutionssituation, d. h. die Frage, ob die Funktion während der geplanten Wiederverwendung substituiert werden kann. Beispiel: Faxfunktion wird in andere Geräte integriert,
- Kosten der Neuteilebeschaffung,
- Absatzmärkte,
- Zusatznutzen, wie durch Mehrfachnutzbarkeit der Komponente,
- Umweltbelastung durch die Produkte, Umweltbewusstsein der Kunden,
- Aufwertungsmöglichkeiten, wie durch neue Software.

Auch diese Liste kann durch die Anwenderin bzw. den Anwender nach eigener Erfahrung erweitert werden.

1.5 Bezugsnormen IEC 62309 und DIN EN 62309 (VDE 0050)

Warum wurde eigentlich der mühevolle Normungsprozess beschritten?

Da der Produkt- und Komponentenzustand nach einem Einsatz oft sehr unterschiedlich sein kann, war es wichtig, den Quagan-Zustand und die dafür notwendigen Prüfverfahren unmissverständlich und einheitlich durch eine Norm festzulegen. Hinzu kommen noch Umweltanforderungen und Softwarezustand. Ein evtl. Risiko der Wiederverwendung für Hersteller und Kunde muss überschaubar werden. Garantieleistungen, so wie für Neuware, gehören dazu, wenn eine Komponente als „qualifiziert als neu" bezeichnet wird. Schließlich sollen die Produkte international verkauft werden in Ländern mit unterschiedlichem Recht. Hält man sich dabei an eine Norm, kann man zumindest den Stand der Technik für das Vorgehen für sich beanspruchen. Schließlich galt es, den Begriff des neuen Produkts zu beschreiben, das gebrauchte, aber „qualifiziert als neue" Teile enthält. Auch damit musste Neuland betreten werden.

Übersicht über die DIN EN 62309 (VDE 0050)

Die DIN EN 62309 (**VDE 0050**) „Zuverlässigkeit von Produkten mit wiederverwendeten Teilen – Anforderungen an Funktionalität und Prüfungen" regelt den qualitativen Rahmen bezüglich des Umgangs neuer Produkte mit gebrauchten Teilen. Sie stellt ein Konzept zur Überprüfung der Zuverlässigkeit und Funktionalität von wiederverwendeten Teilen und ihren Einsatz in neuen Produkten vor. Gleichzeitig werden Kriterien benannt, welchen Prüfungen die Produkte unterzogen werden müssen, die wiederverwendete Teile enthalten. Bezogen auf eine vorgesehene Nutzungsdauer des Produkts können sie nach Erfüllung der Kriterien als „qualifiziert als neuwertig" bezeichnet werden. Zweck dieser Norm ist es deshalb, durch Prüfungen sicherzustellen, dass die Zuverlässigkeit und Funktionalität eines neuen Produkts mit wiederverwendeten Teilen vergleichbar ist mit einem Produkt, das nur neue Teile enthält. Dem Hersteller wird durch die Anwendung der Norm ermöglicht, dem Kunden für das Produkt mit „qualifiziert als neuwertigen" Teilen die volle Garantie wie für Neuware zu gewähren.

Auf die Beispiele der Norm wird in diesem Buch weitgehend nicht eingegangen; eigene Beispiele und eine Fallstudie erläutern die empfohlene Vorgehensweise.

Einen wesentlichen Punkt in der Norm stellt die Kurve der Ausfallrate gegen die Zeit dar, wie sie in **Bild 1.2** für elektronische Komponenten mit oder ohne Burn-in wiedergegeben wurde. Sofern diese Kurve nachweislich gilt – dies wird immer wieder für manche Komponenten bestritten (vgl. Kapitel 2.1.7) –, sind auch elektronische Komponenten in dem Konzept zu berücksichtigen.

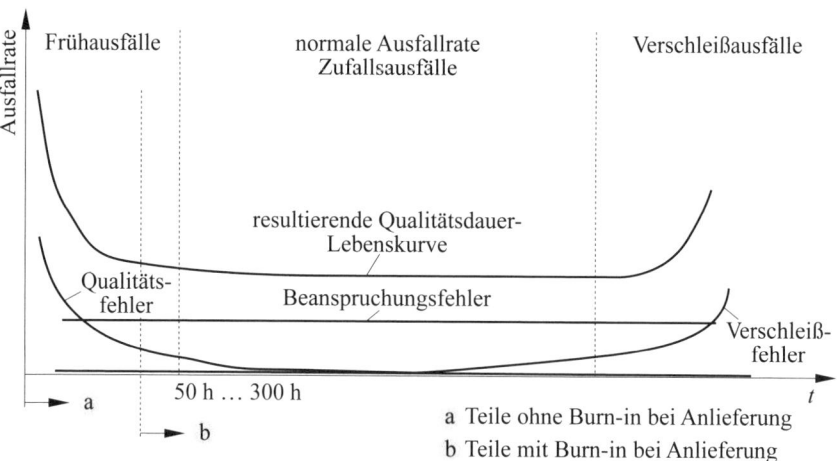

Bild 1.2 Zuverlässigkeit elektronischer Bauteile mit oder ohne Burn-in

1.6 Relevante rechtliche Normen

Rechtliche Fragestellungen im Zusammenhang mit Wiederverwendung werden im Kapitel 7 ausführlich behandelt. Einführend werden an dieser Stelle Gesetze und Richtlinien zusammengefasst, die in den folgenden Abschnitten oft zitiert werden.

Gesetze im Zusammenhang mit der Wiederverwendung – Übersicht

Der rechtliche Rahmen, in dem sich die Wiederverwendung von Bauteilen bewegt, ist komplex. Grundsätzlich ist jede Norm des deutschen, im Ausland des jeweilig dort geltenden Rechts einzuhalten. Besonders in Betracht kommen solche Regelungen, die sich spezifisch mit der Wiederverwendung befassen bzw. bei der Wiederinverkehrbringung zu beachten sind. Diese sind:

- Abfallrahmenrichtlinie [13],
- Altfahrzeugverordnung [14, 15],
- Ökodesignrichtlinie [16, 17],
- Elektro- und Elektronikgerätegesetz – ElektroG (Gesetz über das Inverkehrbringen, die Rücknahme und die umweltverträgliche Entsorgung von Elektro- und Elektronikgeräten, [18]), basierend insbesondere auf den europäischen RoHS- und WEEE-Richtlinien [19] bzw. [20],
- Kreislaufwirtschaftsgesetz (KrWG) [21],
- Verpackungsverordnung [22],
- Produktsicherheitsgesetz (ProdSG) [23],
- Gesetz über die Elektromagnetische Verträglichkeit (EMVG) [24].

Daneben sind auch die allgemeinen Gesetze zu beachten, die durch die Inverkehrbringung von Produkten, welche wiederverwendete Bauteile enthalten, berührt werden können. Vor allem ist hier an die Haftung zu denken, sei diese strafrechtlicher Natur im Strafgesetzbuch oder als Ordnungswidrigkeit in einem der Spezialgesetze enthalten. Daneben aber ist auch die zivilrechtliche Haftung zu beachten, und hier sind besonders das Produkthaftungsgesetz und das Schuldrecht des BGB einschlägig.

In diesem Kapitel heben wir die beiden nachfolgenden Gesetze hervor, weil sie die Wiederverwendung besonders beeinflussen. Weitere Gesetzeshinweise, Folgerungen und Hintergründe sind in Kapitel 7 detailliert beschrieben.

Elektro- und Elektronikgerätegesetz (ElektroG)

In Deutschland wurden die europäischen Richtlinien RoHS und WEEE in einem einzigen Gesetz, dem ElektroG, umgesetzt. Betroffene Produkte sind in zehn Produktkategorien nach Anhang 1A ElektroG eingeteilt:

1. Haushaltsgroßgeräte,
2. Haushaltskleingeräte,
3. IT- und Telekommunikationsgeräte,
4. Unterhaltungselektronik,
5. Beleuchtungskörper, Entladungslampen,
6. Elektrowerkzeuge,
7. Spielzeug, Sport- und Freizeitgeräte,
8. Medizingeräte,
9. Überwachungs- und Kontrollinstrumente,
10. automatische Ausgabegeräte,

Diese werden verschiedenen Sammelgruppen zugeordnet, für die dieselben Verwertungsquoten gelten (vgl. Kapitel 4.2):

- Haushaltsgroßgräte, automatische Ausgabegeräte,
- Kühlgeräte, Gasentladungslampen,
- IT- und TK-Geräte,
- Bildröhren, TV, Monitore,
- Unterhaltungsgeräte, Video, Audio,
- Haushaltskleingeräte, Beleuchtungskörper, elektrische und elektronische Werkzeuge, Spielzeuge, Sport- und Freizeitgeräte, Medizinprodukte, Überwachungs- und Kontrollinstrumente.

Unterschieden wird in der tabellarischen Übersicht in Kapitel 4.2 nach der gesamten Verwertungsquote einschließlich des energetischen Anteils und einem zweiten Wert in Klammern, der die Summe aus stofflicher Verwertung und der Menge an wiederverwendeten Bauteilen und Geräten darstellt [25]. Die Anteile für die stoffliche Verwertung einschließlich Wiederverwendung sind in der neuen Fassung der WEEE von 2012 gestiegen. Ebenfalls wurden in diesem Abschnitt die selektiv zu behandelnden Teile beschrieben.

Zu den Sammelgruppen sowie zu den Sammelcontainern ist festzustellen, dass sie pro Sammelgruppe nicht nur eine Vielzahl von Geräten unterschiedlichster Bauart und Hersteller vereinen, sondern dass sie auch historische Produkte im Prinzip bis zum Volksempfänger je Kategorie enthalten können. Daraus ist weder auf die Verwertbarkeit einer einzelnen aktuell am Markt verkauften Produktgruppe zu schließen, noch dürften daraus Maßnahmen für aktuelle Produkte zu ihrer Verwertbarkeit ableitbar sein. Außer in Studien zur Ermittlung solcher Quoten, wurde bisher kein aktueller Wert publiziert. Da sich ab dem Jahr 2018 die Sammelgruppen nach der neuen WEEE (siehe Kapitel 4.2) ändern werden, ist auch nicht damit zu rechnen, dass vorher noch Verwertungsquoten bekannt werden.

Die Stoffrestriktionen nach der RoHS-Richtlinie [19] sind in diesem Gesetz mit enthalten. Sie betreffen derzeit sechs Stoffe: Blei, Cadmium, sechswertiges Chrom, Quecksilber sowie bromierte Biphenyle und Diphenylether. Es gibt zahlreiche Ausnahmen, deren aktuellen Stand man sich am besten direkt von der entsprechenden EU-Internetseite herunterlädt bzw. vom jeweiligen Industrieverband erbittet (in [26] findet sich eine konsolidierte Fassung mit allen Ausnahmen).

Darüber hinaus gibt es zahlreiche weitere Gesetze, die das Inverkehrbringen bestimmter Chemikalien regeln und vermutlich wenigstens teilweise zukünftig in der REACH-Gesetzgebung [27] zusammengefasst werden sollen.

Wesentlich für die Wiederverwendung ist, dass die RoHS-Stoffe ab 1. Juli 2006 in Produkten nicht mehr oberhalb bestimmter geringer Konzentrationsgrenzen in den betroffenen Produkten in Verkehr gebracht werden dürfen. Die bisher noch nicht einbezogenen Medizinprodukte sowie Mess- und Kontrollinstrumente wurden inzwischen integriert und treten sukzessive für einzelne Produktgruppen bis 2017 in Kraft: Medizingeräte und nicht industrielle Überwachungs- und Kontrollinstrumente am 22. Juli 2014, In-vitro-Diagnostika am 22. Juli 2016 und die industriellen Überwachungs- und Kontrollinstrumente am 22. Juli 2017. Dazu kommt eine Gruppe sonstige Produkte in einer Kategorie 11: Dies bedeutet, dass sämtliche Elektro- und Elektronikgeräte von der RoHS2 [19] betroffen sein werden, allerdings unter Beibehaltung der bekannten Ausnahmen. Die Kategorien von RoHS2 und WEEE sind nicht mehr deckungsgleich. Die RoHS-Konformität ist mit dem CE-Kennzeichen zu bestätigen.

Als Regel gilt: Ersatzteile mit RoHS-Stoffen können für die Reparatur von Geräten verwendet werden, die vor dem 1. Juli 2006 in Verkehr gebracht wurden. Für danach in Verkehr gebrachte Produkte dürfen nur noch Ersatzteile verwendet werden, in denen die Konzentration der sechs RoHS betroffenen Stoffe unterhalb oder höchstens gleich dem jeweiligen gesetzlich festgelegten geringen Grenzwert ist. In Geräten, die vor dem 1. Juli 2016 in Verkehr gebracht werden, dürfen diese Teile in einem überprüfbaren geschlossenen zwischenbetrieblichen System wiederverwendet werden. Dies muss dem Verbraucher mitgeteilt werden.

Ökodesignrichtlinie

Die Ökodesignrichtlinie [16] wird in absehbarer Zeit alle wesentlichen energieverbrauchenden Produkte betreffen, die in einer Stückzahl von mehr als 200 000 in Europa verkauft werden. Waren in der bisherigen Version, in Deutschland als „Energiebetriebene-Produkte-Gesetz" bezeichnet, im Prinzip nur elektrische Produkte betroffen, werden es in der neuen Version auch verwandte Produkte sein. Maßnahmen wie Energieverbrauchsgrenzen werden pro Produktgruppe in Fallstudien ermittelt und einzeln in Kraft gesetzt. Das Gesetz bietet dazu nur den Rahmen (siehe [28] zum Stand der Umsetzungsmaßnahmen).

Neben den bisher bereits bekannten technischen Maßnahmen werden u. a. ein Ökodesignkonzept und ein Managementsystem verlangt. Das mit den Normen konforme Produkt erhält das CE-Zeichen, das sowohl Konformität zu der Niederspannungs[29] oder Maschinenrichtlinie [30] als auch zu der Ökodesignrichtlinie bestätigt. Mit diesem Zeichen wird technische und Umweltkonformität bestätigt. Für die meisten Produkte genügt eine Selbsterklärung für die technische Übereinstimmung; bezüglich der Übereinstimmung mit den Umweltanforderungen gilt dies für alle betroffenen Produkte.

Soll die Wiederverwendung in neu in Verkehr gebrachten Produkten mit wiederverwendeten Bauteilen erfolgen, sind diese Regeln zu beachten, und es ist das CE-Zeichen anzubringen, soweit dies gesetzlich vorgeschrieben ist.

2 Chancen zur Wiederverwendung

Auf den ersten Blick scheinen sich zunächst viele Produkte oder Teile für eine Wiederverwendung nicht zu eignen. Zudem begegnet man sehr vielen unbelegten Aussagen oder gar Vorurteilen, beispielsweise: „Es eignen sich nur Leasingprodukte für die Wiederverwendung." Oder: „Es eignen sich nur kurzlebige Produkte, weil sie noch sehr neue Teile enthalten." Oder: „Langlebige Produkte sind aufgrund von Alter und Verschleiß für eine Wiederverwendung nicht (mehr) geeignet."

2.1 Vorbereitungsfragen

Eigentlich sind alle der vorgenannten Meinungen nur unter bestimmten Randbedingungen richtig. Die Wiederverwendung von Teilen und Materialien hängt eindeutig von der rechtzeitigen Planung der Wiederverwendung ab. Damit fließen die Marktgegebenheiten rechtzeitig ein und können im Vorhinein rechtzeitig beeinflusst werden. Wer beispielsweise seinen Vertrieb nicht rechtzeitig geschult hat, wie man zur vorgegebenen Zeit bestimmte Produkte für die Wiederverwendung zurückholt, für den kommt dann evtl. tatsächlich nur noch das Leasinggeschäft infrage als Möglichkeit, unverbrauchte Produkte zurückzubekommen.

2.1.1 Mit welchen Vorstellungen muss man in der Öffentlichkeit und bei Herstellern rechnen?

Im Folgenden werden einige Argumente und Beispiele zur Korrektur des Meinungsbilds vorgeschlagen:

- *Ein kurzlebiges Produkt wie ein Mobiltelefon hält oft nur ein Jahr und enthält deshalb sehr viele relativ neue Komponenten.*

  Die Chance zur Wiederverwendung von Bauteilen ist deshalb bei solchen Produkten groß. Es fehlt jedoch oft die Kenntnis der Lebensdauercharakteristika, z. B. Ausfallraten, um hier innerhalb der kurzen Einsatzdauer zu einer langfristigen Aussage über Komponenten kommen zu können. Aus Untersuchungen der TU Zürich ist allerdings bekannt, dass sich selbst nach Jahren der Anwendung Signal-Rausch-Verhältnisse von Bauteilen aus Mobiltelefonen in vielen Applikationen, z. B. in der Anrufbeantworterfunktion, nicht geändert haben. Diese Untersuchungen geben auch Schlüsse darüber, wie sich Fehler beheben lassen, welche die Langzeitstabilität elektronischer Bauelemente beeinflussen [31].

Manche kleinere Unternehmen haben sich sogar auf solche wertvollen Bauelemente spezialisiert und arbeiten die Bauelemente zur weiteren Vermarktung auf. Sie befinden sich dabei noch in den Stadien Verkauf ohne Garantie bis zur Weiterverarbeitung mit gewisser Gewährleistung [32].

- *Elektronische Bauelemente scheinen immer am interessantesten für die Wiederverwendung.*

Die viel zitierte Annahme, nach der die Ausfallwahrscheinlichkeit elektronischer Bauelemente der Badewannenkurve folgt, ist für manche Bauelemente umstritten (vgl. Bild 1.2). Es gibt Bauelemente, bei denen die Ausfallrate nach den Frühausfällen nicht nach einiger Zeit wieder ansteigt; sie scheinen ein sehr langes Leben zu haben. Wie vorher erwähnt, weisen bestimmte Bauelemente noch nach Jahren dieselben Kennwerte auf, ohne Anzeichen von Alterung. Es bleibt deshalb jedem Hersteller überlassen, an dieser Stelle eigene Erfahrungen einzusetzen, welche natürlich belegbar sein müssen. Es bieten sich beispielsweise zur Reduzierung der Risiken von Ausfallprognosen an: Ähnlichkeitskurven für Ausfälle eines Vorgängerprodukts oder erneute Messungen der Signal-Rausch-Verhältnisse im Vergleich zu den ursprünglichen.

- *Im Bereich der Produktlebensdauern von zehn bis 20 Jahren begegnet man dem Vorurteil, die Teile seien zu alt, verschlissen oder würden zu überhöhten Leistungsverbräuchen im Vergleich zu den Produkten neuerer Technologien führen.*

Richtig ist, dass Verschleißteile gewechselt werden können und die restlichen Elemente der Komponente jedoch noch völlig unbeansprucht und ungeschädigt sein können. Richtig ist auch, dass es, angefangen bei Gehäuseteilen, viele Komponenten gibt, die wenig beansprucht wurden und in Jahrzehnten nicht ausfallen werden. Der Wiedereinsatz dieser Teile kann oft erhebliche Kosten sparen, denn es ist selbst den Entwicklungsingenieuren oft nicht bewusst, dass auch diese einfachen mechanischen Teile vergleichsweise teuer sind. Demgegenüber werden die Beschaffungskosten für die moderne Elektronik meist überschätzt, zumal sie zusätzlich einem enormen Preisverfall unterliegen. Ebenso wird der Prüfaufwand zur Feststellung der Neuwertigkeit oft wesentlich zu hoch eingeschätzt. Die Wiederverwendung von mechanischen Komponenten führt auch zu keinem Unterschied im Stromverbrauch des Geräts, und auch bei der Weiterentwicklung von Komponenten kommt es auf den Einzelfall an. So bringt der Tausch eines Motors zu einem Energiesparmotor u. U. nur 10 % Energieeinsparung, während der zusätzliche anwendungsspezifische Einbau einer Regelung sich auch bei dem neuwertigen gebrauchten Motor stärker rechnen kann. Zusätzlich kommt es auch bei den langlebigen Produkten schon nach wenigen Jahren zu Rückläufen im einstelligen Prozentbereich, der sich bestens zur Wiederverwendung eignet.

- *Nach Produktlebensdauern von 30 Jahren und mehr muss ja alles längst korrodiert oder verschlissen sein.*

  Das Gegenteil kann der Fall sein: Drehgestelle von Zügen oder Waggons können aufgearbeitet und für neue Züge verwendet werden: Der Preis von Waggons lässt sich durch den Einsatz dieser gebrauchten aufgearbeiteten Waggons/Straßenbahnen nach Abfragen im Markt zu nicht mehr unterscheidbaren modernen Waggons/Zügen um bis zu 50 % gegenüber Neuware reduzieren. Darüber hinaus gibt es Serviceverträge für bestimmte Industrieanlagen über 30 Jahre und länger. Sofern es keine geeigneten Teile mehr gibt, müssen die fehlenden Teile zu horrenden Kosten nachproduziert werden.

- *Das lohnt sich alles nicht, weil die Teile nichts mehr wert sind.*

  Das Gegenteil kann der Fall sein: Eine Schraube aus Edelstahl kostet beispielsweise ca. 1 €. Sie fällt damit bereits in der Kostenkalkulation eines Neugeräts mit einem angenommenen Neupreis von 500 € mit 0,2 % der Gesamtkosten ins Gewicht. Viele andere ganz einfache Teile schlagen sogar mit 2 % bis 5 % der Kosten zu Buche. Dies bedeutet, mit einfachsten Teilen lassen sich ohne aufwendige Prüfung bereits erkleckliche Prozentanteile der Kosten eines absolut neuen Produkts einsparen. Kann man sich das wirklich entgehen lassen?

Die Anwendung von wiederzuverwendenden Teilen in einer Serienfertigung verträgt sich auch nicht mit einer „Ad-hoc"-Planung, sondern die Wiederverwendung muss über mehrere Produktgenerationen geplant und beim Kunden langfristig im gegenseitigen Vertrauen aufgebaut werden.

Zu organisieren sind u. a.: Die Prüfverfahren, die Mengenplanung, die Logistik, die Zuverlässigkeitsprognosen, Kundeninformation und die gezielte Rücknahme [33].

In erster Näherung scheint nur der Originalteile- bzw. Gerätehersteller der „Knowhow"-Träger zu sein, bei dem alle Informationen über das Produkt zusammenlaufen. Für einen Wettbewerber ist deshalb dieses Geschäft der Wiederverwendung als neuwertige Teile zunächst mangels Kenntnis der Produkt- und Qualitätseigenschaften uninteressant, vor allem dann, wenn er deutlich kleiner ist als der Originalteilehersteller. Dann sind die Kosten für den Aufbau des „Know-hows" in Relation deutlich höher. Im Markt gibt es inzwischen allerdings auch den Fall, dass ein kleiner Wettbewerber die Chance nutzt, Erfahrung aufbaut und gegenüber dem „trägen" Großen mit viel „Know-how" sogar dessen eigene Produkte aufarbeitet und als neue Geräte mit gebrauchten Teilen auf den Markt bringt. Dies geschieht vor allem dann, wenn die Kosten für den „Know-how"-Aufbau gar nicht so hoch sind, wie bei manchen Autoersatzteilen. Da die großen Hersteller allerdings die meisten Komponenten gar nicht mehr selbst herstellen, liegt das „Know-how" eher breit gestreut u. a. bei den vielen Lieferanten. Damit sind Chancen für alle gegeben.

2.1.2   Welcher Lohn winkt?

Alle Teile, die direkt in die Fertigung neuer Produkte einfließen können, werden zunächst auch mit dem Wert entsprechend dem der neuen Teile eingesetzt. Dies ist mehr als mit der Wertschöpfung einer üblichen Fertigung je erreicht werden kann. Dieser potenzielle Gewinn wird reduziert durch die eigenen Kosten, evtl. Rückkaufkosten sowie zusätzlich durch eine Preisreduzierung, wenn man mit dem Kunden üblicherweise den Gewinn teilt. Selbst dann, wenn man nicht den vollen Neupreis einsetzen kann, übersteigt der Wert die übliche Wertschöpfung noch erheblich.

Typische Prüfkosten für einfache Teile liegen bei 1 € bis 2 €, während schon einfache neue Stecker 10 € bis 30 € kosten können. Schrauben aus Edelstahl können, wenn sie nicht einer besonderen Belastung ausgesetzt wurden, für eine neue Anwendung unverändert brauchbar sein.

Letzteres hat schon den resistentesten Kunden begeistert, weil er für dieselben Eigenschaften nun deutlich weniger bezahlen muss, aber seine Rendite sich erhöht. Viele Beispiele, wie die aus dem Medizintechniksektor, belegen, dass der Markt für Neuware durch die Verwendung von neuwertigen Teilen nicht beeinträchtigt wird, auch wenn man diese Befürchtung oft hört. Es entsteht sogar häufig ein zusätzlicher Markt.

Auch der kontinuierliche Rückfluss der Geräte ist zu planen: Durch geeignete PC-Leasingverträge kann man erreichen, dass beispielsweise nach zwei Jahren relativ gute PC mit einheitlichem Softwarezustand zurückkommen, die dann leicht aufbereitet werden können. Der hohe Restwert kann dem Kunden vorab angerechnet werden. Unabhängig vom Leasing fanden im Markt in den letzten Jahren oft so gravierende Technologie- oder Softwarewechsel mit erhöhtem Speicherbedarf statt, dass es sich entweder lohnt, einem Großkunden ein attraktives Angebot zum Rückkauf seines veralteten Bestands zu machen; die Wünsche der Kunden führen allerdings auch so zu einem raschen Rücklauf der älteren Produkte.

Fast alle Anwender sprechen von einem realistischen Einsparpotenzial von 15 % bis 25 % der Kosten, die durch Wiederverwendung einzusparen sind. Bei dieser Überlegung ist darauf hinzuweisen, dass diese Aussagen – wie auch die DIN EN 62309 (**VDE 0050**) selbst – nur für Produkte der Elektrotechnik gelten, weil dies den Erfahrungshorizont der Autoren darstellt. Dies schließt allerdings auch die verwendeten Werkstoffe mit ein: Speziell viele Gehäusekunststoffe lassen sich sortenrein wiedergewinnen und können wie ABS (Acrylnitril-Butadien-Styrol) oder modifiziertes PPO (Polyphenylenoxid) direkt wieder zerkleinert in die Spritzgießmaschine gegeben oder aufbereitet auch in Mischungen wie Polycarbonat/ABS entsprechend Neuware eingestellt werden. Gerade hochwertige Kunststoffe behalten ihren Preis, sodass sich im Idealfall eine Anfangsinvestition in teure Kunststoffe lohnt, denn sie kommen zu günstigen Beschaffungskonditionen zurück.

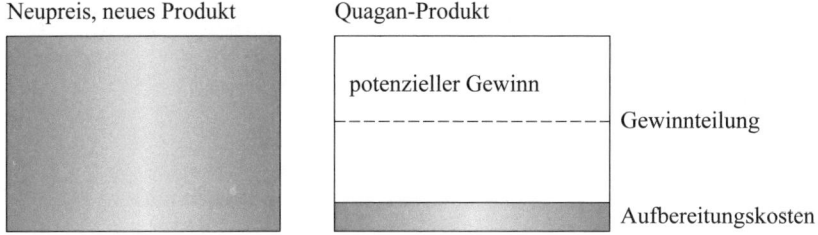

Bild 2.1 Gewinnmöglichkeiten für eine Quagan-Komponente

In **Bild 2.1** ist die Chance für einen hohen Gewinn bei Verwendung von Quagan-Teilen aufgezeigt. Wenn die Aufbereitungskosten niedrig sind und das Gerät praktisch ohne Kosten zurückgenommen wurde, winkt beim Einsatz als quasi neues Teil ein hoher Gewinn, was mit dem Kunden geteilt werden kann.

Leitsatz: Wiederverwendung einer Komponente in einem Serienprodukt führt im Allgemeinen zu mehr Kostenersparnis als eine Komponente, die nur zu Reparaturzwecken getauscht wird.

Der Originalhersteller hat hier u. U. Vorteile, sein Konzept zu bestimmen, vor allem dann, wenn er der größte Anbieter im Markt ist und deshalb auch an ein relativ großes Rücknahmevolumen herankommen kann. Es gibt aber auch die Möglichkeit, den jeweiligen Wettbewerber, von dem die vorgefundenen Geräte stammen, auf die Möglichkeit zur Zurücknahme hinzuweisen, wenn nicht ein älteres eigenes Fabrikat ausgetauscht werden soll, das man dann selbst aufarbeiten kann. Dann profitieren alle Beteiligten, der Hersteller und die Kunden. Dies ist im Medizingerätebereich heute teilweise üblich.

In **Bild 2.2** wurden die Kosten für die Herstellung eines Produkts beispielhaft aufgeschlüsselt. Bei Verwendung von Quagan-Teilen ergibt sich für das neue Produkt eine wesentlich höhere Wertschöpfung.

Wie generell in diesem Buch sind die Angaben der Anteile nur beispielhaft. Der jährliche Preisverfall wirkt sich anders aus, wenn man die Komponente nach der Aufbereitung längere Zeit lagert. Aufrüstkosten fallen bei manchen Teilen nicht an, deshalb sind sie im Bild 2.2 etwas versetzt dargestellt.

Die Wertschöpfung kann bei der Herstellung unter Verwendung von gebrauchten Teilen deutlich höher als bei Fertigung nur mit neuen Teilen sein. Beispiel: Im PC-Leasing kann ein Produkt ca. 10 % günstiger verkauft werden, wenn sein Restwert einbezogen wird. Generell kommt es bei der Einsparung auf den Aufwand zur Aufarbeitung einer Komponente an.

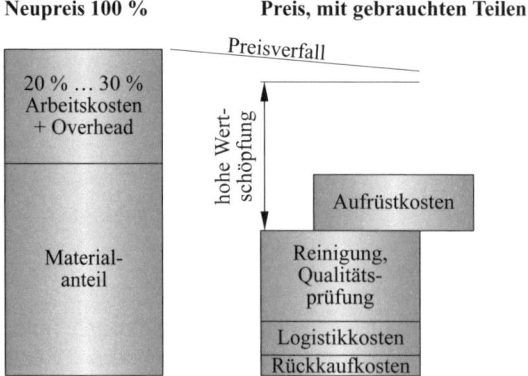

Bild 2.2 Das Nutzenpotenzial – Herstellkosten mit/ohne gebrauchte(n) Teile(n)

Bei vielen Herstellern wird auch ein weiterer wichtiger Aspekt vergessen: Das Qualitäts- bzw. Zuverlässigkeitswissen, das man über sein Produkt erwirbt und das zur Reduzierung der Fehlerkosten beiträgt sowie für Neuentwicklungen wertvolle Informationen liefert. Dazu gehören: Kenntnisse über die Lebensdauer der Komponenten, Fehlerentwicklung zur Vermeidung von Frühausfällen; Informationen über Schwachstellen wie hohe Fehlerraten, die für Service und Reparaturleistungen herangezogen werden können. Auch für Verfahren zur Prüfung der Gesamtproduktqualität lassen sich Kenntnisse gewinnen. In Geschäften mit geringen Gewinnmargen können diese Erkenntnisse durchaus zu einer Erhöhung der eigenen Margen führen.

Nicht zu vernachlässigen ist auch der Materialwert, der bei sortenreinen Materialien deutlich steigt. Solche Materialien gewinnt man leichter aus einzelnen Komponenten als aus einem Schreddergemisch.

2.1.3 Beispiele für Eignung von Teilen

Es eignen sich sehr viele neuwertige Teile für den Einsatz in neuen Produkten. In einigen Fällen kann man auf die Originalfarbe u. U. verzichten, wenn alle anderen Eigenschaften unverändert sind. In anderen Fällen sind die Teile nicht von den Originalteilen zu unterscheiden.

Während die Eigenschaften des neuen Teils in einem relativ engen Bereich liegen, können bei neuwertigen Teilen bestimmte Eigenschaften wie Farbabweichung, kleine Kratzer oder anderes – genau zu Definierendes – abweichen. In jedem Fall bleibt die Spezifikation der Neuware der Vergleichsmaßstab, manchmal wird dieser Zustand auch erst nach einer Restauration erreicht, wenn erst ein Verschleißteil gewechselt werden muss. Nur dieser Bereich ähnlich der Neuware ist der Definitionsbereich der DIN EN 62309 (**VDE 0050**) [5–7] (**Bild 2.3**).

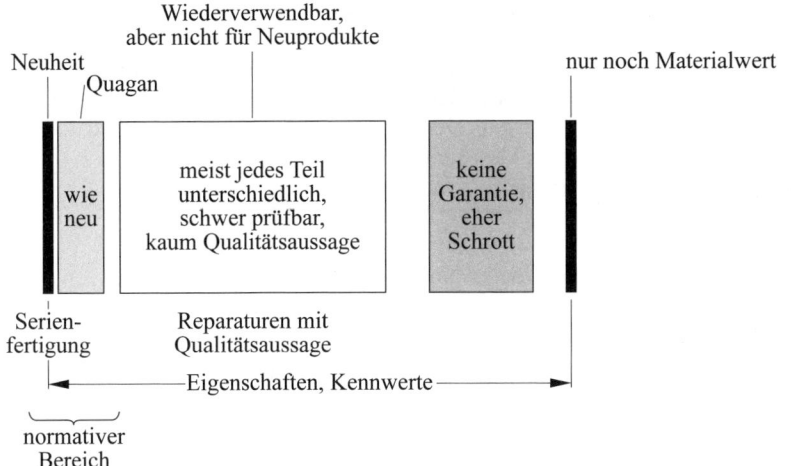

Neuheit

Wiederverwendbar,
aber nicht für Neuprodukte

Quagan

nur noch Materialwert

wie neu

meist jedes Teil
unterschiedlich,
schwer prüfbar,
kaum Qualitätsaussage

keine
Garantie,
eher
Schrott

Serien-
fertigung

Reparaturen mit
Qualitätsaussage

Eigenschaften, Kennwerte

normativer
Bereich

Bild 2.3 Der Definitionsbereich der DIN EN 62309 (**VDE 0050**) [5–7]. Die DIN EN 62309 (**VDE 0050**) richtet sich auf einen ganz engen Spezifikationsbereich, der nahe bzw. gleich dem des neuen Teils ist. Der Rest des Gebrauchtbereichs ist sehr inhomogen und schwer zu definieren

Dazwischen liegt der Bereich des üblichen gebrauchten Produkts/Teils mit begrenzter Garantie und deutlichen Gebrauchsspuren. Dieser Zustand ist meist nur individuell zu beschreiben und für eine Serienfertigung nicht geeignet, zumal jedes Produkt eine andere Restlebensdauer haben dürfte. Am Ende stehen dann noch Produkte/Teile, für die keine Garantie mehr gegeben wird und die meist privat gebraucht „wie gesehen" verkauft werden. Wenn das Produkt dann überhaupt nicht mehr funktionsfähig ist, bleibt der Materialwert als Nutzen, der aufgrund der Materialpreise die Aufbereitung lohnend macht. Auch geringere oder vermiedene Deponiekosten können im Sinn der Wiederverwendung dann auf die Aktivaseite geschrieben werden, wenn man beispielsweise einen Gefahrstoff wie Blei oder FCKW nicht mehr im Einsatz hat.

Leitsatz: Es eignen sich oft sehr viele Teile eines Produkts für die Wiederverwendung, teilweise bis zu 80 %. Bisher wurde dieses Potenzial in dieser Dimension noch in keinem realen Beispiel genutzt.

33

2.1.4 Klare Definition für den Anwendungsbereich

Die Wiederverwendung bewegte sich bisher in einer undefinierten Grauzone. Viele gebrauchte Produkte fielen in die Ecke des Anrüchigen und Undefinierbaren, für das es keine klaren Qualitätsaussagen gab. Der Bereich des Neuwertigen in Bild 2.3, aus dem die Quagan-Teile stammen, lässt sich jedoch sehr eng definieren.

Mit der DIN EN 62309 (**VDE 0050**) wird ein rechtlich eindeutiger Rahmen für alle Beteiligten geschaffen.

- Die Eigenschaften der nach dieser Norm ausgesuchten Teile sind die von Neuteilen (mit evtl. unbedeutenden Einschränkungen); entsprechende Garantien wie für Neuteile/Produkte werden gegeben.

- Die Randbedingungen sind: Erfüllte Qualitäts- und Zuverlässigkeitsanforderungen sowie Prüfbedingungen. In zugehörigen notwendigen, internen und auch in den kundenbezogenen Dokumentationen werden alle Prüfabläufe, der Zustand, die Kennwerte usw. klar beschrieben, aufbewahrt und auch weitergegeben.

Der Kunde erhält ein neues Serienprodukt – oft absolut nicht unterscheidbar von einem nur aus Neuteilen bestehenden – mit der Garantie für Neuware. Dieser Fall lässt sich eindeutig beschreiben, sodass ein Kunde seine Ansprüche durchsetzen kann, wenn er denn etwas reklamieren möchte. Alle anderen Fälle des Gebrauchtbereichs lassen sich demgegenüber nur individuell festlegen!

Viele Teile von Elektroaltgeräten haben einen sehr hohen Restwert, der aufgrund des Misstrauens in die Qualität der Teile oder den unklaren Eignungszustand sowie den undefinierten Wert oft nicht oder nicht voll genutzt werden konnte. Durch den Einsatz in neuen Produkten ist auch der Restwert eindeutig über den Wert des neuen Produkts/Teils bzw. über den Vergleich mit einem Neuteil bestimmbar. Hierfür fehlte bisher eine Norm. Das qualifizierte Teil geht direkt in den Fertigungsablauf der Neuwarenproduktion. Die Planungssicherheit bezüglich des Teilewerts ist auch für den kalkulierenden Produktmanager entscheidend.

Der Auftrag der WEEE-Richtlinie [20] – in Deutschland ElektroG [18] genannt – und der neuen europäischen Abfallrahmenrichtlinie [13] zur Wiederverwendung kann mit einem Einsatz in der Serienfertigung besser erfüllt werden als mit dem heute schon praktizierten „gekauft wie gesehen". Ohne diesen systematischen Einsatz in der Serienfertigung erreicht man keine nennenswerten Wiederverwendungsvolumina. Stoffrestriktionen wie die RoHS-Richtlinie, die im Lauf einer Einsatzplanung gesetzlich wirksam werden, stehen der Wiederverwendung teilweise entgegen, weil sie den Einsatz in neuen Produkten verhindern. Der Antrag der Kopiererindustrie bei der europäischen Kommission zur Gewährung einer Ausnahme für solche Systeme, die den Lebenszyklus verlängern, wurde leider nicht angenommen.

Ein Teil des Definitionsproblems, aber auch ein Hinweis zu seiner Lösung besteht in der Tatsache, dass viele Komponenten der Elektrotechnik und Elektronik, die auch bisher schon in neuen Produkten eingesetzt wurden, überhaupt nicht neu sind. Sie werden, wie in Kapitel 1.2 erwähnt, sogar auf Kundenwunsch, aber auch schon um die Frühausfälle zu beseitigen, im „Burn-in"-Verfahren vorgealtert und gewinnen, weil Frühausfälle dadurch ausgeschieden werden, noch an Qualität. Firma Xerox berichtete beispielsweise in ihrem offiziellen Umweltbericht 1995 [34] deshalb bei den neuwertigen Geräten auch von einer niedrigeren Ausfallrate im Vergleich zu Geräten nur aus Neuteilen.

Es schien daher geradezu notwendig, den Neuheitsbegriff für ein Produkt zu modifizieren und die neuen vergleichbaren Teile in diese Definition mit aufzunehmen (Kapitel 2.1.4). Da auch der Umweltnutzen beträchtlich sein kann, verdienen solche Produktideen eine deutliche Förderung.

Grundsatzurteile, nach denen, wie bereits erwähnt, ein Auto bereits nach einem Tag der Anmeldung als gebraucht gilt, stehen dem nur scheinbar entgegen. Sie sind wohl auch nicht auf die Elektronik und Elektrotechnik zu übertragen. Es sei allerdings auch darauf hingewiesen, dass eine neue Definition in einer Norm nur einen Stand der Technik beschreiben kann. Im Einzelfall können Gerichte völlig anders entscheiden, allerdings wird man dann den Bezug auf eine saubere Festlegung nach einer international anerkannten Norm nicht völlig außer Acht lassen.

2.1.5 Einige „Geheimnisse" der Wiederverwendung

Manche einfachen Teile, wie die bereits erwähnten Stecker, können sehr oft wiederverwendet werden, erfolgt doch die Auslegung üblicherweise für z. B. 10 000 Steckungen. Die Prüfkosten und Risiken für die Wiederverwendung sind dabei gering.

Schlecht prüfbare elektronische Teile werden nach unserer Empfehlung nach den Überlegungen in Kapitel 2.1.7 (Bild 1.2) nicht wiederverwendet. Deshalb kann auch ein Ausfallrisiko nicht abgeschätzt werden. Vermutlich gilt: Ein elektronisches gebrauchtes Teil, das bei der Prüfung keine Eigenschaftsveränderung (z. B. Signal-Rausch-Verhältnis) aufweist, hält (noch) sehr lange. Der Wiedereinsatz hat ohne eigene Erfahrungswerte über entsprechende Zeiträume jedoch ein unbekanntes Risiko. Nur dann, wenn tatsächlich Ausfallkurven/Ähnlichkeitskurven über entsprechende Einsatzzeiten bekannt sind, wäre ein Einsatz zu erwägen.

Empfehlungen sind bezüglich der Prüfung und Reinigung:

- Prüfungen sollten einfach sein (Sichtprüfung, Prüfvorrichtung für Neuteile mit nutzen),
- Reinigung ist einfach, z. B. mit CO_2 unter Druck.

Für jedes Teil, das erneut verwendet wird, sollte eine eigene Kosten-Nutzen-Analyse über alle Abläufe erstellt werden. Dieser Aufwand macht sich bezahlt, weil sich Marktpreise auch deutlich ändern können und damit eine Kontrollmöglichkeit bzw. eine Ausschlussmöglichkeit für das Teil bei zu hohem Preisverfall gegeben ist.

Die Qualitätswissenschaft gilt für neue *und* alte Teile[3]

Diese Erkenntnis klingt trivial, wird aber im Fall der Wiederverwendung selbst von Qualitätsmanagern manchmal entgegen der Vernunft infrage gestellt.

> **Leitsatz**: Einfache Prüfbarkeit, unveränderte Eigenschaften über lange Zeit, geringe Beanspruchung, kein riskanter Einsatzzweck sind Erfolgsfaktoren für die Wiederverwendung als Quagan.

Der Vergleich der Eigenschaften des für die Wiederverwendung vorgesehenen Teils mit der Spezifikation für Neuprodukte ist am einfachsten. Nicht nur deswegen, weil die Prüfverfahren für Neuteile bereits aufgebaut sind. Es ist auch aufwendig, davon abweichende Kennwerte zu definieren und extra zu prüfen. Die Prüfverfahren existieren bei der großen Arbeitsteiligkeit heute allerdings oft nur noch beim Zulieferanten. Dies bedeutet, dass die entsprechenden Lieferanten in ein gemeinsames Logistikkonzept miteinbezogen werden müssen.

Gerade Industriegüter haben oft einen sehr hohen Restwert. Bei Industriegütern können Vorwärts-/Rückwärtslogistik von Service, Auslieferung und Rückholung zur Wiederverwendung leichter kombiniert werden als bei Konsumgütern.

Leasing ist deshalb nicht, wie oben bereits angesprochen, die Grundbedingung für die Wiederverwendung – weder für Industrie- noch für Konsumgüter. Der Vertrieb muss sich ohne einen Leasingvertrag jedoch mehr bemühen, um an entsprechende Geräte aus dem Markt früher heranzukommen. Die vorgezogene Rücknahme, beispielsweise nach vorgegebenen Anforderungszahlen aus der Produktion, kann ein gutes Argument für häufigere informative Kundenkontakte mit Beratungscharakter sein. Zur Ausweitung der Wiederverwendung sollte der Kundenkontakt eine Notwendigkeit werden, um auch ältere weniger energieeffiziente Geräte mit Vorteil für den Kunden schneller aus dem Markt zu nehmen.

Um den Fahndungsaufwand für gesuchte Produkte oder Teile gering zu halten, sollte man nicht nach einzelnen Teilen fahnden, sondern nach den sie enthaltenden Teilprodukten oder Baugruppen. Schon aus Qualitätsgründen sollte jede Produktionseinheit eine Auslaufstrategie für ihr Produkt entwickeln. In ihr sollte beschrieben sein, welche Ersatzteile wie lange bevorratet werden müssen (Ausfallrate, garantierte Servicezeit, garantierte Verfügbarkeit). Für den Fall plötzlicher höherer Ausfallraten sollte man mit Softwareunterstützung auf im Markt verfügbare Altgeräte zurückgreifen können. Es sollte sogar möglich sein, weitgehend ohne eigene Teilebevorratung auszukommen, indem der notwendige Bedarf an Teilen mehr oder minder automatisch aus dem statistisch prognostizierten Rücklauf bzw. der Rückholung gedeckt wird.

---

[3] Achtung: In seltenen Fällen können sich Alterserscheinungen frequenzabhängig bemerkbar machen und sind dann schwer erkennbar.

2.1.6 Welche Produkte eignen sich mit welchem Alter noch?

Die Meinung, die Möglichkeit zur Wiederverwendung sei weitgehend vom Alter der Geräte bzw. der Teile abhängig, ist auch oft falsch. Sie gilt sicherlich bei Verschleißteilen, ohne allerdings in Betracht zu ziehen, dass nur ein kleines Element ausgewechselt werden könnte, und das Teil wäre wie neu. Manchmal ist dazu auch eine innovative Neukonstruktion des Teils notwendig.

Viele Werkstoffe, aus denen diese Teile bestehen, sind zusätzlich sehr langlebig. Speziell in gemäßigten Klimaten wie in Europa ist dann auch die Alterung der Werkstoffe und der aus ihnen hergestellten Teile sehr gering, sodass viele Komponenten ganz oder teilweise so gestaltet werden können, dass sie sich zu neuwertigen Teile aufarbeiten lassen. Wiederverwendbarkeit hängt deshalb eher von den Marktbedingungen (Preisverfall) und von der Kundenakzeptanz (beispielsweise Ablehnung wegen zu hohem Energieverbrauch) ab.

Gerade in der IT-Industrie ist der Preisverfall bereits bei neuen Produkten und Teilen so hoch, dass sich manche Teile bereits nach wenigen Jahren nicht mehr einsetzen oder verkaufen lassen. An dieser Stelle bietet sich ein Verkauf beispielsweise von älteren Speicherbausteinen über den Spotmarkt an, ungeprüft und ohne Garantie für andere Anwendungen, wie dem Spielwarenmarkt. Allerdings sind sie nicht für sicherheitsrelevante Teile einsetzbar.

Es eignen sich für die Wiederverwendung – auch als Pool für neuwertige Teile in anderen Anwendungen:

- Drehgestelle von Zügen und ganze Waggons (nach 30 Jahren),
- Ersatzteile von Anlagen bis 30 Jahre (heute: teilweise Neuproduktion notwendig),
- Auslaufserien von Bauelementen, Abkündigung nach fünf Jahren, Lebensdauer 15 Jahre bis 20 Jahre, auch des gesamten Produkts, z. B. Autos,
- Teile von Produkten mit kurzer Marktverweildauer wie Handys (oft für andere Zwecke),
- eine hohe verkaufte Stückzahl ist besser geeignet als geringe Stückzahl über viele Jahre, weil dies auch die Wiederverwendung garantiert,
- Kupplungen von Autos (nach Aufarbeitung),
- Verschleißteile wie aus Motoren (nach Aufarbeitung),
- Teile, die keinem Verschleiß unterliegen, wie Gehäuseteile sind relativ unabhängig vom Alter; dasselbe gilt für hochwertige Konstruktionskunststoffe, die nicht so starken Preisschwankungen unterliegen und noch neuwertig sein können.

Unter der Vermutung, dass, wie oben bereits erwähnt, in vielen Produkten der Elektrotechnik und Elektronik dieselben Standardteile verwendet werden, bestünde ein Markt, der einen hohen Prozentsatz vieler Produkte umfassen könnte. Dies ist bisher in dieser Dimension noch nicht genutzt worden und bedürfte näherer wissenschaftlich und statistisch fundierter Untersuchungen.

In den Wiederverwendungskonzepten unter Verwendung von Teilen weitgehend in derselben Produktfamilie ist die Wiederverwendungsrate auch bei einer Mehrgenerationenproduktplanung prozentual begrenzt: In den ersten Jahren der Produktion liegt der Rücklauf von Produkten bei wenigen Prozent. Dann folgt eine steigende Menge, die man auch selbst beeinflussen kann, hier mit 15 % bis 25 % des Volumens abgeschätzt, und im Auslauf des Produkts herrscht der Überfluss, den man am Anfang benötigt hätte, um die Produktion mit genügend neuwertigen Teilen auszustatten. Dieser Anteil ließe sich sicher steigern, wenn man auf entsprechende standardisierte Teile aus ähnlichen und Wettbewerberprodukten zurückgreifen könnte oder die Produkte gezielt zurückholt. Es ist auch klar, dass dies nicht die derzeitigen öffentlichen Sammelbehälter für Elektroaltgeräte sein können. Manche Hersteller haben allerdings bereits Recycler mit der Ersatzteilbevorratung betraut, zusätzlich auch mit der Aufgabe, überzählige Teile gewinnbringend im Markt zu verkaufen. Dies wertet Recyclingbetriebe erheblich auf.

Auch die fehlende wissenschaftliche Aussagemöglichkeit über die Ausfallwahrscheinlichkeit elektronischer Bauelemente wirkt einer Ausdehnung des Gedankens der Wiederverwendung entgegen. Dieser Streit über die Gültigkeit oder Ungültigkeit der Badewannenkurve schwelt seit Jahren und könnte vielleicht durch ein öffentliches unabhängiges wissenschaftliches Fördervorhaben entschieden werden.

2.1.7 Einfache Prüfbarkeit

Da jeder Aufwand in der Behandlung der neuwertigen Komponenten schnell teuer wird, sind natürlich solche Teile besonders geeignet, die wenig Prüfaufwand erfordern. Dazu eignen sich u. a. auch Teile, die wenig im Vergleich zu ihrer Auslegungsdauer beansprucht wurden:

- Schrauben etc. sind teilweise aus rostfreiem Stahl[4].
- Kabel, Stecker sind teilweise ohne Beanspruchung.
- Gehäuse sind leicht prüfbar (häufig nur Sichtprüfung), Teile davon evtl. im Innern eines neuen Geräts einsetzbar.
- Robuste Teile: Drehgestelle von Zügen sind für 30 Jahre bis 50 Jahre Einsatz ausgelegt.

---

[4] Schraubentausch, wie chromatierte gegen Edelstahlschrauben, kann Probleme bereiten (Drehmomente, Reibwerte etc.) und muss vor Einsatz geprüft werden. Häufig enthält die Verchromung auch eine zu hohe Konzentration sechswertigen Chroms, sodass ein Verstoß gegen § 5 Elektro- und Elektronikgerätegesetz (Umsetzung RoHS-Richtlinie) bei bestimmten Produkten droht.

- Manche Kunststoffe wie ABS (Acrylnitril-Butadien-Styrol) oder modifiziertes PPO (Polyphenylenoxid) altern vergleichsweise langsam und haben ein jahrelang unverändertes Eigenschaftsprofil. Nach Erfahrungen einer der Autoren werden über 40 Abspritzungen hintereinander ohne nennenswerte Eigenschaftsveränderungen (Schmelzindex) überstanden.
- Bleiabschirmung für Strahlenzwecke.

Im Vergleich dazu eignen sich eher nicht

- Komplexe und schwer prüfbare Teile, wie bestückte Leiterplatten (nicht alle[5]);
- elektronische Bauelemente sind ein Risiko, wenn die Ausfallkurve unbekannt ist[6];
- Teile, die unkalkulierbaren Belastungen ausgesetzt werden (mechanisch, elektrisch, Temperatur, Feuchte, Klima).

An dieser Stelle kommen wir noch einmal auf die Badewannenkurve in Bild 1.2 zurück. Bei manchen Produkten kann die Fehlerhäufigkeit mit der Einsatzdauer (rechter Ast) ansteigen. Er kann aber auch unverändert fortgesetzt werden, was bedeutet, dass das Teil praktisch nicht altert. Der rechte Verlauf dieser Kurve ist also nicht eindeutig vorhersehbar und muss experimentell bestimmt werden. Gerade bei elektronischen Bauelementen, die ja keinem Verschleiß unterliegen, gibt es bei einigen Bauelementen oft schon nach kurzer Zeit deutliche Alterungserscheinungen im Einsatz, bei anderen Bauelementen jedoch nicht. Verläuft die Kurve noch nach Jahren unverändert weiter, ist dies noch keine Garantie, dass sie nicht doch irgendwann in nicht vorhersehbarer Weise wieder ansteigt. Neben Temperatureinflüssen spielen für den Alterungsmechanismus auch zu hohe Feuchtigkeit und Korrosion eine Rolle, die in dem der Kurve zugrunde liegenden Modell nicht berücksichtigt sind. Aber es gibt auch Bauelemente, die noch nach Jahren des Einsatzes unter extremen Anwendungsbedingungen, wie Feuchte, korrosive Klimate und Temperaturschwankungen, keine Veränderung der Charakteristiken erkennen lassen. Eine Rolle spielt die Dichtigkeit der Kunststoffumhüllung. Sofern die Umhüllung Risse aufweist, dringt Feuchtigkeit ein, und die Korrosion beginnt. Schließlich gibt es zwischen Silizium-Chip und Umhüllung stark unterschiedliche thermische Dehnungen. Vornehmlich bei großen Bauelementen macht sich dieser Unterschied besonders stark bemerkbar und führt zu Rissen in der

---

[5] Für Baugruppen wurden Chips entwickelt, die die Alterungscharakteristik einer bestückten Leiterplatte anzeigen sollen. Außerdem gibt es integrierte Prüfprogramme in Eigenentwicklung mancher Hersteller, mit denen sich die Funktionsfähigkeit der bestückten Leiterplatten auch nach Alterungstests überprüfen lassen. Diese Prüfverfahren eignen sich auch nach der Rückholung des Produkts noch Jahre nach der Herstellung zur Feststellung der Funktionsfähigkeit, sind allerdings meist nicht allgemein zugänglich.

[6] Sofern alle generierbaren Signale eines Bauelements noch nach Jahren unverändert sind (Signal-Rausch-Verhältnis) könnte der Wiedereinsatz erwogen werden, wenn entsprechende Erfahrungskurven vorliegen.

Umhüllung. Durch diese dringt Feuchtigkeit ein und kann dann zur Zerstörung des Bauelements führen. Die Zusammenhänge sind bisher nicht alle bekannt. Damit lässt sich also auch keine Zuverlässigkeitsprognose durchführen.

Wer die tatsächlichen Alterungskurven unter Anwendungsbedingungen aber genau kennt, ob aus Erfahrung oder durch Prüfung, kann u. U. wesentlich höhere Preise für seine gebrauchten elektronischen Komponenten erzielen. Zu solchen Aussagen sind allerdings derzeit sicherlich nur wenige Hersteller in der Lage.

2.1.8 Potenzielle Märkte für die Wiederverwendung

Es ist unübersehbar, dass in vielen Entwicklungsländern Bedarf an preiswerten (gebrauchten) Geräten besteht und durch Anwendung neuwertiger Geräte/Teile Märkte erschlossen werden können, die aufgrund hoher Arbeitskosten in Europa nicht mehr bestehen. Einige Beispiele:

- Reparaturkosten, Ausbaukosten spielen kaum eine Rolle;
- in Behörden z. T. noch wenig moderne IT-Ausstattung;
- es besteht auch Angst vor Betrug und Abfallverschiebung sowie Publizität von gesundheitsgefährdenden Aufarbeitungsbedingungen.

Das Thema „Märkte für die Wiederverwendung" unterliegt auch einem starken Vorurteil, nach dem gebrauchte Teile nur für Entwicklungsländer interessant seien.

An dieser Stelle sei vermerkt, dass der Einsatz von neuen Produkten mit gebrauchten, aber neuwertigen Teilen wesentlich sinnvoller ist, als der Einsatz von undefinierter Gebrauchtware. Man muss dadurch nicht einen aufwendigen undefinierten Altbestand pflegen. Das Volumen der Kosteneinsparung pro Gerät kann als Erfahrungswert für neue Produkte mit neuwertigen Teilen bei 15 % bis 25 % gegenüber einem reinen Neugerät geschätzt werden.

Die Medizintechnik hat ihre Märkte für diese Waren inzwischen weltweit. Überwiegende Anteile gehen sogar in die reifen Märkte wie in Europa und USA: Der Markt für reine Neuware wird nicht gestört. Da ja keine Leistungseinbuße gegenüber neuen Standardgeräten besteht, gibt es auch keinen Grund, solche Geräte nicht zu beschaffen.

Über den hohen Restwert und die Menge lukrativer Angebote kann man sich beispielsweise in Auktionsplattformen wie „eBay" informieren. In der Internet-Suchmaschine Google findet man unter dem Stichwort „Refurbished Systems" heute: Mess- und Analysegeräte, Telefonanlagen, Computer und Medizingeräte.

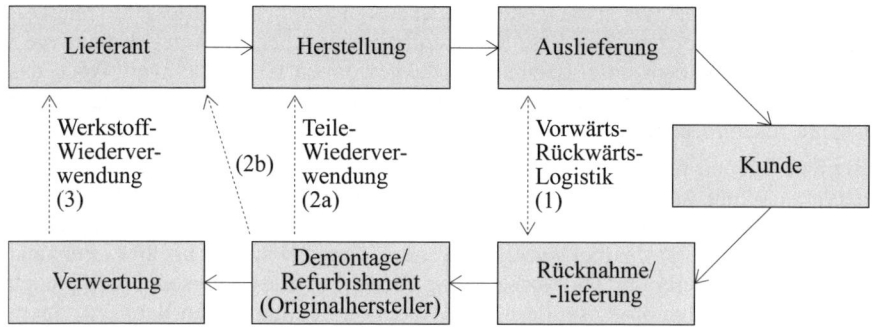

Bild 2.4 Stoffströme von der Zulieferung bis zur Verwertung (Beseitigung)

Da sich inzwischen auch Entwicklungsländer zu Recht gegen den Import von reinen Schrottgeräten wehren, die dann unter unwürdigen Bedingungen recycelt werden, führt die Idee der „neuen Geräte mit gebrauchten Teilen" zu einer Kostensenkung, die moderne Geräte erschwinglicher macht und bedingt auch keine „Abwertung" (Das ist noch gut genug!). Im Herstellerland, aber auch in jedem Land, in dem solche Geräte anfallen, kann die Aufarbeitung selbst mit Gewinn für gute Arbeitsplätze umgesetzt werden.

In **Bild 2.4** sind die Zusammenhänge der Stoffströme in einem Unternehmen zusammengestellt. Das Bild kann, bezogen auf die internationalen Märkte, sehr differenziert betrachtet werden.

Überall gleich ist die Vorwärts-/Rückwärtslogistik nutzbar (1). Die interne Auslieferung oder der Service holt die geeigneten Produkte ohne oder fast ohne zusätzliche Wege zurück.

Demontage und Teileaufarbeitung können beim Originalhersteller erfolgen und dort wieder eingesetzt werden (2a). Denkbar ist auch die Aufarbeitung und Prüfung beim Lieferanten (2b). Dieser Weg ist in vielen Fällen noch ungewöhnlich bzw. wird noch nicht beschritten, weil er auch erheblichen planerischen und logistischen Aufwand bedeutet. Da er in Entwicklungsländern oft preisgünstiger funktioniert, sind Hersteller dort vielleicht eher bereit, sich darauf einzulassen. Die Wiederverwendung würde erleichtert, wenn auch der Zulieferer bzw. der Kunststofflieferant seine eigenen Kunststoffe wieder erhalten könnte (3). Voraussetzung ist jedoch, dass sich Lieferanten auf dieselben Kunststoffe einigen. In Europa steht dem oft die Typenvielfalt entgegen. Das japanische Recycling-Zentrum von Panasonic in der Nähe von Osaka liefert die gewonnenen sortenreinen Kunststoffe von vier Hausgerätearten (Fernseher, Klimaanlagen, Kühlschränke, Waschmaschinen) auf demselben Gelände an die Fabrik von Neuprodukten. Dabei werden nicht nur eigene, sondern die Hälfte der Wettbewerberprodukte des Sammeldistrikts mitverwertet als Teil des öffentlichen Recyclingsystems. Dies bedeutet offensichtlich die Verwendung gleicher Werkstoffe, der Einsatz von geeigneten mehr oder minder automatisierten Zerlege- und Trennverfahren und der Beweis, dass diese Kunststoffe ohne großen Aufwand als neuwertig und sogar für Lebensmittel geeignet zurückgewonnen werden können. Auch das Problem, das in Europa oft besteht, für eine Verwertung nicht genügend Mengen einer Charge zusammenzubekommen, besteht bei diesem Modell in geringerem Ausmaß.

Bei dem Modell nach Bild 2.4 wird manchmal argumentiert, dass durch die Wiederverwendung Arbeitsplätze mind. bei den Zulieferanten verloren gehen. Diese Aussage muss nicht richtig sein. Nach Erfahrung der Autoren kann die Auslastung einer Fertigung eher flexibel gesteigert werden, denn etwa 10 % bis 20 % Personal sind für die Aufbereitung und Vorbereitung einsetzbar. Dieses Personal wird jedoch nicht dauerhaft benötigt, sondern die Wiederverwendung kann dann zu einem kostensenkenden und Beschäftigung sichernden Thema werden, wenn die Fabrik nicht ausgelastet ist; ansonsten kann das Personal in der normalen Fertigung arbeiten und die zurückgenommenen Teile werden einstweilen gelagert bzw. man holt weniger Produkte zurück. Durch die höhere Wertschöpfung kann man sich auch die Aufarbeitung leisten bzw. die Mehrarbeit wird bereits in die Kalkulation der Wiederverwendung einbezogen. Wie das Modell in Bild 2.4 zeigt, bleibt das durch die Wiederverwendung verdiente Geld in dem arbeitsteiligen Modell auch nicht mehr allein bei dem Endgerätehersteller, sondern auch der Zulieferer kann Teil der Wertschöpfungskette werden.

2.1.9   Der Ersatzteilmarkt mit neuwertigen Komponenten

Die Ersatzteilbevorratung ist nicht der primäre Gegenstand dieses Buchs. Konzepte wurden von Qualitätsabteilungen für Produktauslaufstrategien entwickelt. Sie umfassen die Verfügbarkeit beim Lieferanten von beispielsweise fünf bis sieben Jahren und die vertraglichen Zusagen wie für ein Kraftwerk, den Service für den Kunden beispielsweise 30 Jahre aufrechtzuerhalten. Neuwertige Teile sind hierfür nicht unbedingt nötig. Die Teile können aus beliebigen zurückgenommenen Anlagen stammen.

Die Gemeinsamkeiten mit den Neuwertigkeitsüberlegungen beginnen, wenn bestimmte Qualitätsaussagen zu diesen Teilen getroffen werden müssen und wenn diese Teile bei Nichtverfügbarkeit aus Vertragsgründen teuer neu produziert werden müssen. An dieser Stelle würde es sich in jedem Fall lohnen, Kunden so zu binden, dass man Anlagenteile, in denen sich interessante Komponenten befinden, in jedem Fall zurückbekommt bzw. solche Geräte vorzeitig austauschen kann, um die Teile zu gewinnen.

In einem solchen Konzept könnten auch die interessierenden Teile mit einheitlicher neuwertiger Qualität gelagert und nicht nur intern, sondern auch extern vermarktet werden. Bei Eignung könnten die Teile auch als den Originalersatzteilen gleiche Teile vermarktet werden. Aspekte des Ersatzteilmanagements unter Nachhaltigkeitsgesichtspunkten beachten die Schwächen der Baugruppen, der Produktion und der Logistik und führen im Ergebnis zu Vorteilen bei der Wiederverwendung [35].

2.1.10   Potenzielle Restwerte

Wenn man einmal als Hersteller und Kunde verstanden hat, wie sich die speziellen Risiken im eigenen Geschäft mit der Wiederverwendung zusammensetzen, kann der Einsatz von neuwertigen Teilen kein Problem mehr darstellen. Da es aber auch Skeptiker unter Kunden gibt, muss man den Kunden immer klar und eindeutig informieren. Aus rechtlichen Gründen kann es gegenüber dem Kunden, vor allem dem privaten, ein Problem sein, von „neuwertigen" oder „den neuen gleichen" Teilen zu sprechen. Der flüchtige Leser hätte diesen Unterschied übersehen können. Mit „Quagan" haben die Normenautoren der DIN EN 62309 (**VDE 0050**) versucht, einen unmissverständlichen Kunstbegriff zu finden, der jede Verwechslung ausschließt (vgl. Kapitel 1.2).

> **Leitsatz**: Das Qualitätsrisiko durch Einsatz gebrauchter Quagan-Teile für einen Originalhersteller ist geringer als bei einer reinen Neufertigung, weil Frühausfälle nicht mehr auftreten. Die Qualitätsprüfung muss jedoch wie bei Neuteilen durchgeführt und dokumentiert werden. Erweiterte Prüfungen können nötig sein, wenn zusätzliche Risiken auftreten.

Die zweite Gruppe der Skeptiker gibt es innerhalb der Hersteller. Zunächst muss noch einmal auch an dieser Stelle festgestellt werden, dass die Qualitätstechnik für alle Teile, also alte und neue, gilt. Bei neuen Teilen sind die Risiken, etwas zu übersehen, zumindest bei der Fertigung einer Komponente, von der noch keine Erfahrungswerte vorliegen, wesentlich größer als bei den Quagan-Teilen. Wäre also etwas übersehen worden, hätten Frühausfälle während des Produkteinsatzes dies längst angezeigt. Bei Quagan-Teilen wird demgegenüber manchmal ins Feld geführt, ein unbekannter Alterungsmechanismus oder eine nur bei manchen Geräten vorkommende Extrembelastung, die zu einem Teileausfall führt, könnte bei einer erneuten Prüfung übersehen werden. Dies lässt sich allerdings auch in einer laufenden Serie nie ganz ausschließen und sollte bei den Geräten der laufenden Serie, die ohne Quagan-Teile im Markt sind, früher eintreten als bei den neu gefertigten mit Quagan-Teilen. Zusätzlich wird man bei sicherheitsrelevanten Teilen von einem Quagan-Einsatz evtl. Abstand nehmen. Es besteht also unter den genannten Randbedingungen kein erhöhtes Risiko für einen Hersteller, und er hat Vorteile von der Wiederverwendung.

Auf **Bild 2.5** werden neben dem Einsatz von neuwertigen Teilen auch noch Produkte und Werkstoffe genannt, die für eine Wiederverwendung infrage kämen. Sie sind zwar nicht Bestandteil der Norm, könnten aber auch analog definiert werden. Bei den Produkten könnten sich Prototypen, Messeprodukte oder Ausstellungsstücke eignen, die u. U. ohne großen Aufwand auf das Layout der Serienprodukte umkonfiguriert

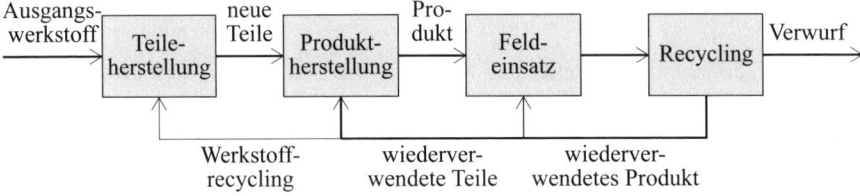

Bild 2.5 Möglichkeiten für die Wiederverwendung in einer Serienfertigung nach DIN EN 62309 (**VDE 0050**): Produktwiederverwendung, Teilewiederverwendung, Werkstoffeinsatz für Neuware

werden können. Sie müssen allerdings auch entsprechende Komplettprüfungen durchlaufen, wie sie für Neuprodukte üblich sind.

Je nach mittlerer Lebensdauer gibt es mehrere Möglichkeiten für weitere Lebensphasen eines Teils, wie in Bild 2.5 dargestellt: in Teilekreisläufen, in neuen Produkten oder im Servicebereich.

Auch einige Rezyklatkunststoffe können entweder durch Mischung oder aufgrund ihrer Alterungsstabilität bei erneuter Verarbeitung so eingestellt werden, dass sie in ihren Eigenschaften denen der Neuware entsprechen. Zu solchen sehr alterungsstabilen Kunststoffen zählen ABS (Acrylnitril-Butadien-Styrol) und modifiziertes PPO (Polyphenylenoxid), aber auch einige Mischungen mit anderen Kunststoffen wie Polycarbonat. Die Einfärbungen müssen für Rezyklat meist dunkler sein als es der Farbe der angelieferten Teile entspricht, um eine einheitliche Farbe erzeugen zu können. Am Ende wird allerdings alles irgendwann schwarz eingefärbt sein. Es sei denn, die Teile gehen in dieselbe Fertigung, und die Farbe hat sich nicht geändert. Einige Kunststoffverarbeiter bringen heute schon die Angüsse aus der laufenden Fertigung selbst wieder in die laufende Serienfertigung ein. Diese Kunststoffreste haben jedoch keine Alterung im Einsatz hinter sich. Zahlreiche Rezyklathersteller garantieren für Regranulat dieselben Werte wie für Neuware. Nach Diskussionen einer der Autoren mit Kunststoffrecyclern sind es nur wenige Kennwerte, die beachtet werden müssen, um die Eignung des Regranulates, z. B. aus alten Gehäuseteilen, für Neuware feststellen zu können. Beispielsweise sollte der Schmelzindex bei Thermoplasten nicht mehr als 10 % bis 15 % von dem der Neuware abweichen. Dazu kann man noch den einen oder anderen mechanischen Festigkeitswert in einem ähnlichen Toleranzbereich im Vergleich zur Neuware prüfen. Mehr ist letztlich nicht zu prüfen, wenn nicht besondere Einflüsse dies notwendig erscheinen lassen. Leider sind diese Erfahrungswerte noch nicht zu einer internationalen Norm geworden. Bei Mischkunststoffen gilt sicher anderes (Mischtabelle in [36]). Vermutlich lassen sich deren Eigenschaften auch nicht auf hohem Niveau standardisieren, sodass nur Anwendungen mit geringeren mechanischen und sonstigen Anforderungen infrage kommen.

Eine Alternative am unteren Ende der Skala der Kunststoffe sind jedoch solche Anwendungen, für die sich noch ein gewisser Mindestwert an Festigkeit einstellen lässt. Solche Mischungen aus verschiedenen Thermoplasten und sogar noch in Kombination mit etwas Duroplaste, meist absolut dunkel eingefärbt, eignen sich durchaus für Straßenbaken, Halterungen für Verkehrsschilder und anderes im Außeneinsatz wie im Straßenbau. Zusätzlich sind auch evtl. zerstörte Elemente für diesen neuen Einsatz wiederverwendbar. Dies ist ein Wiederverwendungsbereich, in den keine hochwertigen Kunststoffe hineinfließen müssen, der aber in der gesamten Verwertungskette in großem Ausmaß zur Verfügung steht, bevor die thermische Verwertung genutzt wird.

Bei den thermoplastischen Kunststoffen, die flammwidrig mit bromierten Flammschutzmitteln eingestellt sind, hängt die Wiederverwendbarkeit von sehr vielen Faktoren ab. Bei zu hoher Aufarbeitungstemperatur kann es sogar zur hochtoxischen Dioxinbildung aus den bromierten Flammschutzmitteln kommen, was eine Wiederverwendung ausschließt. Einige Rezyklathersteller arbeiten an dieser Stelle bei der Aufarbeitung mit einer Temperaturbegrenzung und bieten auch die Aufarbeitung bromiert-flammwidriger Kunststoffe an. Jedoch sind einige bisher noch als unbedenklich eingestufte bromierte Flammschutzmittel derzeit Teil eines Untersuchungsprogramms der EU-Kommission und können aufgrund möglicher toxischer Wirkungen auf Mensch und Umwelt in der Anwendung weiter eingeschränkt werden.

Einen neuen Ansatz bietet das Creasolv-Verfahren vom Fraunhofer-Institut für Verfahrenstechnik und Verpackung (IVV) [37], bei dem durch geeignete Lösungsmittel die bromierten Flammschutzmittel abgetrennt werden und selektiv Kunststoffe sortenrein zurückgewonnen werden. Nach Angabe des Instituts werden Neuwarenspezifikationen erreicht. Sollte sich dieses Verfahren durchsetzen, wäre damit auch das Problem der Mischkunststoffe gelöst.

2.1.11 Der Umweltnutzen

Nimmt man einen potenziellen Wiederverwendungsanteil von 25 % an neuwertigen Teilen im Produkt an, würde dies einen erheblichen Umweltnutzen darstellen. Dagegen stehen Kosten und Risiken des Herstellers in Form von Demontage- und Aufbereitungs- sowie späteren Betriebskosten. Alle Kosten zusammen dürfen nicht höher als die Beschaffungskosten neuer Komponenten liegen.

Auch die Betriebskosten und damit u. a. der Stromverbrauch dürfen aus Verbrauchersicht nicht wesentlich höher als bei neuen Geräten ohne neuwertige Teile sein. Durch die ständig steigenden Energiekosten ergibt sich heute die Situation, dass es sich lohnt, bestimmte (Haus-)Geräte bereits nach einigen Jahren gegen verbrauchsärmere zu tauschen. Dies dürfte auch eine Notwendigkeit zur Erreichung der aktuellen Klimaziele der Regierungen werden, denn mit den geringen Substitutionsgraden in den gesättigten westlichen Märkten durch reinen Neukauf lassen sich niemals die ehrgeizigen Klimaziele in der geplanten Zeit erreichen.

Es wäre zu prüfen, ob die bei Substitution anfallenden noch voll funktionsfähigen Geräte nicht auch wiederverwendbare Teile für Neuprodukte enthalten oder ob es nicht zukünftig energieeffizientere Tauschteile wie Stromversorgung oder Antriebe sein könnten, die in ein modulares Gerät nur eingesetzt werden. Ein Anfang war die

Vereinheitlichung der Stromversorgung von Handys auf Druck der EU-Kommission nach dem Micro-USB-Standard [38], nun wird dies auch für Laptops gefordert.

Ein höherer wirtschaftlicher, aber auch Umweltnutzen ergibt sich aus den konstruktiv erreichten Eigenschaften, wie leichte Demontierbarkeit und geringe Komplexität des Produkts, weil sich dieses im Allgemeinen auch in geringerer Teilevielfalt (d. h. sortenreine recyclierbare Kunststoffe) und meist umweltverträglicheren Komponenten niederschlägt. Hingewiesen sei in diesem Zusammenhang auf die VDI-Richtlinie 2243 „Konstruieren recyclinggerechter technischer Produkte" [39–42], neue Version „recyclingorientierte Produktentwicklung" [9], die sich speziell an Entwickler mit dem Gestaltungsauftrag zur Wiederverwendung richtet. Mit einer Ökobilanz ist dagegen besser die energieeffiziente Produktgestaltung zu bewerten. Reines „Design for Recycling" bildet also niemals die Umweltverträglichkeit eines Produkts komplett ab.

Teile mit Gefahrstoffen wie bei Nichtkonformität nach der RoHS-Richtlinie [19] oder übermäßig hohem Energieverbrauch werden aus Umweltgründen eliminiert. Allerdings dürfen Teile in neuen Geräten keine Stoffe enthalten, die der RoHS-Richtlinie nicht entsprechen. Teile mit den entsprechenden Gefahrstoffen (Blei, Cadmium, Quecksilber, sechswertiges Chrom, polybromierte Biphenyle und Diphenylether) aus dem Ersatzteillager dürfen nur noch als Ersatzteile für gebrauchte Produkte eingesetzt werden, die vor dem 1. Juli 2006 in Verkehr gebracht wurden. Nach diesem Termin hergestellte Produkte müssen auch im Fall einer Reparatur oder im Fall der Wiederverwendung in einem neuen Produkt in Übereinstimmung mit den gesetzlichen Vorschriften sein. Damit endet für die nicht mehr der gesetzlichen Vorgabe entsprechenden Teile der Wiederverwendungszyklus und auch eine damit zusammenhängende Mehrgenerationenproduktplanung wäre damit schiefgegangen. Sie gelingt dann erst wieder für alle danach produzierten Geräte. Eine Ausnahme gilt für Ersatzteile aus Produkten, die aus Geräten ausgebaut wurden, die vor dem 1. Juli 2006 in Verkehr gebracht wurden. Sie dürfen in Geräten noch verwendet werden, die vor dem 1. Juli 2016 in Verkehr gebracht werden. Allerdings muss es sich dabei um ein geschlossenes zwischenbetriebliches System handeln und dem Verbraucher muss mitgeteilt werden, dass Teile wiederverwendet wurden.

Eine Mehrgenerationenproduktplanung ist jedoch nötig, um bestimmte Teile beispielsweise auch für Produktvarianten wiedereinsetzen zu können bzw. sie auch in der übernächsten Generation nicht zu vergessen. Im Planungszeitraum müssen bestimmte Funktionen unverändert bleiben. Dies bedeutet ein hohes Risiko für den Hersteller, über einen so langen Zeitraum falsch geplant zu haben, wenn gesetzliche Regelungen den Teileeinsatz beschränken oder wenn der Markt sich rasch ändert, wie der Übergang von der Bildröhre zum Flachbildschirm. Deshalb sollte der Gesetzgeber Anreize für die umweltverträgliche Wiederverwendung schaffen, um nicht das Risiko allein beim Hersteller zu belassen. Zumindest sollte er Wiederverwendungssystemen auch bei neuen gesetzlichen Regelungen eine Übergangszeit einräumen oder diese Systeme von diesen Regelungen ausnehmen.

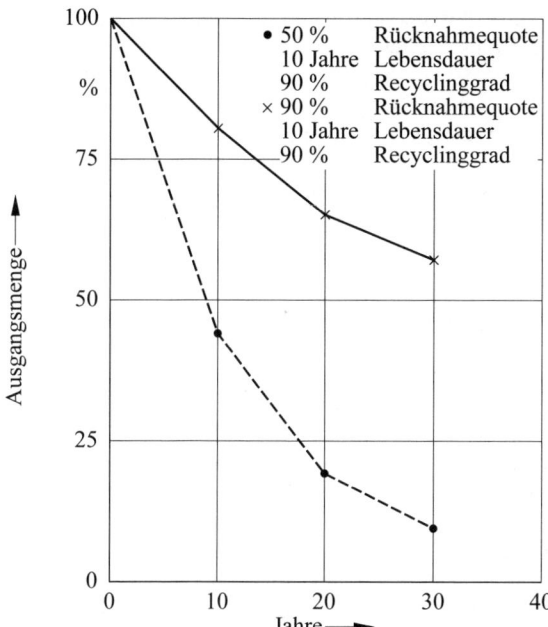

Bild 2.6 Zusammenhang zwischen Rücklaufquote, Lebensdauer und Verwertungsquote an ausgewählten Szenarien. Bei heute üblichen Quoten sind die Ressourcen bereits nach wenigen Produktzyklen verbraucht

In **Bild 2.6** ist der Zusammenhang zwischen der Rücknahmequote und der Recyclingrate aufgezeigt. Entsprechend der unteren Kurve ist bei zehn Jahren Lebensdauer, 50 % Rücknahmequote und 90 % Recyclinggrad das Ausgangsmaterial schon nach 20 Jahren bis 30 Jahren fast nicht mehr vorhanden. Selbst bei hoher Rücknahmequote von 90 % und einem Recyclinggrad von 90 % ist das Material nach dem dritten Recyclingvorgang bei zehn Jahren Lebensdauer schon zu 50 % verschwunden. Wenn wir heute in einem System eine durchaus gute Rücknahmequote von 30 % erreichen und 90 % Recyclinggrad, dann dauert es bei fünf Jahren Lebensdauer eines Produkts nur zehn Jahre bis 15 Jahre bis das ursprünglich eingesetzte Material in unbekannten Kanälen unauffindbar ist. Die vorgenannten Quoten sind für Herstellerrücknahmesysteme gute Werte. Nach der neuen WEEE [20] soll die Mindestsammelquote von 45 % im Jahr 2016 auf 65 % im Jahr 2019 steigen. Der Bezug ist dabei das Durchschnittsgewicht der Elektro- und Elektronikgeräte, die in den drei Vorjahren im betreffenden Mitgliedsstaat in Verkehr gebracht wurden. Alternativ kann der Wert auch 85 % der auf dem Hoheitsgebiet dieses Mitgliedstaats anfallenden Elektro- und Elektronikaltgeräten betragen. Nimmt man den Wert 65 % Rücknahmequote und bezieht etwas vereinfachend auf eine durchschnittliche Gerätelebensdauer von drei Jahren, dann liegt die Gesamtkurve entsprechend Bild 2.6 bei einem angenommenen Recyclinggrad von 90 % noch unter der unteren Kurve. Das Ausgangsmaterial ist also bereits nach etwa zehn Jahren nicht mehr vorhanden! Es besteht also noch erheblicher Verbesserungsbedarf, bevor das Gesetz zu einer erheblichen Rohstoffrückgewinnung führen kann. Für Deutschland wurde laut Bundesministerium für Umwelt, Naturschutz und Reaktorsicherheit (BMU) im Jahr 2008 eine Rücknahmemenge von 7,8 kg/Kopf und Jahr erreicht. Dies ergibt in Deutschland etwa ein Rücknahmeaufkommen von ca. 660 000 t/a, bei einer Prognose von 1,1 Mio. t/a [2] Elektroaltgeräte, die anfallen sollten.

In anderen Ländern werden heute schon höhere Sammelmengen pro Kopf erzielt. Nachdem ab 2018 praktisch alle Elektro- und Elektronikaltgeräte in die Sammlung einbezogen werden und auch die neue Abfalltonne entsprechende zusätzliche Geräte zusätzlich erbringen soll, werden sich diese Werte hoffentlich noch deutlich erhöhen. In jedem Fall kann man die Wiederverwendung nutzen, um die Effizienz der existenten Systeme noch erheblich zu steigern. Allerdings muss auch darauf hingewiesen werden, dass hohe Verwertungsraten bzw. Wiederverwendungsraten derzeit nur für Industriegüter zu erzielen sind. Bei den von öffentlichen Sammelstellen zurückgenommenen Geräten sind die Qualität und das Alter der abgelieferten Geräte für eine Wiederverwendung derzeit noch nicht geeignet. Der Gesetzgeber sollte auch für die Akzeptanz der Wiederverwendung stärker eintreten. Derzeit gibt es Firmen, die in Verträgen das Vorhandensein von gebrauchten Komponenten in neuen Produkten noch kategorisch ausschließen. Dies hat zur Folge, dass ein Hersteller dann zwei Produktionslinien betreiben muss: eine mit nur neuen Komponenten und eine mit eingemischten neuwertigen Komponenten.

In Systemen, in denen Wiederverwendung betrieben wird, ist auch der Produktschwund in andere (Entwicklungs-)Länder geringer, weil die Werthaltigkeit auch hier interessant ist. Gleichzeitig wird die Einsatzdauer auch der Rohstoffe deutlich verlängert. In der politischen Diskussion muss man jedoch auch erkennen, dass ein Land wie Deutschland teilweise 80 % bis 90 % seiner hier hergestellten Produkte weltweit exportiert und umgekehrt anders zusammengesetzte Produkte in großem Stil importiert. Dies hat zur Folge, dass eine Kreislaufführung von Werkstoffen, und dabei speziell von Kunststoffen, in jedem Fall nur einen untergeordneten – allerdings nicht zu vernachlässigenden – Einfluss auf die Wertstoffbilanz des Landes hat. Umso mehr müsste die Politik die Randbedingungen schaffen, damit die für eine wirtschaftliche Verwertung ausreichenden Mengen auch zusammenkommen. Zudem müssten Verfahren gefördert werden, die die Aufarbeitung wirtschaftlicher und für einen Entwickler langfristig planbar machen[7].

---

[7] Anmerkung: Für die Aufarbeitung von Kunststoffen wurden zahlreiche werkstoffliche, rohstoffliche und thermische Verwertungsverfahren entwickelt, bei einigen wurde auch die Wirtschaftlichkeit nachgewiesen. Großtechnisch werden jedoch mangels anfallender Verwertungsmasse oder mangels Genehmigung nur wenige genutzt (Hinweise z. B. von tecpol [43]).

Zum Erreichen der hohen Klimaziele der Regierungen wird es in Zukunft nicht mit einer reinen und sehr langsamen Ersatzbeschaffung getan sein: Es muss der aktuelle Gerätebestand mit vergleichsweise hohem Energieverbrauch radikal durch existente energiesparende Produkte substituiert werden. Um einen Blick in die Zukunft zu wagen, wird es u. U. innerhalb der langen Planungszeiträume zu weiteren Produktsubstitutionen durch energieeffizientere Geräte kommen müssen. Es muss gefragt werden, ob sich dann nicht tatsächlich auch Konzepte entwickeln lassen, in denen die zurückgenommenen Produkte wesentlich modularer aufgebaut sind, und eben nur noch in Teilen getauscht bzw. modernisiert werden. In jedem Fall würde nicht der komplette Bestand dann in den Schredder befördert werden müssen. Über diese möglichen Konsequenzen der Klimapolitik und der Klimaziele wird bisher leider nur unzureichend diskutiert. Der höhere Rang der Wiederverwendung direkt nach der Prävention in der neuen EU-Abfallrahmenrichtlinie [13] wurde jetzt mit den Maßnahmen Ökodesign der Produkte, erweiterte Produktverantwortung des Herstellers und Verwertungsziele bis ins Jahr 2020 unterfüttert.

2.2   Konkretisierung des Vorgehens bei der Teileauswahl

Prinzipiell müssen alle an der Produktherstellung beteiligten Fachleute wie Entwickler, Qualitätsfachleute, Kaufleute gemeinsam ein existentes Produkt analysieren und infrage kommende Teile bewerten (Kosten-Nutzen-Analyse).

2.2.1   Wie kommt man zu einem geeigneten Teil?

Die Bewertung möglicher weiterer Einsatzzwecke, wie für die Spielwarenindustrie oder für diverse IT-Produkte, sowie für andere Verwertungswege von Teilen, wie über den Spotmarkt oder hochwertige Werkstoffe, können bei einer solchen Kalkulation zu einem Zusatznutzen führen.

Bedarfsanforderungen aus der Produktion, Service, Ersatzteilbevorratung sind weitere mögliche Ideenpools. Es lassen sich u. a. Lagerbestände für bestimmte vom Preisverfall bedrohte Teile vermeiden, wenn der Bedarf über Rückware gedeckt werden kann oder quasi per Abruf aus dem Leasinggeschäft zurückgerufen werden kann. Ähnlich ist es mit der Bevorratung von Ersatzteilen. Wenn man auf Teile über Kunden jederzeit zurückgreifen kann, kann das Lager kleiner werden oder praktisch entfallen. Verfügt man über solche Informationen nicht und steigt die Fehlerrate bestimmter Teile einmal über das Soll, können u. U. über 30 Jahre abgeschlossene Serviceverträge nicht mehr erfüllt werden. Teure Neuproduktion der benötigten Teile ist dann notwendig, um wieder lieferfähig zu werden.

Zunehmend beschäftigen sich auch Versicherungsgesellschaften, z. B. Allianz, mit der Beschaffung, Bewertung und dem Einsatz von gebrauchten Teilen für die Reparatur von Autos, aber auch anderen Geräten, um den hohen Kosten für Neuteile zu entgehen [44]. Die Bewertung eines Teils als neuwertig zu günstigen Kosten kann hier nur willkommen sein. Ein Qualitätssiegel erleichtert die standardisierte Aufarbeitung bzw. die Zusicherung des geeigneten Teilezustands.

2.2.2 Analyse, Marketing

Grundvoraussetzung der Wiederverwendbarkeit ist die Erkennbarkeit des Alters bzw. Alterungszustands oder der Belastungen des zurückgenommenen Geräts bzw. des ausgewählten Teils (z. B. mittels Verbrauchsstundenzähler, Abriebmessung, Erfahrung, Aufzeichnungen). Danach kann eine Vorsortierung der Geräte entsprechend ihrer Eignung für die Wiederverwendung erfolgen.

Im nächsten Schritt nach der Vorsortierung werden die Teile in die Analyse bzw. Qualitätsprüfung von Neuteilen eingeschleust. In diesem Test ergibt sich der Teilezustand wesentlich detaillierter. Durch den Vergleich der gemessenen Ergebnisse mit den vorgegebenen Qualitäts- bzw. Eigenschaftskurven kann man auch erkennen, ob es negative Abweichungen zu den Qualitätsprüfungen für Neuware gibt.

Durch die rechtzeitige Beschaffung geeigneter Geräte z. B. aus dem Leasinggeschäft mit im Allgemeinen bekanntem und ähnlichem Alter oder Einsatzhintergrund kann man, wenn nötig, zu einheitlichen Eigenschaften der Teile kommen. Auch Ereignisse, z. B. Softwareänderungen mit deutlich höherem Speicherbedarf, führen u. U. zu einem erheblichen Hardwarerücklauf, weil diese Geräte nicht mehr aufgerüstet werden.

Ein größeres Teilevolumen als durch eigenes Sammeln erreicht man im Austausch von Geräten mit Wettbewerbern, d. h., man gibt dem Wettbewerber dessen Geräte, falls diese bei einem eigenen Geschäft anfallen, und erhält umgekehrt die eigenen Geräte vom Wettbewerber zur Aufarbeitung. Da oft die Befundung dieser Geräte durch den Service fehlt, kann es zu Problemen bei der Altersbestimmung kommen. Die Verwendung von entsprechenden Speicher-Chips mit RFID (Radio Frequency Identification) oder von Barcodes kann zur Altersbestimmung bzw. zur detaillierteren Informationsbeschaffung über bestimmte Produkteigenschaften dienen. Da viele der interessanten Produkte jedoch eine Lebenserwartung von zehn Jahren bis 30 Jahren haben, ist die Marktdurchdringung mit solchen Kennzeichnungen erst in einigen Jahrzehnten zu erreichen. Für einen kurzfristigen Einsatz sind sie deshalb nicht geeignet. Das System müsste auch meist sehr individuell aufgebaut werden und bedeutet deshalb hohen Aufwand.

Unabhängig vom Leasing kann man auch über eine gut geführte Kundenkartei an beliebige Kunden herantreten und ihnen Angebote zur Rücknahme machen. Diese Systematik macht dann Sinn, wenn bestimmte Upgrades an einem Produkt sowieso notwendig würden oder das Produkt aufgrund von zu hohem Energieverbrauch ein Kostenfaktor wird. Es gäbe auch die Möglichkeit entsprechender vertraglicher Regelungen mit dem Kunden zu einer vorgezogenen Rücknahme mit Gerätetausch.

Ist die Geräterücknahme auch generell im Markt etabliert oder gar über das eigene Unternehmen als Vorteil platziert, dann wird der Kunde Interesse an der vorgezogenen Rücknahme haben. Auch einen Gerätetausch mit Wettbewerbern gilt es, sich erst zu etablieren. Zusätzlich trifft man auch auf Konkurrenten um die Rücknahme eigener gebrauchter Geräte, die manchmal sehr viel Geld für diese ihnen an sich „fremden" Geräte bieten.

Der Anteil wiederverwendbarer Geräte von den kommunalen Sammelstellen ist äußerst gering, auch wenn die Idee diverser Regierungen in der Wiederverwendung liegt. Aus verschiedenen Gründen landet bei den kommunalen Sammelstellen meist nur noch „Schrott", der zusätzlich auch schon ausgeschlachtet wurde.

Bild 2.7 zeigt schematisch den Weg eines ausgemusterten medizinischen Großgeräts, hier beispielhaft aus einem Ersteinsatz in einem Krankenhaus, in die Wiederverwendung und Verwertung. Nach einer qualifizierten „Befundung" des Zustands wird das Gerät entweder direkt zur Verwertung an einen Recycler geschickt, oder es durchläuft einen komplizierten Weg der Aufbereitung und Wiederverwendung. Angefangen wird mit der Prüfung der möglichen kompletten Gerätevermarktung (System), dann folgt die Prüfung der Komponenten auf Eignung für eigene Fertigung (mittlere Säule) bzw. Ersatzteilbevorratung und schließlich erfolgt die Prüfung der möglichen Weiterverwendung von Komponenten für andere Zwecke als den ursprünglichen (rechte Säule). Die Aufarbeitung der Geräte führt eine eigene Geschäftseinheit des Herstellers durch. Teile und Komponenten gehen an einen Dienstleister in die Ersatzteilaufarbeitung, die der Hersteller kontrolliert. Als ein Beispiel ist die WEEE-Managementstrategie detaillierter in [45], S. 683 ff. erläutert.

Weitere Beispiele, nicht nur aus medizinischen Geräten für Einsätze, sondern auf anderen Gebieten, liegen auf gewerblichem und privatem Feld, sind aber bisher nur Nischenanwendungen.

In **Bild 2.8** werden die Prozesse schematisch dargestellt, die den Gegenstand der Weitervermarktung bilden. Hier wird auch ausgeführt, wie der gesamte erste Lebenszyklus für die eigene Fertigung bzw. den eigenen Gewinn genutzt werden kann. Dieser Gewinn – falls er denn realisiert wurde – ging bisher weitgehend in andere Hände als die des Kunden oder des Herstellers, während man die Kosten eher ihnen anlasten möchte. Immerhin können bis zu 100 % der Altgeräte verwertet werden. Sofern Verwertungswege gefunden werden, kann ein Unternehmen nicht nur an der stofflichen, sondern auch von der energetischen Verwertung profitieren. Beispielhaft ist zu nennen:

- die Aufarbeitung für neuwertige Geräte und für den Sekundärmarkt,
- die Teilegewinnung für Ersatzteile,
- Einbau in neue Geräte, aber auch
- Komponenten für andere Märkte.

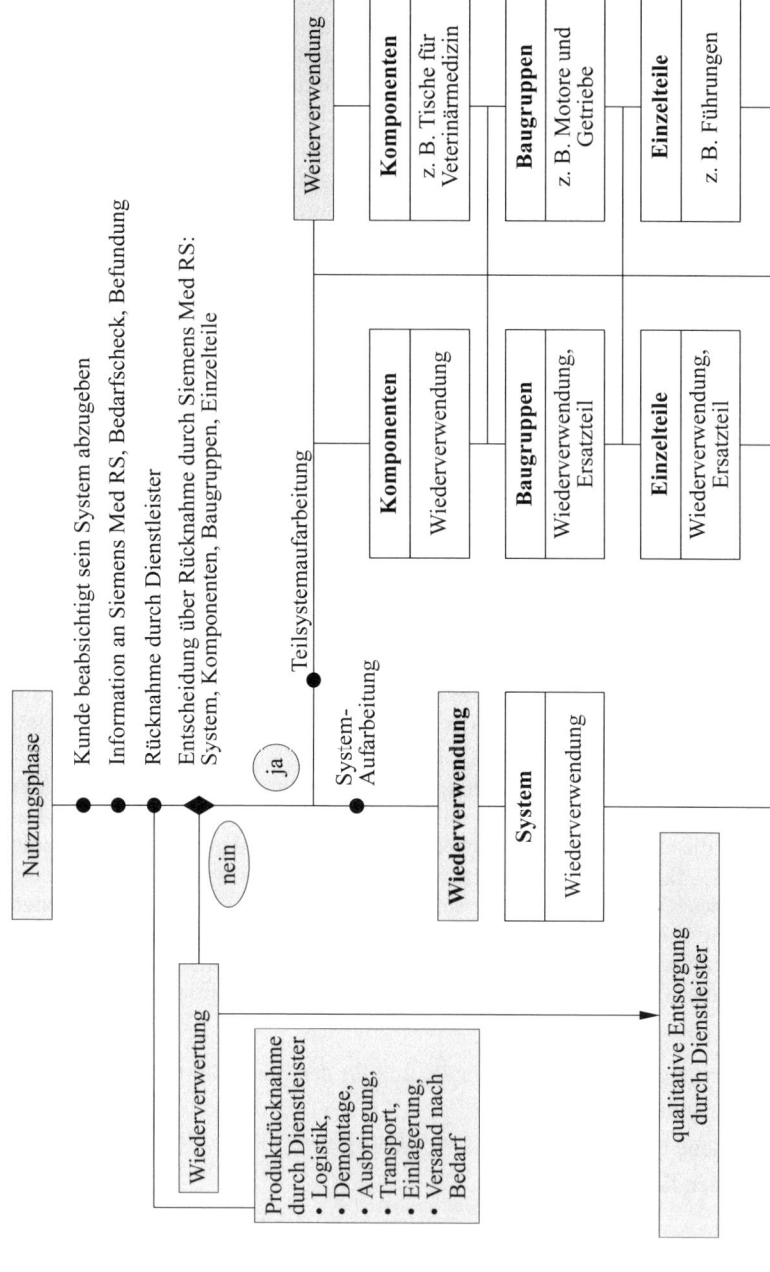

Bild 2.7 Beispiel für das System eines Medizingeräteherstellers von der Rücknahme über Aufarbeitung bis zur Wieder-/Weiterverwendung (Quelle: Siemens Healthcare)

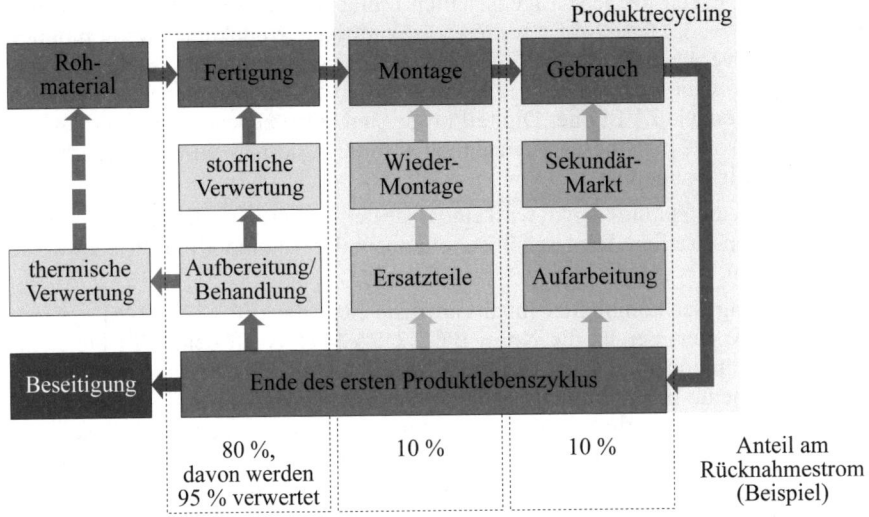

Bild 2.8 Schematische Darstellung aller Verwertungsprozesse eines Produkts. Beispielhaft positiv sind die hohen Verwertungsanteile am Rücknahmestrom (Quelle: Siemens Healthcare)

Verwertungsquoten von je 10 % für Aufarbeitung und Teile können als typisch angesehen werden. Profitabel ist auch die stoffliche Verwertung. Die thermische Verwertung gilt dann als rohstoffliche Verwertung, wenn sie als solche vom Gesetzgeber anerkannt wurde. Nur ein ganz geringer Rest muss beseitigt werden.

Inzwischen muss auch der Anteil an nachwachsenden Rohstoffen bedacht werden, den ein Unternehmen einsetzt, denn vermutlich werden diese Anteile in Zukunft als Form der Kompensation zur Emissionsminderung der eigenen Emissionen eingesetzt. Die Wiederverwendung der Teile und der Werkstoffe zählt dann noch zusätzlich als Beitrag zur Emissionsminderung und nicht nur zur Erhöhung der Verwertungsquote. Dies ist allerdings im Beispiel in Bild 2.8 nicht berücksichtigt.

2.2.3 Umweltinformationsbedarf über Komponenten

Zur Teileeignung gehört auch die Information über bestimmte Umwelteigenschaften wie Energieeffizienz, vor allem dann, wenn man eine Mehrgenerationenprodukt-planung in eine entsprechende Fertigung umsetzen möchte. Gemeint ist hier nicht die Information, die ein Recycler evtl. zur Verwertung benötigt. Über diese wird in Kapitel 4.2 berichtet. Es geht an erster Stelle um die Information über Inhalts-stoffe, die aus verschiedenen Gründen von gesetzlichen Restriktionen bedroht sind (beispielsweise „liegen Gesetzentwürfe bereits vor", „Studien der europäischen

Kommission haben toxische Eigenschaften erbracht", „Kunden drängen auf eine Substitution", …). Diese Stoffe sollten in zukünftigen Produkten – wenn möglich – nicht mehr verwendet werden. Viele Firmen, z. B. Siemens, haben solche sog. *Vermeidungslisten*, die sie auch den Lieferanten zur Umsetzung zuleiten. Auch von den Fachverbänden wie ZVEI oder DigitalEurope sind entsprechende Listen erhältlich. Wenn nötig, sollte man diese Listen aktuell anfordern, deshalb wird an dieser Stelle auch keine Liste abgedruckt.

Wer weiter in die Zukunft denkt, wird eine Liste der wesentlichen Inhaltsstoffe seiner Komponenten erstellen. Dies ist für Zulieferanten der Automobilindustrie teilweise bereits Pflicht.

Zur Erstellung der kompletten Inhaltsstoffliste liegt die IEC 62474 [46] vor, auf US-Ebene existiert bereits die Norm IPC 1752A [47]. Auch der ZVEI bietet für zahlreiche Komponenten sog. „Umbrella-Specs" an, also Spezifikationen für gleiche Bauelemente einer Produktfamilie verschiedener Hersteller: Es sind Durchschnittswerte der stofflichen Zusammensetzung, die aber bezüglich gesetzlich geregelter Stoffe genau sind. Mithilfe dieser Angaben kann ein Hersteller anhand der Inhaltsstoffe überprüfen, ob die Komponenten in seinem Bauteilelager von einer zukünftigen gesetzlichen Stoffbeschränkung betroffen sein werden. Viele Firmen verwenden inzwischen Computerprogramme, um die Inhaltsstoffe abzufragen (beispielsweise BomCheck) [48]. Ist man in diesem System als Hersteller oder Lieferant registriert, erhält man auch Zugang zu Inhaltsstoffen anderer Komponenten als den eigenen.

Die Inhaltsstoffe sind dann wieder die Basis für *Ökobilanzdaten* nach DIN EN ISO 14040 sowie DIN EN ISO 14044 [49, 50], die heute bereits von einigen Branchen wie der Auto-, der Bau- und der Kunststoffindustrie abgefragt oder erstellt werden, um die Umweltbelastung sowohl durch die Komponente als auch im Ende durch das gesamte Produkt ermitteln zu können. Es sei darauf hingewiesen, dass es bei Ökobilanzdaten teilweise noch an Vereinheitlichung fehlt. Im Sinn der Wiederverwendung mögen die Angaben jedoch langfristig von Nutzen sein, um wenig umweltverträgliche Komponenten in Zukunft auszuscheiden. Aus einer kompletten Materialdeklaration lässt sich allerdings bereits heute der sog. *Product Carbon Footprint* (PCF) nach DIN ISO 14067 [51] berechnen, der eine vereinfachte Ökobilanz darstellt. Viele Komponenten müssen allerdings auch noch im Zusammenhang mit der Anwendung bewertet werden.

Interessanter sind derzeit die Energieverbräuche bestimmter Komponenten, wie Motoren, obwohl diese auch regelungsabhängig für einen identischen Motor sehr unterschiedlich sein können. Heiz- und Kühlgeräte, Klimaanlagen, Ladegeräte, Lüfter und elektronische Leistungsbauelemente tragen oft überproportional zum Energieverbrauch bei und könnten nach mehreren Jahren im Markt schon zu ineffektiv geworden sein, um noch für neue Geräte infrage zu kommen. Zur Ermittlung der Energieverbräuche eignet sich die VDI-Richtlinie 4600 („KEA": Kumulierte Energieverbrauchsanalyse) [52].

Solche Angaben sollten zukünftig mit den Bauelementen „eingelagert" werden bzw. bei einer Bestellung vom Lieferanten elektronisch mitbestellt und geliefert werden. Im Rahmen der RoHS-Umstellung waren viele Unternehmen nicht in der Lage, die nötigen Inhaltsstoffangaben zu machen. Viele Komponenten waren bereits vor Jahren ohne solche Angaben eingelagert worden, sodass nur noch eine teure Analyse half, um die Übereinstimmung mit den gesetzlichen Anforderungen festzustellen. Noch schlimmer war jedoch, dass es manche Lieferanten nicht mehr gab, welche die Teile hätten in Übereinstimmung liefern können. In der Lagerlogistik, auch für Reparatur- und Servicezwecke, musste danach aus gesetzlichen Gründen noch eine doppelte Lagerhaltung von Teilen für Neugeräte und von Teilen für Geräte aus dem Altbestand eingeführt werden. Damit sind den im Markt aktiven „Wiederverwendern", aber auch fast jedem Herstellern hohe Kosten – und zum Teil Lieferprobleme – entstanden, die man in Zukunft besser voraussehen sollte.

In einheitlichem Rahmen können die Umwelteigenschaften von Komponenten und Geräten nach DIN EN ISO 14020 ff. erklärt werden. Für die Herstellerselbsterklärung eignet sich die DIN EN ISO 14021 [53]. Eine externe Validation sollte die Erklärung nach DIN EN ISO 14025 mit Lebenszyklusdaten enthalten. Diese Ökodeklarations-normen können auch für eine Umweltinformation von Kunden und zur Entsprechung nach der Ökodesignrichtlinie dienen.

2.3   Beispiele

Mit der nachfolgenden Zusammenstellung von Beispielen soll der Leser die Vielfalt an Möglichkeiten erkennen, die in der Wiederverwendung stecken. Sehr oft hängt es auch vom Blickwinkel ab, ob sich eine Lösung lohnt oder ob sie ein Verlustgeschäft wird. Auch dafür soll der Horizont des Lesers geweitet werden.

Kosten sind vom Blickwinkel abhängig

Betrachtet man die Angebote, die man zum Recycling von jahrzehntealten Stadtbahn-zügen erhält, in diesem Fall 500 Wagen zur Rücknahme, so ergibt sich folgendes Bild (Beispiel):

- eigene Berechnung: Kosten: ca. 50 000 €/Wagen,

- Aussagen von Recyclern: zwischen −5 000 €/Wagen
                                  und +5 000 €/Wagen,

- Angebot eines Verkehrsbetriebs: Gutschrift 50 000 €/Wagen.

Ein geübter Recycler findet höhere Verwertungspotenziale, als man selbst es glaubt. Deshalb erhält man oft nur einen kleinen finanziellen Betrag für die Verwertung.

Wenn jedoch ein Verkehrsbetrieb aus den alten Wagen moderne Niederflurfahrzeuge zum halben Preis eines Neufahrzeugs baut, ist der Restwert erst richtig einbezogen bzw. man erkennt erst jetzt, wie hoch der Wert tatsächlich noch ist. Darin liegt auch das Geschäftspotenzial innerhalb der Wiederverwendung, diese Chancen zu erkennen.

Weitere Beispiele:

- Gehäuseteile werden geprüft, neu lackiert und für Neugehäuse wieder eingesetzt. Dies geht sogar dann, wenn man Blechstücke aus einem Gehäuse herausstanzt und diese im Geräteinneren wieder als Stabilisierungselemente verwendet.

- Edelstahlteile, auch Schrauben, sind häufig völlig unverändert. Der Wert solcher Teile ist oft hoch.

- Druckerpatronen werden neu befüllt. Dies ist heute nicht nur ein Geschäft für Originalpatronenhersteller, die ein eigenes Rücksendesystem über die Post aufgebaut haben.

- Stecker aller Art können nach Prüfung wieder eingesetzt werden. Sie sind für wesentlich mehr Steckungen ausgelegt, als sie je erfahren werden.

- Motoren und andere verschleißunterworfene Geräte eignen sich nach Ersatz von Verschleißteilen, z. B. Kohlen, wieder für einen zweiten Einsatz, oder der Abrieb ist nur gering, und es muss nichts gewechselt werden.

- Teile einer Röntgenröhre bleiben ohne Verschleiß und sind nach Tausch der Verschleißteile wie neu.

Bei vielen der vorgenannten Produkte u. a. im Konsumgüterbereich, die zwischen 500 € und 1 000 € kosten, stellen die vorgenannten Teile im Wert von einigen Euro bis ca. 30 € bis 40 € bereits hohe prozentuale Anteile von 4 % bis 8 % der Gesamtkosten dar, die sich bei Wiederverwendung einsparen lassen. Bei den Industrieanlagen können es zweistellige Prozentbereiche sein.

Beispiel: Ganzheitliche Lösung

Nur durch ein komplettes und ganzheitliches Neudesign können die Probleme einer bestimmten Konstruktion gelöst werden. Im Fall der in **Bild 2.9** gezeigten Röntgenröhre muss die Lagerung aus dem Vakuum herausgenommen werden. Für die Wiederverwendung müssen zusätzlich mehrere modulare Komponenten anstelle eines einheitlichen nicht modularen Geräts geschaffen werden: Elektronik, Kühlsystem und Strahler. Diese Komponenten lassen sich leichter getrennt ausbauen und aufarbeiten.

In **Bild 2.10** sind einige Erfolge des Redesigns der Röntgenröhre bereits optisch erkennbar. Für Strahler und Kühlung wurde das Recycling bereits in der Entwicklung des neuen Systems mit dem Ziel der Mehrfachverwendbarkeit der Straton-Systeme vorbereitet. Durch Recycling ergeben sich Materialkosteneinsparungen.

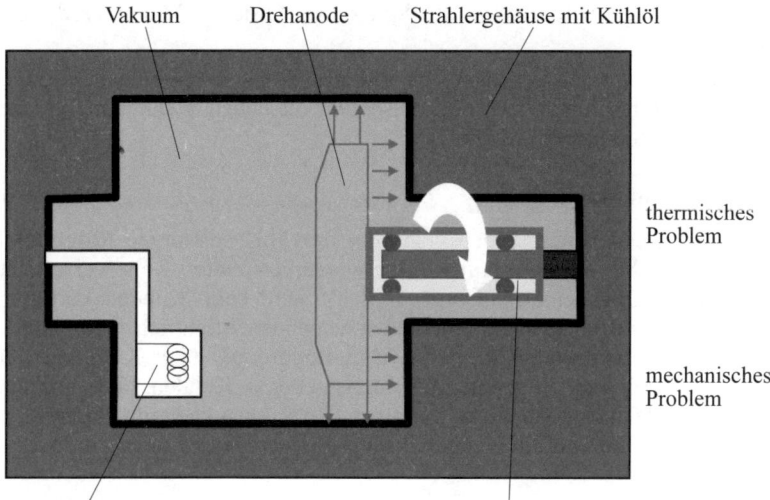

Vakuum   Drehanode   Strahlergehäuse mit Kühlöl

thermisches
Problem

mechanisches
Problem

Kathode/Heizwendel   Kugellager im Vakuum

Bild 2.9 Älteres Modell einer Röntgenröhre. Strahlungskühlung führt zu langen Abkühlzeiten. Hohe Zentrifugalkräfte überlasten die Drehanodenlagerung (Quelle: Siemens Healthcare)

Bild 2.10 Straton-Röntgenröhre – Vergleich: altes und neues Produkt; Ergebnisse der Neuentwicklung: 66 % Materialeinsparung, 33 % bessere Scan-Leistung, bis 40 % rezyklierte Teile in neuen Röhren (Quelle: Siemens Healthcare)

Durch die Umstellung auf Leitkörper aus Spritzguss wurde der Materialverbrauch um 50 % reduziert.

Unter Berücksichtigung des Lebenszyklus und aller Abläufe lassen sich, wie hier gezeigt, oft noch verblüffende Verbesserungspotenziale heben, wenn man in neuen Bahnen – hier der Modularität – denkt.

Beispiel: Vorteile im Marketing

Mit der Aussage: „Das Unternehmen *xy* nimmt freiwillig bestimmte Altprodukte zurück und sorgt dafür, dass die Altprodukte wiederverwendet, weiterverwendet, verwertet oder ordnungsgemäß entsorgt werden", wird beim Kunden Vertrauen geschaffen. Das muss dann auch mit einem überzeugenden, öffentlich zugänglichen Verwertungskonzept verbunden werden: „Vom Endprodukt über Komponenten zum Material …!" Schließlich gehört dazu ein Angebot an Kunden, für bestimmte werthaltige Altgeräte auch noch fair zu vergüten. Am Schluss steht mit einem Logo wie „Proven Excellence" auf einem qualitätsgeprüften aufgearbeiteten Produkt die Aussagen:

- Alles wurde für die höchste Qualität und Produktsicherheit getan.
- Die Garantie ist wie für Neuware und der Kunde hat einen echten finanziellen Vorteil, weil der Preis günstiger ist.

Bild 2.11 beschreibt, dass zu einem überzeugenden Auftritt in der Öffentlichkeit auch ein überzeugendes Verwertungskonzept mit einer hohen Verwertungsrate gehört. Am Beispiel von Siemens Healthcare wird anhand von Bild 2.11 gezeigt, wie mit der Marketingaussage eines Logos ein komplettes transparentes Entsorgungskonzept verknüpft werden kann: „Siemens Healthcare nimmt freiwillig medizinische Altprodukte zurück und sorgt dafür, dass Altprodukte wiederverwendet, weiterverwendet, verwertet oder ordnungsgemäß entsorgt werden."

Des Weiteren gehört dazu die Berichterstattung über die jährlich erzielten Verwertungsanteile [54].

transparenter Rücknahme- und Verwertungsprozess

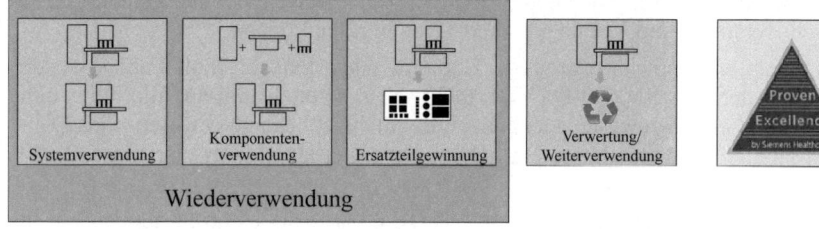

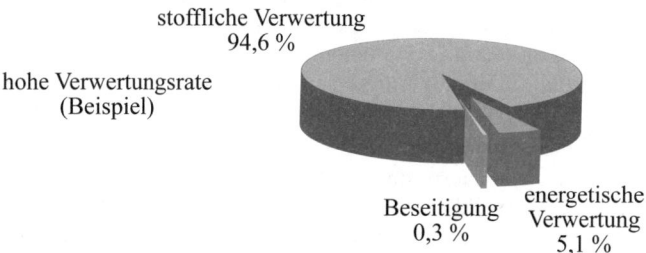

stoffliche Verwertung
94,6 %

hohe Verwertungsrate
(Beispiel)

Beseitigung
0,3 %

energetische
Verwertung
5,1 %

Bild 2.11 Wiederverwendung kann nur als komplettes Konzept betrieben werden: Einbeziehung des Produktlebenszyklus, hohe Verwertungsrate und klare Botschaft an Kunde und Öffentlichkeit. Mit einem eigenen Logo „Proven Excellence" [54] wird nicht nur die Qualität garantiert, sondern ein vertrauenswürdiges Gesamtkonzept verbunden. Die Verwertungsanteile sind nur beispielhaft (unten im Bild) angegeben (Quelle: Siemens Healthcare)

2.4 Qualitätsaspekte

Hersteller und Verbraucher sind oft unsicher über Risiken beim Kauf oder Verkauf von neuwertigen Teilen oder Geräten mit solchen Teilen. Hierfür fehlten die einheitlichen Definitionen nach DIN EN 62309 (**VDE 0050**): Welchen Zustand beschreibt man? Wie viele neuwertige Teile sind in einem neuen Produkt? Wie geht man vor, um geeignete Teile auszuwählen? Welche Qualitätsprüfungen werden vom Hersteller erneut durchgeführt? Welche Garantien werden vom Hersteller gegeben? Was versteht man unter einem „neuen Produkt" in der Elektrotechnik? Was ist ein neuwertiges Teil?

2.4.1 Neue Begriffsdefinitionen sind nötig

In der Norm stehen keine detaillierten Einzelangaben für spezielle Geräte, dies ist Herstellerwissen bzw. könnte von den jeweiligen Herstellern bei Bedarf in branchenspezifischen Festlegungen genormt werden. In der vorliegenden allgemeinen Norm

DIN EN 62309 (**VDE 0050**) können jedoch nur einheitliche Rahmenbedingungen gesetzt werden, die für jedes neue Produkt mit neuwertigen Teilen gelten, und auf die sich Hersteller und Kunde gleichermaßen berufen können.

Viele Hersteller beispielsweise aus der Kopierer- oder Medizintechnikbranche wenden Prinzipien der DIN EN 62309 (**VDE 0050**) bereits seit Jahren an, allerdings ohne dass dies einheitlich gewesen oder in der Öffentlichkeit bekannt gewesen wäre. Daher war zusätzlich auch eine Vereinheitlichung der jeweiligen Sichtweise sinnvoll: Was ist Wiederverwendung? Was ist wie neu?

Bei der Erstellung der DIN EN 62309 (**VDE 0050**) ging es grundsätzlich um die Beschreibung von Eigenschaften gebrauchter Teile für den Einsatz in neuen Produkten. Deshalb war eines der Normungsziele, eine Basis für Informationen zu Qualität, Zuverlässigkeit, Garantie und Dokumentation an Kunden zu schaffen und dadurch mehr Rechtssicherheit für alle Beteiligten zu generieren. Prinzipiell sollte durch die Orientierung an den Eigenschaften der jeweiligen neuen Komponente ein eindeutiger, aber auch einfach zu bestimmender Vergleichsmaßstab geschaffen werden.

Im Anwendungsbereich der Norm sind nur Teile mit Eignung für die durchschnittliche Nutzungsdauer bzw. Verweildauer eines neuen Produkts im Markt. Teile nach dieser Norm werden für den Einsatz in der Serienfertigung ausgewählt und haben deshalb meist einen hohen wirtschaftlichen und Umweltnutzen. Verbraucher und Hersteller sparen Kosten und bewegen sich auf rechtlich einwandfreiem Boden.

An vorderster Stelle war der „bekannte" Begriff des „neuen" Produkts zu modifizieren, damit er dem Kunden auch die eindeutige Richtschnur für seine Entscheidung liefern kann. Die Lösung nach der DIN EN 62309 (**VDE 0050**) für ein neues Produkt: *„Ein Produkt als Ganzes, einschließlich aller seiner Bestandteile, das noch nicht im regulären Gebrauch war".*

Mit dieser Definition erhält ein Kunde ein Produkt, das allen Ansprüchen an ein neues Produkt genügt, allerdings „als neuwertig qualifizierte Teile" (Quagan) für die Herstellung zulässt.

Neue Begriffsdefinitionen (Auszug aus DIN EN 62309 (VDE 0050))

Ein neues Produkt: „Ein Produkt als Ganzes, einschließlich aller seiner Bestandteile, das noch nicht im regulären Gebrauch war" mit der Anmerkung: Ein neues Produkt kann eines oder mehrere Teile enthalten, die Quagan sind. Zu Quagan siehe Kapitel 1.2.

In Kapitel 1.2 wird auch die Abgrenzung eines neuwertigen von einem üblichen gebrauchten Teil eindeutig dargelegt. Damit ist die Basis für eine klare Beschreibung eines neuen Produkts gegeben. Natürlich muss der Hersteller auf die DIN EN 62309 (**VDE 0050**) hinweisen, sonst könnte ein Anwender sich getäuscht fühlen.

Wer glaubt, dass diese Definition eine „Verschlechterung" des Produktzustands bedeutet, der übersieht, dass zahlreiche Teile und Produkte heute – wie oben ausgeführt – bereits aus technischen Gründen schon vorzeitiger Alterung unterworfen werden, um Frühausfälle auszuschließen. Auch diese Tatsache wird zumindest dem Privatkunden bisher nicht mitgeteilt, weil er sie auch kaum verstehen kann. Die normative Definition liegt also näher am aktuellen neuen Produktzustand, als die heute teilweise noch existente Meinung, alle Teile seien „ganz" neu, also noch nicht beansprucht worden.

2.4.2 Erfahrungen

- Wenn die Prüfverfahren für neue Teile zur Prüfung der Quagan-Teile nicht streng genug sind, dann sind diese Verfahren auch für die neuen Teile unvollständig. Das Problem besteht in diesem Fall nicht darin, dass unbekannte Risiken drohen, sondern dass zu bestimmten Eigenschaften dann auch beim Neuprodukt Risiken bestehen würden.

- Zahlreiche Risiken werden durch den „Burn-in" vorweggenommen. Damit wurde der Anfangsbereich der Lebensdauerkurve bereits simuliert.

- Bei elektronischen Bauelementen[8] sind zuverlässige Lebensdaueraussagen über lange Zeiten umstritten, vor allem über die Zeit, die zum Ende des Bauelements führt. Es kann deshalb an dieser Stelle kein Modell für die Ausfallwahrscheinlichkeiten gegen Lebensende propagiert werden.

- Geräte mit Quagan-Teilen haben aus den bisher genannten Gründen oft bessere Qualität als Geräte ohne solche Teile, und dies wird auch berichtet [34].

- Riskante Aussagen zu Quagan-Teilen bzw. zu Produkten mit solchen Teilen können sehr schnell zum Ende eines Geschäfts führen.

Kann man keine Zuverlässigkeitsaussage für die unter EGB-Schutz (EGB – elektrostatisch gefährdete Bauteile) ausgebauten elektronischen Bauelemente treffen oder glaubt man, kein Risiko mit Aussagen eingehen zu können, geht immer noch der Verkauf der Bauelemente ohne Obligo für kurzlebige, nicht sicherheitsrelevante Anwendungen (z. B. Spielzeug) auf dem Spotmarkt, um einen Teil des Restwerts zu erzielen.

---

[8] Wer über entsprechende Prüfererfahrung verfügt, kann diese Erfahrungen für das eigene Geschäft nutzen.

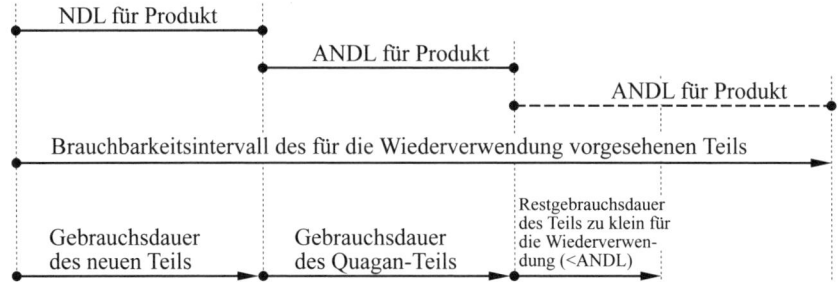

Bild 2.12 Wiederholte Lebenszyklen von gebrauchten, aber Quagan-Teilen nach DIN EN 62309 (**VDE 0050**) – NDL: Auslegungslebensdauer; ANDL: „as-new" Auslegungslebensdauer

2.4.3 Wiederholte Lebenszyklen von gebrauchten, aber Quagan-Teilen nach DIN EN 62309 (VDE 0050)

Die Auslegungslebensdauer für ein bestimmtes Teil hängt auch von der des Geräts ab, für das das Teil eingesetzt wird. Unabhängig davon ist das Brauchbarkeitsintervall eines Teils nicht gleich das n-fache der Gebrauchsdauer des eingesetzten Teils. Jedes qualifizierte Teil muss in seiner Auslegungslebensdauer der Auslegungslebensdauer des Geräts entsprechen, wie in **Bild 2.12** dargestellt. Das Teileleben für den Einsatz von Quagan-Teilen endet, wenn eine volle Auslegungslebensdauer nicht mehr garantiert werden kann.

> Teile mit einer Restgebrauchsdauer, die sich nicht mehr für ein ganzes Produktleben eignen, sind nicht mehr Bestandteil der Norm DIN EN 62309 (**VDE 0050**).

2.5 Vorgehensbeispiele aus Qualitätssicht

Die Qualitätsexperten müssen für jedes Teil den geeigneten Prozess zur Qualifizierung festlegen. Schematisch kann jedoch folgender summarische Gesamtablauf empfohlen werden:

- **Machbarkeitsstudie für ein für die Wiederverwendung in Aussicht genommenes Teil und das Gerät** durchführen, in dem dieses Teil wieder eingesetzt werden soll:
  - Risikobewertung des Ausfalls (FMEA – Failure Modes and Effects Analysis),
  - Vergleich der Eigenschaften und Prüfverfahren mit denen von Neuteilen,
  - Berechnung des finanziellen Nutzens;
- **Prozess und Qualifikation des Ausbaus beschreiben,** beispielsweise
  - optimale Demontageschritte ermitteln und festlegen,
  - spezielle Schutzmaßnahmen ergreifen wie EGB-Schutz bei elektronischen Bauelementen, Hygienemaßnahmen beachten, evtl. Fachpersonal einsetzen, Desinfektion;
- **Reinigen** der Teile beispielsweise mit Kohlendioxid, Druckluft, evtl. Desinfizieren;
- **Teilequalifikation**: eventuell nach Aufwand klassifizieren wie: statische Teile mit Reinigung, statische Teile mit Nacharbeit, dynamische Teile mit Verschleiß (Aufarbeitung),
  - kritische Eigenschaften wie zur Produktsicherheit vorrangig prüfen,
  - Vorprüfen,
    a) visuell: Farbe, Zustand, Risse,
    b) einfache technische Verfahren: Stromdurchgang, Spannung,
  - Teile mit Verschleiß: Restlebensdauer bestimmen, evtl. Verschleißteil tauschen;
- Einschleusung in **Wareneingangsprüfung,**
  - Vergleich mit der Spezifikation des Neuteils,
  - Prozessfähigkeit überprüfen,
  - Heranziehung von Fehlerkurven, Ähnlichkeitskurven,
  - Signal-Rausch-Verhältnis;
- Statistische **Einschleusung in die Produktion,**
  - Auswertung der Ausfallrate vor und nach Auslieferung,
  - Dokumentation für Kunden,
  - Vergleich mit Qualität von Geräten, die nur aus neuen Teilen bestehen.

Systemauswahl nach	Befundung	Inhalt der Befundung
• Leistung, • Zustand, • Alter, • Ersatzteilverfügbarkeit von typischerweise fünf Jahren, • Servicehistorie, • bevorstehendem Modellwechsel, • Aufrüstbarkeit von Software und Hardware.	• vor Ort oder nach Rücklieferung, • nach Angebot, • anhand von Kundenauftrag, • Disposition.	• vorhandene Komponenten, • optischer Eindruck, • Zustand der Verschleißteile, • vorhandenes Zubehör, • Unterlagen, • regelmäßige Wartung, • Softwarezustand.

Tabelle 2.1 Kriterien im Auswahlverfahren der Geräte/Systeme – praktisches Beispiel; Quelle: COCIR [55], Positionspapier und Industriestandard zu „Good Refurbishment Practice", von Verbänden der Medizingerätehersteller aus EU, Japan und USA gemeinsam verabschiedetes Konzept [56–58]

Über dieses allgemeine Schema hinaus gibt es hierzu zahlreiche Detailschritte, die in Anhang 5 dieses Buchs aufgeführt sind und in Form einer Checkliste abgearbeitet werden können.

Für die Bewertung komplexer Produkte/Systeme auf Eignung kommen die in **Tabelle 2.1** genannten Kriterien infrage. Sie entsprechen der Praxis in der Medizintechnik.

Insgesamt muss über deutlich mehr Kriterien entschieden werden. In der nachfolgenden Darstellung sind sowohl Arbeitsschritte in der jeweiligen Bearbeitungsphase aufgelistet als auch notwendige Voraussetzungen für die Wiederverwendung genannt. Die Angaben in **Tabelle 2.2** können als Checkliste abgearbeitet werden. Die Art solcher Checklisten hängen sehr von der Produktart ab. Um entscheiden zu können, müssen die in dieser Checkliste vorgesehenen Ergebnisse der Arbeitsschritte analysiert werden. Nach [57] erfolgt der Ablauf in den Schritten:

• Systemauswahl zur Aufarbeitung (Tabelle 2.1),

• Deinstallation, Verpackung und Transport,

• Refurbishment,

• Reinstallation,

• professioneller Service.

Zu jedem der nachfolgend beschriebenen Arbeitsschritte gehören nach [57] Herstellerangaben, Ausführungsvorschriften, Messergebnisse, auf die wir hier nicht näher eingehen.

Nach DIN EN 62309 (**VDE 0050**) gelten noch folgende Vorgaben, die sich zum großen Teil in den detaillierten Herstellervorschriften verbergen:

1. Deinstallation/Verpackung und Transport, Anlieferung beim Hersteller	2. Refurbishment-Planung	3. Refurbishment
• Systemtest vor Abbau, • Vorbefund vor Abbau, • erste Reinigung/Desinfektion, • Demontage durch qualifizierten Dienstleister, • Verpackung in original Transportverpackung, • Transport zum Refurbishment-Standort, • Eingangsbefundung, • komplette Reinigung/ Desinfektion.	• technische Dokumentation (Device Master Record) als Basis für die Aufarbeitung, • Prüfung auf die neuesten verpflichtenden Updates bei Hard- und Software, • Planung der notwendigen Upgrade-Arbeiten, • Planung aller Refurbishment-Arbeiten, • Planung Systemtest, • Vorbereitung einer GRP-konformen Erklärung, • Planung von Verpackung und Versand, • Planung Reinstallation und Startprüfung beim Wiedereinbau beim Kunden.	• kosmetische Arbeiten/ Lackierung, • Ersatz defekter Teile, • Einbau von Optionen und neuen Bildschirmgeräten, • eingehende Überprüfung von Komponenten und Subsystemen, • Softwareupdates auf letzten Stand, • Update der technischen Dokumentation, • vollständiger Systemtest mit Original-Test-Equipment und nach originalen Testvorschriften, • Update des Device History Records im Vergleich zu Device Master Records, • Ausstellen eines Qualitätszertifikats, Aufbringen eines Qualitätssiegels (GRP Deklaration).
4. Reinstallation beim Kunden	5. Professioneller Service	
• Verpackung nach Vorschrift, • Transport durch qualifizierte Logistikdienstleister, • professionelle Installation, • Inbetriebnahme nach Vorschrift, • Applikationstraining für den Kunden, • Update und Übergabe der Zertifikate und Kundenunterlagen, • Information über Sachmängelhaftung wie im Neugeschäft, • Ersatzteilverfügbarkeit von typischerweise fünf Jahren, • volle Auswahl an Serviceverträgen und Finanzierungslösungen wie im Neugeschäft, • Info, z. B.: [59].	• Garantie wie für neues System, • Verfügbarkeit der Originalersatzteile, • Wartungsverträge, • Hersteller-Update-Management, • Anwendungstraining für Mitarbeiter, • Finanzierung, Service Verträge, • weltweit qualifizierte Vertragspartner.	

Tabelle 2.2 Checkliste für Arbeitsschritte und Informationen von Deinstallation bis Aufarbeitung nach [56, 57, 60]

Aufarbeitung der Geräte/Teile

- Beachtung elektromagnetischer Verträglichkeit/Hinweise des Herstellers.
- Gehäuse müssen visuell intakt sein, eine zweite Lackierung ist erlaubt.

Überholung, z. B. auch der Austausch eines verschlissenen Elements erlaubt, wenn dadurch die Qualitätskriterien erfüllt sind.

Zuverlässigkeitsbewertung

- Erwartete Gebrauchsdauer eines Quagan-Teils mind. gleich groß wie Auslegungslebensdauer eines neuen Produkts.
- Verifikation über die Ausfallverteilung neuer Teile und der verbleibenden Gebrauchsdauer der wiederverwendeten Teile oder mit Stichproben aus dem Los der Teile, die Quagan sind.
- Kennlinien ermöglichen Angaben über die Restlebensdauer der Verschleißteile.

Endprüfung inkl. Funktionsprüfung der Produkte mit wiederverwendeten Teilen. Identisch für Produkte mit nur neuen Teilen.

Die Durchführung und Ergebnisse der Qualifizierung sind zu dokumentieren wie in Kapitel 2.5.1 erläutert. Darüber hinaus müssen Designanforderungen an die Produkte der nächsten Generation formuliert werden (Kapitel 2.5.2) und im Managementsystem die Planung über mehrere Produktgenerationen über wiederzuverwendende Teile festgelegt werden.

2.5.1 Information/Dokumentation

Extern

Da dem Kunden keine Mängelprodukte angeboten werden sollen, sondern ihm ein neues hochwertiges Produkt mit neuwertigen Teilen verkauft wird, gibt es keinen Grund, etwas zu verschweigen. Deshalb ist eine eindeutige Information über das Vorhandensein von wiederverwendeten Teilen und ihren Zustand nötig. Für diese Informationen eignen sich Angebote, Datenblätter, Produktbeschreibungen, Verkaufsliteratur oder Verträge.

Wichtig ist der Hinweis auf die Durchführung aller wichtigen und geeigneten Prüfungen und die Produktsicherheit einschließlich der CE-Kennzeichnung, denn das Produkt wird neu in Verkehr gebracht.

66

Der Bezug in der Kundendokumentation auf die DIN EN 62309 (**VDE 0050**) ist sinnvoll. Beispielsweise könnte er lauten: „Dieses neue Produkt enthält gebrauchte, aber ‚qualifiziert als neuwertige' Teile nach DIN EN 62309 (VDE 0050)“.

Gewährleistungszeitraum und -bedingungen müssen denen der Produkte mit nur neuen Teilen entsprechen. Am Schluss steht das Statement: „Der Kunde hat kein erhöhtes Risiko, sondern zusätzlich meist noch einen Preisvorteil.“

Leitsatz: Eine ausführliche und klare Information des Kunden über das Vorhandensein der Quagan- Teile ist nötig!

In die Verträge sind alle relevanten Abweichungen, Eigenschaften, Gewährleistungen und sonstigen wichtigen Informationen aufzunehmen. Auch hier ist eine Orientierung an den Verträgen für neue Produkte geboten. Zum Vertragsrecht und was dabei zu beachten ist, wird in Kapitel 7 näher eingegangen.

Intern

Sollte sich beispielsweise ein Kunde auch dafür interessieren, die entsprechende Qualitätsdokumentation einsehen zu wollen, müssen alle Prozesse sauber dokumentiert sein. Dazu gehört:

- Dokumentation von Prozessen zur Verifizierung der Lebensdauer und der Zuverlässigkeit. Auch Prozesse zur Geräteauswahl, Demontage, Kosten nach Notwendigkeit.
- Aufzeichnungen über die Quagan-Teile zu Alter und Zustand.
- Aufbewahrung bis Ende der Auslegungslebensdauer.
- Die Dokumentation ist Bestandteil der technischen Akte und Qualitätsaufzeichnung nach DIN EN ISO 9001, s. a. Kapitel 3.2 und 5.3 dieses Buchs.
- Einhaltung des Produkthaftungs- und Produktsicherheitsgesetzes und anderer Regelungen des Inverkehrbringens durch Verantwortlichen.
- Sicherheitsüberprüfungen sollten im Zweifel aktuell wiederholt werden

Auch aus Gründen der Produkthaftung kommt es sicherlich darauf an, den Auswahlprozess zu dokumentieren, die FMEA (Failure Modes and Effects Analysis – Qualitätswerkzeug zur Risikobewertung), die Ausbauvorschriften, den Prüfablauf und die Prozessfähigkeit, falls möglich.

Leitsatz: Keine Risiken eingehen. Alle Verfahren und Qualitätskennwerte sauber dokumentieren.

2.5.2 Designanforderungen an neues Gerät

Nachfolgend sind einige wichtige Designanforderungen zusammengestellt, die für die Wiederverwendbarkeit bzw. einfache Demontage notwendig sind:

- leichte Demontierbarkeit/Modulbauweise,
- keine Schrauben/Klebeverbindungen,
- Ökodesignnorm/Vorgabe für Entwickler,
- Mehrgenerationenproduktplanung,
- Planung der Altersbestimmung (Zähler, Verschleißmessung etc.),
- geeignete hochwertige, altersbeständige Metalle und Kunststoffe; alternativ kurzlebigere, oft kostengünstigere Materialien,
- Strategie notwendig: Hochwertige Materialien stellen einen Wert dar, der besonders bei Wiederverwendung realisiert wird,
- internationale Regeln zum Ökodesign in DIN-Fachbericht ISO/TR 14062 „Umweltmanagement – Integration von Umweltaspekten in Produktdesign und -entwicklung" und in DIN EN 62430 (**VDE 0042-2**) „Umweltbewusstes Gestalten von elektrischen und elektronischen Produkten".

Viele Firmen haben bereits eigene Normen zur umweltverträglichen Produktgestaltung entwickelt, die ein Neuling auf diesem Gebiet auch einsehen kann (z. B. BMW, Philips, Siemens). Hinweise zur Siemens-Norm gibt es in [61]. Jedes Unternehmen, das sich mit dem Ökodesign seiner Produkte beschäftigt, sollte aufbauend auf dem bereits vorhandenen internationalen Wissensstand seine eigenen Richtlinien entwickeln, weil darin die Erfahrung der eigenen Ingenieure steckt und sich die Weiterentwicklung der Erfahrungen zum Nutzen des gesamten Unternehmens ausbreiten lässt.

2.5.3 Mehrgenerationenproduktplanung

Im ersten Schritt einer solchen Planung muss sicherlich eine Vision der zukünftigen Marktentwicklung stehen sowie die Überlegung, welche Teile denn noch in der nächsten oder übernächsten Generation zum Einsatz kommen könnten [62]. Beispielsweise beschreibt Fa. Xerox den Preisverfall der Kleingeräte und die Tendenz, dass immer mehr Funktionen der höherwertigen großen Geräte zum Standard werden. Bekannt ist auch der Preisverfall von elektronischen Komponenten, da die jeweils neueren Komponenten immer mehr Funktionen haben.

Dazu kommt der zunehmende Digitalisierungsanteil eines Produkts. Dies spielt aufgrund der unsicheren Ausfallratenvorhersage für die Wiederverwendungsrate eine große Rolle. Die Technologiewechsel, wie der Übergang von Schwarz-Weiß-Bildschirmen auf farbige oder bei Bildschirmen von kleiner Diagonale auf große, schränken die Wiederverwendbarkeit ein. Die alten Teile will rasch keiner mehr haben.

Eine Kategorisierung der Produkte je nach Alterungszustand nach Rücklieferung lässt dazu weitere Kosten sparen und die Aufarbeitung rentabler werden. Firma Xerox hat hierfür vier Kategorien gebildet, für die entsprechende Reparatur- oder Demontageschritte infrage kommen [33]. Eigene Untersuchungen ergeben auch die nachfolgenden Erfolgsfaktoren.

Mehr Standardisierung

Beispielsweise sind oft die Maße der Varianten eines Produkts nicht standardisiert. In einer internen Studie hatte von ca. 20 Varianten eines Produkts keines dieselben Maße, sogar die Grundplatte, ein massives rechteckiges Teil im Wert von ca. 20 €, war bei jedem Produkt verschieden. Allein dieses Teil hätte sich fast ohne Prüfung wiederverwenden lassen. Es war auch äußerlich noch ansprechend. Dabei machte allein dieses Teil 3 % bis 4 % der Gerätekosten aus.

Verpackungsoptimierung

Geräte- und Teileverpackungen eignen sich für die Wiederverwendung, da sie auch durch die Rückwärtslogistik zurückgenommen werden können. Bei hochwertigen Produkten kann die Verpackung 4 % bis 6 % des verpackten Werts ausmachen und in Einzelfällen sogar deutlich mehr. Neben der Optimierung der Verpackung, können selbst die Kunststoffschachteln für den Transport und innerhalb der Reinraumfertigung wieder so gereinigt werden, dass sie nicht neu beschafft werden müssen. Dies lohnt besonders bei den teuren fluorierten Kunststoffen, z. B. [63] für die Reinigung bis zur Reinraumgüteklasse 2.

Nicht zu kurze Lebensdauern

Da die gebrauchten Produkte nach einer Produktneueinführung erst in größerer Menge nach ein bis zwei Jahren zurückkommen, sollte eine Produktgeneration schon ca. fünf Jahre dauern. Eine Planung ist dann beispielsweise sinnvoll für bis zu drei Produktgenerationen im Bereich von insgesamt 15 Jahren je fünf Jahre mittlere Produktlebensdauer. Bei sehr langen Lebensdauern wie bei einem Zug für 30 Jahre fällt es sehr schwer, über ein zweites Leben hinauszudenken!

Es ist wichtig, dass die zur Wiederverwendung ausgewählten Teile für mehrere Produkte einer Produktfamilie infrage kommen. Damit wird die Einsatzbreite der Teile erhöht. Mindestens am Anfang kann beispielsweise durch Leasingverträge der Teilefluss kontinuierlich dargestellt werden. Wenn ein solcher Teilefluss nicht gewährleistet werden kann, lässt sich in einer Fertigung nicht disponieren. Auch die

Personen, die die Aufarbeitung durchführen, müssen kontinuierlich ausgelastet werden. Industrieprodukte eignen sich oft deshalb eher für die Wiederverwendung, weil der industrielle Anwender leichter den Nutzen für sich sieht und ihm die Anwendung wichtiger ist als ein modisches Design. Oft ist auch eine Neuinvestition so teuer, dass ein Produkt mit Quagan-Teilen eine gleichwertige Alternative darstellt. Der Einsatz als Zweitgerät neben dem absoluten „Hightech"-Gerät kommt auch infrage. Ein solches hätte man sich sonst vielleicht nicht geleistet. Auch die Werthaltigkeit eines 30 Jahre alten Bahnwaggons und seine Einbeziehung in eine Neukonstruktion werden eher von einem industriellen Anwender verstanden.

Damit sich Konzepte lohnen, ist auch die Planung der Auslaufstrategie von Komponenten und Produkten und deren Verwendung im Service als Nutzungsquelle für Quagan-Teile einzubeziehen. Darüber hinaus kommt nicht nur die bereits erwähnte Weitervermarktung von Elektronik auf dem Spotmarkt (ungeprüft) infrage. Wie vorher auch schon ausgeführt, haben einige Komponenten eine sehr hohe Erwartungslebensdauer und in Schnelltests oder sogar auf Prüfständen ermittelte Lebensdauerprognose von beispielsweise 25 Jahren. Dazu gehören Teile für Telekommunikationsanwendungen. Stecker werden bis 10 000 Steckungen ausgelegt. Da diese Produkte oft bereits nach deutlich kürzerer Zeit zurückkommen, typisch heute zehn Jahre, steckt in ihnen erhebliches Wiederverwendungspotenzial.

Es ist bisher nicht untersucht, in welchem Umfang diese Teile auch bei Wettbewerbern oder ganz anderen Produkten einsetzbar wären. Eine gewisse Standardisierung auch zwischen Wettbewerbern könnte in Verwertungsallianzen gemeinsam Kosten sparen helfen und Umweltnutzen schaffen.

Denkbar ist auch ein Plattformkonzept mit langlebigeren Teilen wie Gehäusen oder Teile davon. Dies könnte bedeuten, dass das Gehäuse über drei Generationen dasselbe bliebe, allerdings mit modernstem Innenleben und neuer Software.

Auch auf den Nachteil einer langfristigen Planung muss hingewiesen werden: Gesetzesänderungen, wie solche für Gefahrstoffe durch die RoHS-Richtlinie, machen den Einsatz bestimmter gefahrstoffhaltiger Teile in neuen Produkten unmöglich und beenden einen geplanten Anwendungszyklus vorzeitig, wie es auch bei der aktuellen RoHS-Richtlinie der Fall war. Über einen Zeitraum von zehn bis 15 Jahren sind die Folgen solcher Gesetze oft nicht vorhersehbar.

Daneben spielt der Energieverbrauch einzelner Komponenten eine Rolle. Heute sind Komponenten bzw. Produkte, die keinen niedrigen Energieverbrauch haben, nicht mehr für neue Produkte geeignet. Diese Punkte werden vom Gesetzgeber bisher noch nicht berücksichtigt, auch wenn die Wiederverwendung einen höheren Stellenwert in der Abfallgesetzgebung bekommen hat.

Da auch die Fertigungstiefe heute sehr gering ist, wird ein Wiederverwendungskonzept u. U. sehr komplex. Denn in die Prüfungen sind auch sehr viele Lieferanten einzubeziehen, was mehr Koordinierungsaufwand bedeutet. In den Bestellsystemen, d. h. also auch in der aktuellen Beschaffungssoftware, kommt die Rücklieferung von Teilen an den Lieferanten nicht vor.

2.6 Strategien zur Umsetzung der Wiederverwendung im Produkt und Produktvertrieb

Neben der Mehrgenerationenproduktplanung sind zahlreiche Strategien im Wiederverwendungsmarkt denkbar:

- **Planung des Systems**: Montage/Demontage (Montagekosten senken); Auslieferung/Rücknahme (Logistik verbinden); Recycler/Verwertung; Ersatzteilebevorratung.

- **Designstrategie:** Materialkombination in der nächsten Produktgeneration; Aufrüstbarkeit der Software/Wiederverwendbarkeit.

- **Recyclingstrategie:** Integration der Verwertung von Geräten, Teilen, Material; Lebensdauerzyklen (Produktgenerationen).

- **Rücknahmestrategie**: Rückkauf/Rücknahme/Leasing; Vermarktungsstrategie (potenzielle Kunden); Preisstrategie; Rücknahme gemeinsam mit Wettbewerbern.

- **Vertrauensstrategie:** Vertrauen zum Kunden aufbauen durch Transparenz, lückenlose Dokumentation; Garantien, um Akzeptanz der neuwertigen Produkte zu erhöhen und auch Produkte zurückholen zu können.

- **Nutzung der eigenen Vorteile gegenüber Wettbewerbern**: bessere Kenntnis des Produkts, der Qualität, der Prüfverfahren, ganzheitliche Produkttests (beispielsweise zyklische Temperaturbelastungen), Ausfallrisiken.

- **Fertigungsauslastungsstrategie:** Auslastung der Produktion durch Aufarbeitung für „flaue" Auftragszeiten.

Einige Ansätze davon wurden in den diversen vorher beschriebenen Kapiteln besprochen. Es sind jedoch auch Kombinationen dieser Strategien möglich und werden auch so eingesetzt. Ganzheitliche Ökodesignstrategien gibt es allerdings bei dieser komplexen Materie noch nicht; sie werden vermutlich auch individuell bleiben. Für die Anwender bedeutet dies, dass sie noch viele Möglichkeiten haben, sich im Wettbewerb zu differenzieren bzw. Vorteile zu nutzen.

Innovationen im produktbezogenen Umweltschutz schließen auch Vermeidungsstrategien wie gemeinsame Nutzung durch mehrere Personen mit ein [64] und können kombiniert werden, um die Marktspielregeln zu verändern. Die derzeitige günstige Situation für „grüne" Produkte könnte solchen Strategien weiteren Auftrieb geben.

Eine sehr einleuchtende Strategie besteht darin, die zusätzlichen kumulierten Energieverbrauchskosten eines selbst genutzten Geräts über die Restlebensdauer im Vergleich zum Marktstandard zu berechnen. Nach den derzeitigen Energiepreisentwicklungen und den Fortschritten an Energieeinsparung effizienter werdender Produkte lässt sich leicht ermitteln, dass oft schon nach der halben Lebensdauer ein Neukauf aus Umwelt- und aus Kostengründen sinnvoll wäre. Dieser Zusammenhang ist in **Bild 2.13** dargestellt. Durch die Verbrauchsreduzierungen an Energie, Wasser oder anderen

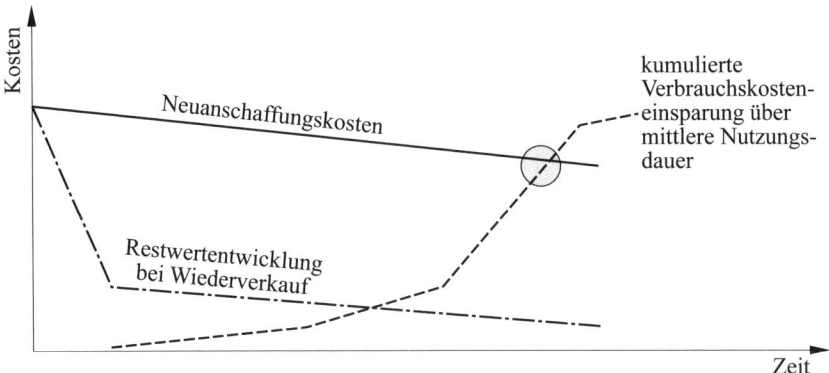

Bild 2.13 Zusammenhang zwischen der kumulierten Verbrauchskostenentwicklung und den Kosten für die Wiederbeschaffung eines neuen Geräts mit aktuell niedrigen Verbrauchswerten

Ressourcen im Lauf der ständigen Produktfortentwicklungen übertrifft der Nutzen der Neuanschaffung den Nutzen des Weiterbetriebs oft schon nach wenigen Jahren. In der Abbildung ist dies am Schnittpunkt des Neuanschaffungspreises mit den über eine durchschnittliche Nutzungsdauer hochgerechneten Verbrauchskosten der Fall. Auf diesen Fall gilt es, den Verbraucher hinzuweisen. Der Umstieg auf ein besonders energiesparendes Gerät sollte politisch gefördert werden.

Insgesamt sind die Lebenszykluskosten, also alle Kosten über die Betriebsdauer des Produkts bis zum Lebensende des Produkts, für den Verbraucher meist stärker entscheidend als die reinen Anschaffungskosten.

In einem gesättigten Markt können durch entsprechende Tauschangebote ineffizienter gegen effiziente Geräte überhaupt erst kurzfristig die Klimaziele der europäischen Regierungen erreicht werden. Aus Umweltsicht könnten dazu geeignete Recyclingkonzepte passen, um den Tausch attraktiv zu machen. Es kommt sicherlich zu diesen Kostenvorteilen wesentlich mehr hinzu, um einem Kunden den Tausch „alt", aber noch funktionierend, gegen „neu" schmackhaft zu machen, das aber ist Sache eines Marketingkonzepts.

Die Produkte haben, wie in einer weiteren Kurve in Bild 2.13 unten dargestellt, noch einen aktuellen Restwert, der heute zumindest oft vom Verbraucher nicht genutzt wird. Da die Geräte an dem Schnittpunkt Verbrauchskurve/Neuanschaffungskosten noch nicht so alt sind, ließe sich vermutlich ein Verwertungskonzept für Teile eher aufbauen als heute, wo die Geräte nach 20 Jahren im Markt praktisch unbrauchbar sind. Durch die Nutzung des Restwerts lässt sich der Schnittpunkt noch deutlich nach links verschieben mit weiterer Attraktivität für die Wiederverwendung von Teilen.

Die Sichtweise, veraltete Produkte noch einer weiteren Nutzung zuzuführen, macht aus Umweltsicht nach den gerade dargestellten Argumenten natürlich keinen Sinn.

Auch wenn man sozial mit den niedrigen Anschaffungskosten argumentiert, zahlt der Nutzer auch wesentlich höhere Stromkosten für das alte Gerät, wenn er es nicht als selten genutztes Zweitgerät einsetzt.

2.7 Organisatorischer Rahmen, neue Teile eines Managementsystems

Neben den eigentlich schon obligatorischen Qualitätsmanagementsystem nach DIN EN ISO 9001 [65] und dem Umweltmanagementsystem nach DIN EN ISO 14001 [66] sollten vom Hersteller folgende Prozesse installiert werden:

- Verfolgung und Umsetzung der existenten nationalen und internationalen Gesetze sowie die Vorbereitung auf neue Gesetze/Normen und deren rechtzeitige Umsetzung,
- Kennzeichnung der stattgefundenen Aufarbeitung (Refurbishments) und Vorbeugung gegen Betrug,
- Marktüberwachung nach Auslieferung,
- Prozess zur Berichterstattung schwerwiegender Ereignisse,
- Kundenreklamationsprozess,
- Produkt-Risiko-Managementprozess,
- Prozess der Bewertungsrichtlinienerstellung und deren Überwachung,
- Fehlerbeseitigung und Fehlervorbeugung,
- Lieferantenmanagement,
- Prozess zur Überwachung von Marktzugangsbeschränkungen,
- Prozess zur Auditierung und Zertifizierung durch eine akkreditierte Institution.

Mit diesen Prozessen kann der Hersteller Risiken vorbeugen und sich sowie Kunden und Lieferanten rechtzeitig vor Schäden schützen. Er kommt damit auch seinen gesetzlichen Verpflichtungen zur Überprüfung nach.

Dies sind natürlich nicht die einzigen Prozesse, die systematisch neu eingeführt werden müssen. Wichtig ist ein Ökodesignprozess (vgl. Kapitel 5.4), der die gesamte Produktgestaltung einschließt, aber auch ein „Refurbishmentprozess", der von der Bewertung bis zur Wiederauslieferung alle Aufarbeitungsprozesse des Herstellers beschreibt. Ein Beispiel für den Refurbishmentprozess ist in [57] beschrieben. Auch wenn Produkte von der Ökodesignrichtlinie betroffen sind, kann man sich an Anhang V dieser Richtlinie [18] orientieren. Dort ist beschrieben, welche Managementanforderungen zum Ökodesign einzuhalten sind.

3 Qualitätsprüfung –
Beispiele/Fallstudie zur Teilebewertung

Das erste, was bei einem Teil, das für eine Wiederverwendung infrage kommt, geklärt werden muss, ist: Eignet sich das Teil für die Wiederverwendung? Wenn ja, in einem neuen gleichartigen Produkt? Oder kann das Teil für andere Zwecke in anderen Produkten eingesetzt werden? Wenn nein, stellt sich die Frage, ob der Werkstoff noch rezyklierbar ist oder ob das Teil für eine erneute Anwendung generell verworfen wird, also für eine andere Verwertungsform oder nur noch für die Beseitigung infrage kommt. Zur Beantwortung dieser Fragen behandelt dieses Kapitel folgende Inhalte:

- Identifikation geeigneter Teile für die Wiederverwendung,
- Monitoring der Geräte- und Teile-Beanspruchung,
- Funktionalitätsprüfung der Teile vor dem erneuten Einsatz und
- erneute Zuverlässigkeitsprüfung sowie Überlasttests zur künstlichen Alterung.

Eine Fallstudie erläutert die empfohlene Vorgehensweise.

3.1 Einige grundlegende Zusammenhänge

Für ein benutztes Teil gelten die in **Bild 3.1** prinzipiell dargestellten Zusammenhänge aus der Verschleißkurve. Demnach ist für die Wiederverwendung eines Teils nach einer abgelaufenen Gebrauchsdauer wichtig, wie lange die noch verbleibende Gebrauchsdauer ist. Ist die Restgebrauchsdauer wesentlich länger als die übliche mittlere Verweildauer des Geräts im Markt, dann kann dieses Teil in einem neuen Gerät der gleichen Art wieder eingesetzt werden.

Im Folgenden nehmen wir an, dass die *Ausfallwahrscheinlichkeit* des für die Wiederverwendung ausgesuchten Teils durch die Verteilungsfunktion $F(t)$ beschrieben wird. $F(t)$ gibt also die Lebensdauer t an, innerhalb der das Teil mit der entsprechenden Wahrscheinlichkeit ausfällt. Beispielhaft nehmen wir die Weibull-Verteilung an. Die *Überlebenswahrscheinlichkeit* oder *Zuverlässigkeit* $R(t)$ für das Ausfallverhalten des beobachteten Teils kann dann beschrieben werden durch:

$$F(t) = 1 - e^{-\left(\frac{t}{T}\right)^b}, \text{ mit}$$

t Lebens-, Betriebs- oder Einsatzdauer und

T charakteristische Lebensdauer.

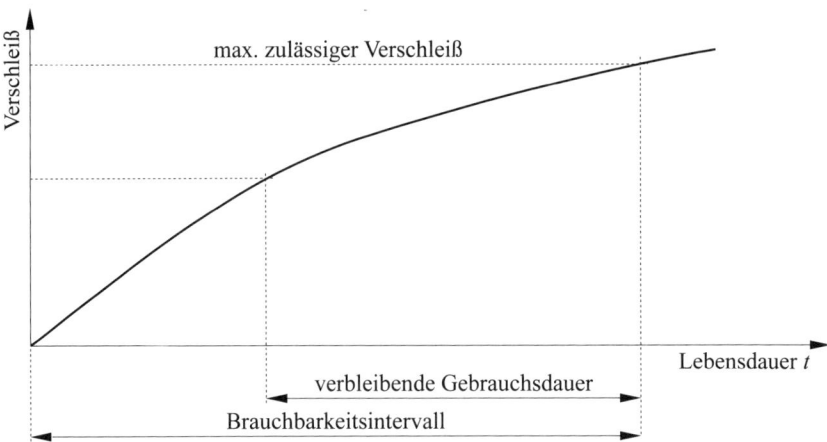

Bild 3.1 Verbleibende Gebrauchsdauer eines Teils am Ende der Nutzungsdauer des Produkts

Dauer kann dabei nicht nur über Zeit, sondern auch über gefahrene Kilometer, Anwendungszyklen etc. abgebildet werden.

Etwas vergröbert wird in der Praxis $t = T$ und $b = 1$ eingesetzt, was zum folgenden Sonderfall führt:

$$F(t) = 1 - e^{-1} = 0,632 \quad \text{und} \quad R(t) = 1 - F(t).$$

Dies entspricht der Zeit, bis zu der ca. 63 % aller Objekte ausfallen oder ca. 37 % der Objekte noch in Funktion sind. b ist die Ausfallsteilheit und liegt üblicherweise zwischen 0,25 und 0,5.

Weitere Beispiele hierzu sind im informativen Teil von DIN EN 62309 (**VDE 0050**) enthalten.

Beurteilung des aktuellen Zustands

Nach DIN EN 62309 (**VDE 0050**) müssen Verfahren angewendet werden, mit denen der Zustand des Produkts mit Quagan-Teilen beurteilt werden kann. Die Beurteilung kann mithilfe von Datenblättern des Herstellers, durch Lebensdauerprüfungen der Bauelemente oder Module erfolgen. Korrekte Anwendung von Qualitätsmanagementsystemen kann bei der Überwachung des Herstell- und Beurteilungsprozesses unterstützen (z. B. DIN EN ISO 9001, DIN EN 60300-1, DIN EN 60300-2). Diese Verfahren können sein:

- Sichtprüfungen, Messungen und Funktionsprüfungen, die auch bei Produkten mit nur neuen Teilen durchgeführt werden.

- Auswertung von Betriebszählern, Verbrauchszählern usw., die zur Entscheidungshilfe entwickelt wurden, ob Teile möglicherweise wiederverwendet werden können. Die Auswertung basiert auf der Information über die Restgebrauchsdauer (z. B. mit Kennlinien wie Verschleiß, Weibull-Netze).
- Überprüfung, ob Produkte mit Quagan-Gehäusen/Teilen visuell einwandfrei sind.
- Angemessene Inspektionen und Prüfungen (z. B. Röntgen- oder Ultraschallprüfungen) müssen einbezogen werden, wenn die mechanische Struktur auf irgendeine Weise lasttragend ist.
- Bewertung des Softwarezustands.

Zuverlässigkeitsbewertung

Durch Analysen und/oder Prüfungen muss validiert werden, dass die spezifizierte Ausfalldichte/Ausfallrate für das Produkt, das Quagan-Teile enthält, *nicht* höher ist als für ein Produkt mit nur neuen Teilen, sowie gegebene Grenzen während der „as-new" (wie neu) Auslegungslebensdauer (ANDL) des Produkts (vgl. Bild 2.12) nicht überschreitet. Zuverlässigkeitsvorbehandlungen wie Burn-in müssen nicht wieder neu durchgeführt werden.

Es sollten vom Hersteller Analysen und Prüfungen entwickelt werden, mit denen sichergestellt werden kann, dass das Produkt mit wiederverwendeten Teilen einen Leistungsgrad und eine Zuverlässigkeit erreicht, die konsistent mit der ANDL des Produkts ist (siehe z. B. DIN EN 60300-2). Diese Prüfungen sollten üblicherweise für neue Teile oder *Produkte* bereits vorhanden sein. Es kann jedoch sein, dass sich bestimmte Belastungen, denen das Teil oder Produkt ausgesetzt war, nicht genau ermitteln lassen, wenn beispielsweise der Betätigungszähler defekt war. Dann können Extremwerte eingesetzt werden oder das Teil wird verworfen.

Endprüfung

Die Endprüfungen einschließlich der Funktionsprüfung der Produkte mit wiederverwendeten Teilen müssen die gleichen sein wie für Produkte mit nur neuen Teilen. Hier kommen zyklische Stresstests infrage unter gleichzeitiger Prüfung elektrischer Kennwerte.

3.2 Aufarbeitung von Teilen

Die Aufarbeitung von Teilen kann erlaubt sein, wenn alle Kriterien für die Aufarbeitung erfüllt sind. Dies bedeutet insbesondere, dass Produkte mit wiederzuverwendenden Teilen zerlegt werden müssen. Die Teile werden dann, basierend auf passenden Arbeitsrichtlinien, Anweisungen und Methoden, wieder in ihrer ursprünglichen

Funktion sowie nahezu in ihrem ursprünglichen Zustand hergestellt. Dazu gehören dann auch erneute vollständige Prüfungen wie vorgeschrieben.

Gehäuse von Produkten müssen visuell intakt sein. Eine zweite Lackierung ist erlaubt.

3.3   Beispiel für ein komplexes Produkt mit verschleißenden Teilen: Kopiermaschine (nach DIN EN 62309 (VDE 0050))

Zur Erläuterung der Vorgehensweise nehmen wir Folgendes an. Ein Hersteller von Kopiermaschinen plant für neue Geräte die Wiederverwendung von Teilen aus gebrauchten Geräten. Die mittlere Nutzungsdauer eines Kopierers beträgt 100 Kopien pro Stunde, 8 h pro Tag, 250 Tage im Jahr. Das entspricht 200 000 Kopien pro Jahr. Die Garantiezeit beträgt zwei Jahre. Es ist geplant, die Kopierer nach zwei Jahren auszutauschen, d. h. nach 400 000 Kopien. Folgende Module sollen wiederverwendet werden: das optische System mit dem mechanischen Gleitmechanismus; der elektrische Motor; die Spannungsversorgung.

Das optische System wurde geprüft und mit dem Ergebnis eine Weibull-Analyse durchgeführt (s. a. Kapitel 3.1). Die charakteristische Lebensdauer T ist 9 000 000 Zyklen, die Ausfallsteilheit b beträgt 2,5. Aus der Weibull-Verteilung ergeben sich für die Verschleißausfälle die Summenhäufigkeiten zu

- 0,04 nach 400 000 Zyklen,
- 0,24 nach 800 000 Zyklen
  (die erste Wiederverwendung ergibt also 0,24 % − 0,04 % = 0,2 % Ausfälle),
- 0,65 % nach 1,2 Mio. Zyklen
  (zweite Wiederverwendung: 0,65 % − 0,24 % = 0,41 % Ausfälle),
- 1,32 % nach 1,6 Mio. Zyklen
  (dritte Wiederverwendung: 1,32 % − 0,65 % = 0,67 % Ausfälle).

Unter Berücksichtigung, dass die Summenhäufigkeit 1 % nicht überschreiten sollte, entscheidet der Hersteller, das optische System dreimal zu verwenden, d. h. zweimalige Wiederverwendung. Es werden 0,65 % Verschleißausfälle erwartet. Das optische System wird für die Wiederverwendung gereinigt, auf Korrosion untersucht und optisch geprüft.

Der elektrischer Motor

Für den Motor gibt der Lieferant unter der Annahme Weibull-verteilter Lebensdauer eine charakteristische Lebensdauer T von 2 Mio. Zyklen und eine Ausfallsteilheit b von 3,0 an. Die Auslegungslebensdauer t_{10} des Motors beträgt ca. 945 000 Zyklen

(t_{10} Lebensdauer = 10 % ausgefallen). Mit diesen Kenngrößen werden die folgenden Ausfallsummenhäufigkeiten geschätzt zu:

- 0,8 % nach 400 000 Zyklen,
- 6,2 % nach 800 000 Zyklen
  (erste Wiederverwendung: 6,2 % − 0,8 % = 5,4 % Ausfälle),
- 19,4 % nach 1,2 Mio. Zyklen
  (zweite Wiederverwendung: 19,4 % − 6,2 % = 13,2 % Ausfälle).

Unter Berücksichtigung der t_{10}-Lebensdauer von 945 000 Zyklen als Auslegungslebensdauer entscheidet der Hersteller, den Motor nur einmal wiederzuverwenden. Vor der Wiederverwendung werden der Stromverbrauch und der Geräuschpegel des Motors geprüft.

Die Spannungsversorgungsbaugruppe

Die Spannungsversorgung enthält folgende Bauelemente mit begrenzter Lebensdauer: Lötstellen, Leistungstransistoren, Kondensatoren mit flüssigem Elektrolyt und Varistoren. Es wird angenommen, dass der Kopierer zehnmal pro Tag zur Leistungseinsparung ein- und ausgeschaltet wird. Das ergibt zehnmal 250 Zyklen (also 2 500 Zyklen pro Jahr) oder 5 000 Zyklen in zwei Jahren. Die mittlere Betriebsdauer wird zu 8 h pro Tag, entsprechend 2 000 h pro Jahr bei 250 Tagen Nutzung angenommen. Zu den Lötstellen: Statistiken über Feldausfälle haben gezeigt, dass die ersten hergestellten Kopierer schon sechs Jahre in Betrieb sind und keine Verschleißerscheinungen beobachtet wurden. Leistungstransistoren: Mit dem vom Lieferanten zur Verfügung gestellten Datenblatt wird die Lebensdauer der Transistoren zu 180 000 Zyklen geschätzt. Dies entspricht 72 Jahre Einsatzdauer, d. h. hier ist kein Problem zu erwarten. Zu den Kondensatoren mit flüssigem Elektrolyt: Mit dem vom Lieferanten zur Verfügung gestellten Datenblatt wird die Lebensdauer der Elektrolytkondensatoren unter den Betriebsbedingungen im Kopierer zu 7 000 h geschätzt. Da dies nur einer Betriebsdauer von 3,5 Jahren entspricht, werden die Elektrolytkondensatoren bei Wiederverwendung der Spannungsversorgungsbaugruppe immer ausgetauscht. Schließlich zu den Varistoren: Bei Wiederverwendung der Spannungsversorgungsbaugruppe werden alle Varistoren ersetzt, d. h. von deren Wiederverwendung abgesehen, da nicht bekannt ist, wie viele Schaltungen sie erfahren haben.

Folgerung: Der Hersteller entscheidet sich, den neuen Kopierer als einen mit wiederverwendeten Teilen zu deklarieren. Bevor die Bauelemente wiederverwendet werden, wird am Betriebszähler die Anzahl der Kopien geprüft, um sicherzustellen, dass Module mit zu vielen Zyklen später nicht wiederverwendet werden. Die Module haben eine Seriennummer im Barcode und der Hersteller verfolgt die Anzahl der Zyklen aller wiederverwendeten Bauelemente. Das optische System wird zweimal wiederverwendet. Der Motor wird nur einmal wiederverwendet. Die Spannungsversorgungsbaugruppe wird dreimal wiederverwendet, aber die Elektrolytkondensatoren und die Varistoren werden immer ausgetauscht. Die Speicherbaugruppe wird dreimal wiederverwendet und neue Software wird geladen. Der Kopierer mit Quagan-Teilen wird vor der Auslieferung mit den gleichen Prüfprogrammen auf Funktionsfähigkeit geprüft wie Kopierer mit nur neuen Teilen.

3.4   Fallstudie: Printtransformator

In dieser Fallstudie, die auf einer Diplomarbeit an der Universität Paderborn basiert [67], geht es um die Prüfung eines Teils in einem System. Die Prüfungen dienen der Qualifikation von Teilen für die Wiederverwendung, insbesondere dann, wenn die Teile für verschiedene Systeme mit unterschiedlichen klimatischen Belastungen eingesetzt werden.

Das relevante Teil für die Fallstudie ist der Printtransformator (**Bild 3.2**) als Teil eines Pegelwandlers. Der Pegelwandler dient der Verbrauchsdatenerfassung und der Fernübertragung von Zählerständen wie Strom und Wasser. Er besteht aus einem Display und zwei Platinen in einem Kunststoffgehäuse. Das Gerät wird beispielsweise in einer M-Bus-Fernanzeige mit bis zu 60 Endgeräten eingesetzt (M-Bus – Feldbus für die Verbrauchsdatenerfassung).

Nachfolgend beschreiben wir das Vorgehenskonzept zur Qualifizierung von Printtransformatoren dieser Bauart. Es standen Geräte zweier Hersteller zur Verfügung. Die Auswahlkriterien waren: Preis, Masse, Ausbaufähigkeit sowie die kontinuierliche Beanspruchung im Betriebszustand.

Bild 3.2 Printtransformatoren – Prüflinge

Insgesamt neun Prüflinge standen zur Verfügung (Bezeichnung: GT für GG-Elektronik und T für TT-Elektronik, beide Firmierungen sind fiktiv). Künstliche Alterung wurde nach verschiedenen Belastungsarten, z. B. überhöhte Temperatur in einer Klimakammer, Kurzschlusstest, Überlasttests, Wasserlagerung, durchgeführt und die Messdaten vor und nach der Alterung ermittelt.
Tabelle 3.1 führt die von uns festgelegten Prüfkriterien auf; diese bilden eine Übermenge der vom Hersteller angewandten Kriterien.

Kenngröße des Herstellers	Weitere gängige Kenngrößen	Getroffene Auswahl
Primärspannung	Wicklungswiderstand	Primärspannung
Sekundärspannung	Phasenverschiebung	Sekundärspannung
Leistung	Isolationswiderstand	Leerlaufstrom
Leerlaufstrom	Übersetzungsverhältnis	Wicklungswiderstand
Isolationsklasse		Übersetzungsverhältnis
		Isolationswiderstand
		Phasenverschiebung

Tabelle 3.1 Ausgewählte Prüfkriterien zur Eignungsprüfung

Eine Übersicht über die Stresstests für Komponenten zeigt die nachfolgende **Tabelle 3.2**.

Stressfaktor	Ausfallmechanismus	Wirkung
Temperatur	Diffusion/Zersetzung von Polymeren	Alterungsprozess
T-Wechsel/Powerzyklen	Spontaner Bruch/Ermüdung	Thermodynamik
Schock/Vibration	Spontaner Bruch/Ermüdung	Mechanik
Feuchte/Kontamination	Ionische Verunreinigung/ Elektromigration	Kriechströme
Schadgase	Korrosion	Chemische Veränderung
Elektrisches Feld	Durchbruch des Dielektrikums	Elektrischer Ausfall

Tabelle 3.2 Stressfaktoren, ihre Ausfallmechanismen und Wirkung [67]

In **Bild 3.3** ist der Laboraufbau zur Aufnahme der Kennwerte für die Printtransformatoren dargestellt. In einer nachgeahmten Wareneingangsprüfung werden die üblichen Prüfungen wie für Neuware eingesetzt.

Die tatsächlich angewandten Belastungsprüfungen enthält die Übersicht in **Bild 3.4**.

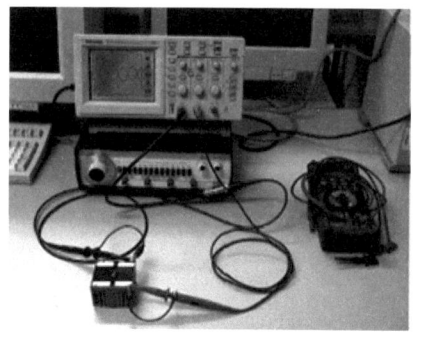

Bild 3.3 Laboraufbau zur Prüfung der Printtransformatoren

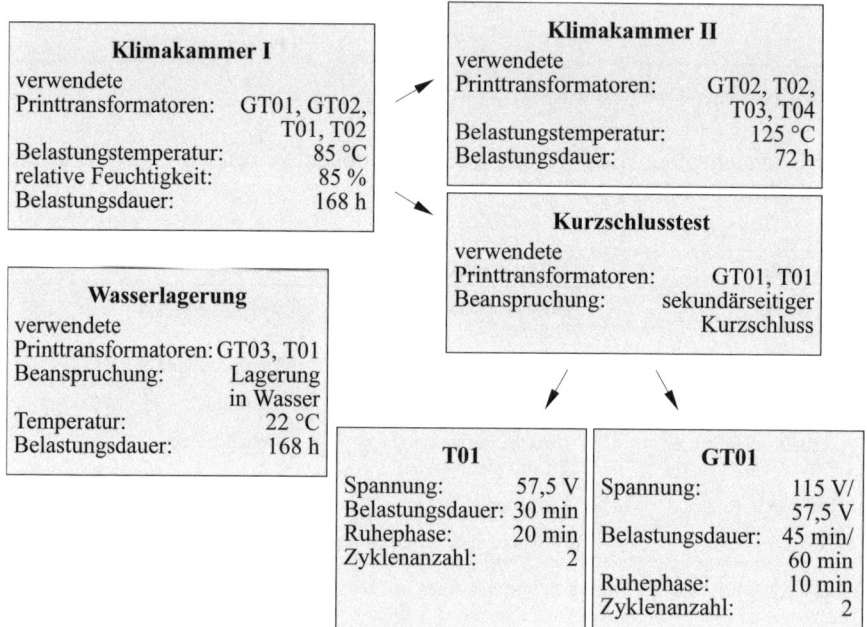

Klimakammer I

verwendete
Printtransformatoren: GT01, GT02,
T01, T02
Belastungstemperatur: 85 °C
relative Feuchtigkeit: 85 %
Belastungsdauer: 168 h

Wasserlagerung

verwendete
Printtransformatoren: GT03, T01
Beanspruchung: Lagerung
in Wasser
Temperatur: 22 °C
Belastungsdauer: 168 h

Klimakammer II

verwendete
Printtransformatoren: GT02, T02,
T03, T04
Belastungstemperatur: 125 °C
Belastungsdauer: 72 h

Kurzschlusstest

verwendete
Printtransformatoren: GT01, T01
Beanspruchung: sekundärseitiger
Kurzschluss

T01

Spannung: 57,5 V
Belastungsdauer: 30 min
Ruhephase: 20 min
Zyklenanzahl: 2

GT01

Spannung: 115 V/
57,5 V
Belastungsdauer: 45 min/
60 min
Ruhephase: 10 min
Zyklenanzahl: 2

Bild 3.4 Angewandte Belastungsprüfungen für die Printtransformatoren

Als Ergebnis nach den Belastungsprüfungen in Klimakammer ergab sich:

- keine äußerlichen Veränderungen,
- keine Veränderungen bei den Messwerten,
- keine Auffälligkeiten bei Normalbetrieb.

Nach der Prüfung in Klimakammer II lagen folgende Resultate vor:

- keine Veränderungen der Messwerte,
- keine Auffälligkeiten bei Normalbetrieb,
- jedoch äußerlich erkennbare Dellen im Gehäuse.

Nach dem Kurzschlusstest:

- keine Veränderungen der Messwerte,
- keine Auffälligkeiten bei Normalbetrieb,
- jedoch schmolz die Kunststoffummantelung für die Verschraubung.

Nach dem Überlasttest:

- keine Veränderungen der Messwerte,
- keine Auffälligkeiten bei Normalbetrieb,
- jedoch Rissbildung und Gasaustritt sowie Deformationen der Gehäuse in Form von Dellen.

Am Ende der Wasserlagerung:

- keine Veränderungen der Messwerte,
- keine Auffälligkeiten bei Normalbetrieb,
- keine Formveränderungen.

Als Fazit kann man festhalten: Trotz massiver Deformationen blieben die Messdaten nach den Belastungsprüfungen unverändert. Die Möglichkeit zur Wiederverwendung besteht also. Kritische Punkte bleiben die Ausbautauglichkeit des Transformators und die begrenzte Aussagekraft der Kurzzeittests. Deshalb sind noch Langzeittests notwendig, die allerdings auch über Ergebnisse aus dem Feld kommen können.

Die mit der Wiederverwendung verbundenen Chancen sind die Kosteneinsparungen. Auch hier zeigt sich, dass auch recht geringe Einzelpreise schnell zu interessanten Einsparungen führen können. In einer groben Schätzung wurden die Ersparnisse in **Bild 3.5** zusammengetragen.

	GG-Trans- formator	TT-Trans- formator
EK-Preis	5,85 €	9,70 €
Produktionsmenge 2006	1 046	1 046
Kosten Neuteile	6 119,10 €	10 146,20 €
Kosten für Prüfaufwand (2 Transformatoren/h und 8 € Stundenlohn)	4 184,00 €	4 184,00 €
Bei 10 % Ausschuss (Prüfungen plus Neuteile)	4 795,91 €	5 198,62 €
Ersparnis	**1 323,19 €**	**4 947,58 €**

Bild 3.5 Ersparnisse bei Wiederverwendung von Printtransformatoren

4 „Design for Recycling" – Wie geht man vor?

Bisher wurden die notwendigen Überlegungen zur Wiederverwendung bis hin zu strategischen Konsequenzen für die Produktentwicklung und die Vermarktung dargelegt mit kleinen detaillierteren Ausflügen zu Stofffragen. Das Thema Wiederverwendung sollte jedoch, nicht nur aus Glaubwürdigkeitsgründen, in ein gesamtes Recyclingkonzept eingebunden werden. Zusätzlich wird niemand nur ein Produkt für das Recycling konstruieren. In diesem Kapitel werden die Zusammenhänge diskutiert. Der Leser wird dabei zu einem ganzheitlichen Ansatz zur umweltverträglichen Produktgestaltung geführt.

4.1 Allgemeines

Konzeptionell wird sehr häufig von „Design for Recycling" (DfR) gesprochen, wenn man eigentlich das Design eines umweltverträglichen Produkts meint. Dabei konkurrieren bei diesem Ziel viele andere Umweltanforderungen mit der Recyclingfähigkeit, u. a. die Energieeffizienz oder Emissionen sowie davon unabhängige Vorgaben zu Kosten und die technischen und sonstigen Kundenvorgaben. In der VDI-Richtlinie 2243 (Ausgabe 2002) „Recyclingorientierte Produktentwicklung" [9] werden deshalb zunächst nur die Einflussfaktoren auf die Recyclingfähigkeit genannt, weil es Zielkonflikte geben kann. In dem breit eingeführten DfR-Begriff verwenden wir für Recycling (vgl. Kapitel 1.2) die über eine reine Materialverwertung hinausgehende breitere Definition.

> Als „**Design for Recycling**" ist also eine Konstruktion zu verstehen, die es erlaubt, die wiederverwendbaren Teile und Werkstoffe so zu trennen, dass sie möglichst ohne großen Aufwand (schnell, ohne Reinigung, ohne Hilfsmittel) in die benötigten Teile und sortenreinen Werkstoffe zerlegt werden können.

Als Regeln für einen Konstrukteur nennt die VDI-Richtlinie 2243 (Ausgabe 1993) [8] folgende Gestaltungsprinzipien, die *eine Austauschfertigung (Produktrecycling)* begünstigen:

- demontagegerecht,
- reinigungsgerecht,
- prüf-/sortiergerecht,
- aufarbeitungsgerecht,
- montagegerecht.

Dazu kommen allgemein

- Verschleißlenkung auf niederwertige Bauteile,
- Korrosionsschutz, Schutzschichten,
- Zugänglichkeit,
- Standardisierung.

Für die Aufarbeitung am Lebensende werden berücksichtigt

- Werkstoffkennzeichnung (u. a. nach DIN EN ISO 11469 [68]),
- Wahl wiederverwendbarer Werkstoffe,
- möglichst wenig verschiedene Werkstoffe. In der Elektrotechnik sind dies minimal zwei Werkstoffe: ein metallischer Leiter und eine Isolierung.

Insgesamt sind die möglichen Lösungen bzw. Maßnahmen über den gesamten Lebensweg zu planen. Das heißt, der Konstrukteur muss auch die lokalen Randbedingungen bei den Recyclern, Sammelstellen oder Logistikern kennen.

An dieser Stelle sei deshalb darauf hingewiesen, dass es kein allgemeingültiges DfR über diese Regeln hinaus geben kann, weil die Randbedingungen zu verschieden für viele Produkte sind und weil es Zielkonflikte mit anderen Anforderungen geben kann. Insgesamt sind jedoch die vorgenannten Regeln mit den meisten anderen Anforderungen an ein Produkt, neben technischen Anforderungen auch beispielsweise Kostenbegrenzungen für ein neues Produkt („Design-to-cost"), verträglich. Unter anderem ist ein demontagefreundliches Produkt meist auch montagefreundlich, dies bedeutet, alle Verbesserungen bei der Demontage kommen meist auch der Montagezeit zugute und senken die Kosten.

Die Ausgabe 2002 der VDI-Richtlinie 2243 [9] kennt demgegenüber nur noch den integrativen Ansatz mit einer Orientierung am Recycling. Als Einflussfaktoren auf die recyclingorientierte Gestaltung werden Umfeld (Politik, Unternehmen, Markt, Gesellschaft), Technologie (Materialien, Demontierbarkeit, Recyclingtechnologien) sowie Ökologie (Rohstoffverbrauch, Emissionen, kumulierter Energieaufwand, Ökobilanz) genannt. Konzeptionell ist dieser Ansatz umfassender, führt aber möglicherweise stärker von dem Ziel eines optimalen Recyclings weg. Vor allem werden die Regeln aus der alten Norm aus dem Jahr 1993 hier nicht mehr genannt. Das in diesem Buch eingeführte Konzept wählt deshalb mehrere Einzelschritte zu einem Produktergebnis und legt das Schwergewicht auf das DfR. Dieses schrittweise Vorgehen berücksichtigt auch die Tatsache, dass immer mehr Anforderungen aus Ethik und Arbeitsschutz hinzukommen.

Natürlich kann es nur einen einzigen integrativen Gestaltungsansatz für ein Produkt geben, der alle Anforderungen an das Produkt beim Entwicklungsstart enthält; sonst wäre es nicht verkäuflich. Wer deshalb darüber hinaus insgesamt mehr Regeln zur umweltverträglichen Produktgestaltung über alle Produktlebensphasen sucht, erhält im DIN-Fachbericht ISO/TR 14062 „Umweltmanagement – Integration von Um-weltaspekten in Produktdesign und -entwicklung" einen guten Überblick [69]. Die DIN EN 62430 (**VDE 0042-2**) [70] fokussiert diesen Ansatz auf die elektrotechnischen Belange. Das Buch „Umweltverträgliche Produktgestaltung" [62] enthält dazu über den gesamten Lebensweg zahlreiche industrielle Beispiele aus der Elektrotechnik.

Beim DfR muss man aus Herstellersicht über die vorgenannten Regeln hinaus fragen:

- Welche *politischen Bedingungen* sind vorgegeben? Welche Trends gibt es (Gesetzesentwürfe, Stoffrestriktionen, Recyclingmarkt, ...)?

- In einer *Verwertungsanalyse* ist zu klären: Welche Teile bzw. Materialien können tatsächlich verfahrenstechnisch oder nach den Markt-/Gesetzesgegebenheiten recycelt werden?

- In einer *Verwendungsanalyse* sind u. a. zu prüfen: Wann und für welchen Zweck sollen oder müssen welche Teile getauscht werden? Wie lange sollen die Pro-dukte leben?

- In einer *Kosten-Nutzen-Analyse* am Ende der Untersuchung wird gefragt: Was lohnt sich unter welchen Bedingungen?

- Bei einer *Analyse von Vorgänger-/Wettbewerberprodukten* wird der eigene Status definiert und mögliche Ziele, wenn das Wettbewerberprodukt bereits deutlich besser ist.

Etwas strukturierter geht man beim Design for Remanufacturing vor. In der alten VDI-Richtlinie 2243 werden hierzu Regeln zur Austauschfertigung genannt. Von Dr. *Rolf Steinhilper* [71] wurden dazu als wesentliche Kostenelemente Demontage/ Remontage, Aufarbeitung, Prüfung und Reinigung aufgezählt. Im Ende sind dies die Kriterien, die bereits in dem Kapitel Wiederverwendung behandelt wurden. Von *Young-Do Jung* und Ph. D. *Hong-Yoon Kang* [72] wurden Bewertungsverfahren entwickelt, die die Qualität einer Produktentwicklung hinsichtlich der Wiederverar-beitung bewerten (s. a. Kapitel 5.3). Die VDI-Richtlinie 2343 [38–41] gibt detaillierte Hinweise zur Zerlegung.

4.2   Anpassung an vorgegebene Bedingungen

Es hat keinen Sinn, bestimmte hochwertige Thermoplaste wiedergewinnen zu wollen, wenn das gesamte Gerät „im Schredder landet". Dementsprechend werden auch nur dann Geräte außerhalb der gesetzlich geforderten getrennten Sammlung nach bestimmten Produktkategorien aus dem Sammlungsstrom herausgeholt, aus denen man sortenreine Materialien gewinnen oder Komponenten wie Leiterplatten abtrennen möchte. Nach Anhang VII der WEEE sind zwar bestimmte Komponenten bzw. Materialien aus dem Stoffstrom zu entfernen, doch kann dies mit bestimmten Verfahren auch noch nach dem Schreddern oder aber in einer Vordemontage erfolgen.

Sofern die bestückten Leiterplatten direkt in einer Kupferhütte verwertet werden können, wird man sie im Gerät leicht zugänglich und leicht ausbaubar anbringen. Aber auch dann, wenn sortenreine Kunststofffraktionen vorliegen, scheitert die Verwertung oft an der Mengenschwelle, d. h., mit einer für das Volumen einer Aufbereitungsanlage zu kleinen gesammelten Menge rentiert sich eine Aufarbeitung nicht. Im Markt hat sich bei den Recyclern eine Partei etabliert, die eher relativ „tief" demontiert und bis ca. 100 Verwertungsfraktionen bildet, und eine Partei, die verschlissene Produkte wie Hausgeräte den Schreddern zuführen. Wem man sich zuwendet, hängt von den eigenen Randbedingungen ab. Verwertungsregeln für Recycler werden in Deutschland von der LAGA (Ländergemeinschaft Abfall) entwickelt.

Nach Anhang VII der neuen WEEE sind selektiv zu behandeln:

1. Mindestens folgende Stoffe, Gemische und Bauteile müssen aus getrennt gesammelten Altgeräten entfernt werden:
   - quecksilberhaltige Bauteile, wie Schalter oder Lampen für Hintergrundbeleuchtung;
   - Batterien;
   - Leiterplatten von Mobiltelefonen generell sowie von sonstigen Geräten, wenn die Oberfläche der Leiterplatte größer ist als 10 cm^2;
   - Tonerkartuschen, flüssig und pastös und Farbtoner;
   - Kunststoffe, die bromierte Flammschutzmittel enthalten;
   - Asbestabfall und Bauteile, die Asbest enthalten;
   - Kathodenstrahlröhren;
   - Fluorchlorkohlenwasserstoffe (FCKW), teilhalogenierte Fluorchlorkohlenwasserstoffe (H-FCKW) oder teilhalogenierte Fluorkohlenwasserstoffe (H-FKW), Kohlenwasserstoffe (KW);
   - Gasentladungslampen;
   - Flüssigkristallanzeigen (ggf. zusammen mit dem Gehäuse) mit einer Oberfläche von mehr als 100 cm^2 und hintergrundbeleuchtete Anzeigen mit Gasentladungslampen;
   - externe elektrische Leitungen;
   - Bauteile, die feuerfeste Keramikfasern gemäß der Richtlinie 97/69/EG der Kommission vom 5. Dezember 1997 zur 23. Anpassung der Richtlinie 67/548/EWG des Rates zur Angleichung der Rechts- und Verwaltungsvorschriften für die Einstufung, Verpackung und Kennzeichnung gefährlicher Stoffe an den technischen Fortschritt (Amtsblatt der Europäischen Gemeinschaften 40 (1997) Nr. L 343, S. 19–24) enthalten;
   - Bauteile, die radioaktive Stoffe enthalten, ausgenommen Bauteile, die die Freigrenzen nach Artikel 3 sowie Anhang I der Richtlinie 96/29/Euratom des Rates vom 13. Mai 1996 zur Festlegung der grundlegenden Sicherheitsnormen

für den Schutz der Gesundheit der Arbeitskräfte und der Bevölkerung gegen die Gefahren durch ionisierende Strahlungen nicht überschreiten;

- Elektrolytkondensatoren, die bedenkliche Stoffe enthalten (Höhe > 25 mm; Durchmesser: > 25 mm oder proportional ähnliches Volumen).

Diese Stoffe, Zubereitungen und Bauteile sind gemäß der Richtlinie 2008/98/EG zu beseitigen oder zu verwerten.

2. Die folgenden Bauteile von getrennt gesammelten Elektro- und Elektronikaltgeräten sind wie angegeben zu behandeln:

- Kathodenstrahlröhren: Entfernung der fluoreszierenden Beschichtung,
- Geräte, die Gase enthalten, die ozonabbauend sind oder ein Erderwärmungspotenzial (WP) über 15 haben, z. B. enthalten in Schaum und Kühlkreisläufen; die Gase müssen ordnungsgemäß entfernt und behandelt werden; ozonabbauende Gase werden gemäß der Verordnung (EG) Nr. 1005/2009 behandelt,
- Gasentladungslampen: Entfernung des Quecksilbers.

3. Unter Berücksichtigung des Umweltschutzes und der Tatsache, dass die Vorbereitung zur Wiederverwendung und Recycling wünschenswert ist, sind die Nummern 1 und 2 so anzuwenden, dass die umweltgerechte Vorbereitung zur Wiederverwendung und das umweltgerechte Recycling von Bauteilen oder ganzen Geräten nicht behindert werden.

Von Bedeutung sind noch die zu erzielenden Verwertungsquoten nach WEEE vom 24. Juli 2012:

Kategorie nach Anhang I WEEE	Zu erzielende Verwertungsquote im Zeitraum	
	13.8.2012–14.8.2015 [9]	15.8.2015–14.8.2018 [10]
1. Haushaltsgroßgeräte	80 (75)	85 (80)
2. Haushaltskleingeräte	70 (50)	75 (55)
3. IT- und Telekommunikationsgeräte	75 (65)	80 (70)
4. Unterhaltungselektronik	75 (65)	80 (70)
5. Beleuchtungskörper, Gas-Entladungslampen	75 (50) (80)	75 (55) (80)
6. Elektrowerkzeuge	70 (50)	75 (55)
7. Spielzeug, Sport- und Freizeitgeräte	70 (50)	75 (55)
8. Medizingeräte	70 (50)	75 (55)
9. Überwachungs- und Kontrollinstrumente	70 (50)	75 (55)
10. Automatische Ausgabegeräte	80 (75)	85 (80)

---

[9] Zielvorgabe für Verwertung (Recycling)
[10] Zielvorgabe für Verwertung (Vorbereitung zur Wiederverwendung und Recycling)

Zum Verständnis der o. g. Zahlenwerte muss zunächst bedacht werden, dass die Werte als Durchschnitt über alle Produkte einer Kategorie erreicht werden sollen. Die Feststellung des Erreichens der Quoten wird genau genommen erst in der zusammengefassten Berichterstattung der Bundesregierung für die jeweilige Sammelgruppe an die EU-Kommission relevant, d. h. für die Summe der Sammelbehälter pro Kategorie. Der Konstrukteur sollte allerdings die jeweiligen Werte für seine Kategorie bei seinem Produkt bereits als Ergebnis seiner Entwicklung erreichen und überprüfen, beispielsweise durch einen Verwertungsversuch. Auf das reale, im Einzelfall vorliegende Verwertungsergebnis hat dieser Wert eher geringen Einfluss. Trotzdem kann sich ein Hersteller bei Nachfrage positiv positionieren, wenn er die Werte für seine Geräte erreicht oder übertrifft.

Elektrogeräte der Kategorien 1 und 10 (hierbei handelt es sich um Haushaltsgroßgeräte und automatische Ausgabegeräte) können zu 20 % konventionell beseitigt oder behandelt werden. 80 % der Masse sind jedoch zu verwerten. Verwertung umfasst die Wiederverwendung (erneute Nutzung ganzer Bauteile oder Baugruppen), stoffliche Verwertung (Isolierung bestimmter Stoffe und deren Verarbeitung zu neuen Produkten) und schließlich die energetische Verwertung (meist die Verbrennung in der Müllverbrennungsanlage). Die Größen beziehen sich jeweils auf die Gesamtmenge aller in Verkehr gebrachten Geräte, nicht aber auf jedes einzelne Gerät isoliert für sich betrachtet. Bei dieser „makroskopischen" Sicht auf alle Geräte innerhalb einer Kategorie können also einzelne Geräte vollständig unverwertet bleiben, wenn dafür die anderen Geräte zu mehr als 80 % verwertet werden.

Allerdings wird auch jedes Einzelgerät zusätzlich einer Betrachtung in Hinblick auf einzelne seiner Bestandteile unterzogen. Kumulativ zu der o. g. Quote für alle Geräte innerhalb einer Kategorie müssen zusätzlich die „Bauteile, Werkstoffe und Stoffe" des Durchschnitts aller Geräte zu 75 % stofflich verwertet oder wiederverwendet werden. Es wird hieran deutlich, dass die Wiederverwendung nicht zwingend erfolgen muss, da alternativ zu dem Anteil der Masse, der wiederverwendet werden muss, auch eine stoffliche Verwertung möglich ist. Im Ergebnis muss also nicht ein einziges Gramm eines Elektrogeräts dieser Kategorien wiederverwendet werden, sondern es kann stattdessen auch eine stoffliche Verwertung erfolgen. Allerdings hat der Gesetzgeber zumindest normiert, dass die Wiederverwendung Vorrang haben soll vor der Verwertung.

Bei Elektrogeräten der Kategorien 3 und 4 (hierbei handelt es sich um Geräte der Informations- und Telekommunikationstechnik und Geräte der Unterhaltungselektronik) sind die Zahlenwerte leicht verändert. Hier kann 25 % der durchschnittlichen Masse aller Geräte auf konventionelle Weise beseitigt oder behandelt werden. Bezogen auf die Bauteile, Werkstoffe und Stoffe sind 65 % des Durchschnitts aller Geräte stofflich zu verwerten oder wiederzuverwenden.

In den Kategorien 2, 5, 6, 7 und 9 (alle übrigen Geräte) sind wiederum andere Zahlenwerte vorgesehen, hier können 30 % der durchschnittlichen Masse aller Geräte beseitigt oder behandelt werden, bezogen auf den Durchschnitt der Bauteile, Werkstoffe und Stoffe aller Geräte ist die Hälfte der Masse stofflich zu verwerten oder wiederzuverwenden.

Für Gasentladungslampen, deren Anteil am Gesamtabfall nach dem Verbot konventioneller Leuchtmittel steigen wird, sind 80 % der Masse stofflich zu verwerten. In einem Zwischenschritt vom 15.8.2015–14.8.2018 werden einige Quoten erhöht und, der Wert in Klammern schließt jetzt auch die Vorbereitung zur Wiederverwendung ein. Werden also einzelne Komponenten zur Wiederverwendung aussortiert, kann deren Masse zur stofflichen Verwertung hinzugerechnet werden.

Ab dem Jahr 2018 werden die Gerätekategorien anders gebildet. Sie sind in Anhang III der WEEE vom 24.7.2012 zusammengefasst:

Kategorie nach Anhang III WEEE	Zu erzielende Verwertungsquote [11] ab 15.8.2018
1. Wärmeüberträger	85 (80)
2. Bildschirme, Monitore und Geräte, die Bildschirme mit einer Oberfläche von mehr als 100 cm2 enthalten	80 (70)
3. Lampen	(80)
4. Großgeräte (eine der äußeren Abmessungen beträgt mehr als 50 cm), einschließlich u. a. Haushaltsgroßgeräte, IT- und Telekommunikationsgeräte, Geräte der Unterhaltungselektronik, Leuchten, Ton- oder Bildwiedergabegeräte, Musikausrüstung; elektrische und elektronische Werkzeuge; Spielzeug sowie Sport- und Freizeitgeräte, medizinische Geräte, Überwachungs- und Kontrollinstrumente, Ausgabeautomaten, Geräte zur Erzeugung elektrischer Ströme; in diese Kategorie fallen nicht die von den Kategorien 1 bis 3 erfassten Geräte	85 (80)
5. Kleingeräte (keine äußere Abmessung beträgt mehr als 50 cm), einschließlich u. a. Haushaltsgeräte, Geräte der Unterhaltungselektronik, Leuchten, Ton oder Bildwiedergabegeräte, Musikausrüstung, elektrische und elektronische Werkzeuge, Spielzeug sowie Sport- und Freizeitgeräte, medizinische Geräte, Überwachungs- und Kontrollinstrumente, Ausgabeautomaten, Geräte zur Erzeugung elektrischer Ströme; in die Kategorie fallen nicht die von den Kategorien 1 bis 3 und 6 erfassten Geräte	75 (55)
6. kleine IT- und Telekommunikationsgeräte (keine äußere Abmessung beträgt mehr als 50 cm)	75 (55)

---

[11] Zielvorgabe für Verwertung (Vorbereitung zur Wiederverwendung und Recycling). Bei Kategorie 3 nur Recycling ohne Wiederverwendung.

Auf die höheren Sammelziele nach WEEE wurde bereits in Kapitel 2.1.11 hingewiesen. Dadurch besteht nun eher die Möglichkeit, dass größere Mengen für eine rentable Wiederverwendung oder die Aufarbeitung bestimmter Fraktionen und Gewinnung von Rohstoffen zusammenkommen.

In der Abfallrahmenrichtlinie der EU wurde der Wiederverwendung in der Verwertungshierarchie eine höhere Bedeutung, nämlich der zweite Rang, eingeräumt [13]: Die Reihenfolge lautet daher: Vermeidung, **Wiederverwendung**, werkstoffliches Recycling, Verwertung und Entsorgung. Speziell für Industriegüter sind weitere gesetzliche Regelungen zur Wiederverwendung von Teilen aus diesem Grund zusätzlich in der politischen Diskussion.

In der Abfallrahmenrichtlinie weist der Gesetzgeber noch auf folgende wichtige Punkte hin: Der Hersteller wird das Produktdesign so ausführen müssen, dass Wiederverwendung besser möglich wird. Die erweiterte Produktverantwortung wird nicht nur Hersteller, sondern auch die Beteiligten in den Prozessketten betreffen und ihnen auch die Kosten für einen zu hohen Abfallanteil aufbürden. Verwertungsziele sind auch bereits formuliert, aber ohne die fehlenden Ausführungsbestimmungen noch nicht interpretierbar.

Viele Verfahren zur Materialverwertung wurden erprobt und manche auch eingeführt. Besonders interessant sind die ganzheitlichen werkstofflichen Verwertungsverfahren wie das Sicon-Verfahren [73], die sich an der Verfahrenspraxis eines Hochofens orientieren, d. h., nach einem speziellen Schreddervorgang werden die erzreichen Pellets direkt in den Hochofen gespeist, die Faserstoffe separiert und beispielsweise für Filtrationszwecke wieder eingesetzt und die staubartigen Teile von oben in den Hochofen eingeführt. Inwieweit dieses und ähnliche Verfahren letztendlich aber wirklich als werkstoffliche, rohstoffliche oder energetische Verfahren anerkannt werden, hängt von den noch anstehenden politischen Entscheidungen zu den Verwertungsverfahren ab. Für einen Konstrukteur sind die langen Entscheidungswege zur Zulassung leider keine gute Grundlage, sich für eine verwertungsfreundliche Lösung zu entscheiden, denn gerade bei Kunststoffen gibt es noch nicht überall verlässliche, zukunftsfähige Verwertungsverfahren.

Je nachdem, welche Randbedingungen gelten, sieht eine optimale Gestaltung verschieden aus. Mit dem europäischen Recyclerverband EERA wurde zudem von Verbänden der Gerätehersteller wie CECED und DigitalEurope eine Information für Behandlungseinrichtungen (Information for Treatment Facilities) zu bestimmten Gefahrstoffen und Komponenten eines Produkts vereinbart, die ein Recycler von einem Elektrogerätehersteller bei Bedarf anfordern kann. Diese Liste enthält im Prinzip die Angaben in Anhang III des ElektroG und zusätzliche Fragen zu Asbest, Beryllium und seinen Verbindungen sowie zu Gasen, Flüssigkeiten und sicherheitsrelevanten Themen. Befragte Recycler von Elektroaltgeräten betonten allerdings, dass sie sich mit den Standardprodukten bereits gut auskennen und diese Information nicht mehr benötigen.

Sofern nun bestimmte Gefahrstoffe vorkommen, die gesetzlich eingeschränkt sind, wie die Stoffe Blei, Cadmium, Quecksilber, Chrom(VI), polybromierte Biphenyle und Diphenylether (PBB, PBDE) – durch die RoHS-Richtlinie (in Deutschland im ElektroG enthalten) –, dürfen diese Stoffe in neu in Verkehr zu bringenden Produkten der o. g. Produktkategorien seit 1. Juli 2006 nur noch unterhalb bestimmter (geringer) Grenzwerte enthalten sein. Die Kategorien 8 und 9 werden erst später betroffen sein.

Wer Industriegüter verwerten möchte, hat den Vorteil, dass er es im Vergleich zu Konsumgütern in kommunalen Sammelbehältern mit relativ wenig abgenutzten Produkten und Teilen zu tun hat, sodass sich die Demontage eher lohnt und auch eher sortenreine Fraktionen gebildet werden können. Der Produkthersteller hat bei diesen Produkten die besten Startchancen.

4.3 Verwertungsanalyse im existenten Markt

In der Praxis ist zunächst die Marktsituation für wiederzuverwendende Teile und Materialien zu analysieren. Zu klären sind folgende Fragen:

- Welche Teile werden wann wofür benötigt? Antworten können sein:
  - Teile für den Service als Ersatzteile (z. B. bei erhöhter Fehlerrate) noch oft bis 30 Jahre,
  - Teile, die noch wie neu sind (für Neuware) eher nach kürzerer Lebenszeit,
  - sortenreine hochwertige Thermoplaste bei der Verwertung, weil der Hersteller seine Produkte selbst zurücknimmt und die Kunststoffe für Neuteile verspritzen kann etc.
- Welche Verwertungsmöglichkeiten gibt es im Markt für die eigenen Produkte/ Teile, Materialien? Antworten können sein:
  - flammwidrige Kunststoffe werden nicht werkstofflich recycelt, aber thermisch,
  - Duroplaste können nicht aufgearbeitet werden, können aber in beispielsweise einer Zementfabrik als Brennstoff ab 400 t/Tag angeliefert werden (Anmerkung: Welches Unternehmen hat solche Mengen? Wer bringt sie zusammen?) etc.,
  - eine zusammenfassende Studie der Optionen wurde von PlasticsEurope veröffentlicht [61].

Aus der *Verwertungsanalyse* wird sich leider ergeben, dass es zahlreiche Verwertungsmöglichkeiten gäbe, dass viele Verwertungsverfahren für Komponenten und Werkstoffe an den Sammelstellen oder Verwertungsorten aber nicht zur Verfügung stehen. Eine Demontage solcher Materialien und Komponenten kostet deshalb beim Recycling nur Geld und bringt nichts für die Verwertung. Ein Konstrukteur fühlt sich an dieser Stelle demotiviert, wenn er nicht umsetzbare Optionen in sein Produkt eingebaut hat. Dies kann auch bestimmen, ob hochwertige recyclinggeeignete Kunststoffe verwendet werden oder Kunststoffe eingesetzt werden, bei denen die Aufarbeitung bereits zu teuer ist. Eine aktuelle Studie des Fraunhofer-Instituts für Chemische Technologie gibt sehr branchenspezifisch mögliche Verwertungen und auch anfallende Mengen bekannt [74]. Einem Entwickler kann man weder die Kenntnis solcher Möglichkeiten zumuten noch die Umsetzung in Form von getrennten Sammelverfahren. Das gelingt bei der Entwicklung noch am ehesten im engen Kontakt mit dem vorgesehenen Recycler. Solange allerdings nicht nur ca. 80 % bis 90 % der Geräte exportiert werden, sondern in jüngster Zeit auch noch die anfallenden Recyclate, ist ein individuelles Konzept für einen Entwickler nicht zukunftsfähig.

Ein Plädoyer muss auch noch zum Thema Inhaltsstoffe an dieser Stelle gehalten werden. Wie erwähnt, spielt nur die Kenntnis weniger Inhaltsstoffe für den Recycler eine Rolle. Er wird auch nur bei besonderen Stoffen wie Gold eine eigene Analyse anfertigen. Der Entwickler eines komplexen Endprodukts kauft jedoch oft fast alle Komponenten zu, was letzten Endes bedeutet, dass er ohne die Inhaltsstoffinformation vielfach nicht weiß, welche wertvollen Bestandteile er einkauft. Sofern er sich um ein optimales Recycling nicht kümmert und nicht weiß, welche wertvollen Stoffe er in welcher Menge eingebaut hat, gehen ihm folgende Einflussmöglichkeiten verloren:

- Der Lieferant kann mit höheren Materialkosten Preiserhöhungen begründen,
- mögliche Rohstoffengpässe schlagen in der Lieferfähigkeit zu Buche,
- der Hersteller kann bestimmte Rohstoffknappheiten (Kosten) nicht vorhersehen und nicht auf andere Werkstoffe umstellen,
- der Recycler wird ihm evtl. keinen fairen Preis zahlen (vor allem nicht im Gemisch mit 1 000 anderen Geräten),
- der Hersteller wird nicht nur wegen Gefahrstoffen, sondern auch aufgrund der Verwendung knapper Ressourcen von Umweltverbänden angegangen (100 mg Gold in einem Handy sind scheinbar nichts, bei den Milliardenstückzahlen, die in Zukunft verkauft werden, entspricht dies einigen 100 t Gold oder erheblichem Anteil der Jahresproduktion an Gold und das nur für ein Produkt der Elektrotechnik. Vielfach gewinnt man diesen Anteil nicht mehr wieder,
- sofern der Hersteller die Geräte selbst zurücknimmt, kommt er nicht nur an wichtige Ressourcen für seine Produktion, sondern er hat letzten Endes eine strategische Rohstoffquelle (Preisstabilität etc.).

4.4   Verwendungsanalyse

In der Verwendungsanalyse klärt der Konstrukteur, welche Komponente er wann wiedereinsetzen möchte. Diese Komponenten und das ganze Produkt sind dann so zu gestalten, dass sie aus dem Produkt schnellstmöglich entnommen werden können. Zu berücksichtigen ist zusätzlich, wo die Geräte eingesetzt werden, ob die Teile während des Gebrauchs, am Produktlebensende oder in der Fabrik entnommen werden können. Diese Fragen bedingen beispielsweise die Verbindungstechnik und das Design. Unterschiede bestehen auch zwischen Konsum- und Industriegütern. Eine wesentliche Frage bei der Wiederverwendung ist der Einsatz zur Ersatzteilbevorratung. Hier treten verschiedentlich Lücken zwischen der Bevorratungszeit von teilweise 15 Jahren bis 30 Jahren und der kürzeren Verfügbarkeit der Teile auf, die durch Wiederverwendung geschlossen werden können. Ein Beispiel ist in [35] beschrieben.

Üblicherweise wird man nicht nur einzelne Teile modular gestalten, sondern das ganze Produkt. Dies eröffnet Optionen für die spätere Verwendung einzelner Teile. Ein Interessenkonflikt besteht jedoch in der Integrationsdichte. So kann man bei einem Geschirrspüler beispielsweise die Gehäusewand leicht tauschen. Da jedoch darin einschließlich Elektronik „einiges" integriert ist, sind defekte Einzelteile nicht mehr abtrennbar. Hier ist das Design for Recycling ein „Design for Schredder" und nicht für Wiederverwendung, kann aber unter den gegebenen Randbedingungen auch für die Umwelt die beste Lösung sein.

4.5   Kosten-Nutzen-Analyse

Hier ist zu klären, wie in früheren Kapiteln auch beschrieben, ob sich der Ausbau einer Komponente und deren Aufarbeitung lohnen. Ein DfR nur der getrennten Behandlung bestimmter Bauteile zuliebe, wie oben vom Gesetzgeber gefordert, wäre mit höheren Kosten verbunden und wird es normalerweise nicht geben. Es würde zu einem Wettbewerbsnachteil führen. Der Gesetzgeber fordert allerdings auch nur die getrennte Behandlung, was nicht unbedingt nur mit dem Ausbau der Komponente gelingt, sondern auch mit bestimmten Trenntechniken nach einem Zerkleinerungsschritt.

4.6   Analyse von Vorgänger-/Wettbewerberprodukten

Am aktuellen Produkt lassen sich zahlreiche Verbesserungsmöglichkeiten ableiten. Dieselbe Chance bieten auch die Untersuchungen der Wettbewerberprodukte. Sind sich eigene und Wettbewerberprodukte jedoch sehr ähnlich, sind deutliche Verbesserungen nur zu erwarten, wenn man die ausgetretenen Pfade verlässt und innovative Lösungen sucht. Verbesserungsziele wie halbe Montagezeiten sind nicht mit derselben Lösung zu erreichen und garantieren beim Erreichen auch das Entstehen überragender Produkte.

4.7 Resultate und Konsequenzen

Lohnt sich beispielsweise die Wiederverwendung eines Teils als Quagan-Teil und auch die Wiederverwendung bestimmter Thermoplaste aus Gehäusen, wird man trotzdem das gesamte Gerät leicht demontierbar aufbauen, weil aus der Analyse der Demontageabläufe wertvolle Erkenntnisse zur leichteren und damit kostengünstigeren Montage gewonnen werden können. Sind diese dagegen kompliziert, lässt sich das Gerät auch schwer montieren[12].

Da die Demontage- und die Montageschritte oft korrelieren, sollte man das Verfahren dem Management gegenüber besser als Montage- anstelle von Demontageoptimierung darstellen. Denn bereits mit einer einfacheren Montage lassen sich erhebliche Kosten sparen, ob die Demontage dann entsprechend erfolgt, ist dann zunächst nicht wichtig. Die Möglichkeit, auch später bestimmte Teile zu entnehmen, ist aber dann bereits vorgesehen.

Da über die Lebensdauer der Teile technischer und Softwarefortschritt eintreten kann, hilft eine einfache Zerlegbarkeit auch der Hochrüstung/Modernisierung und dem Service.

In gleicher Weise sind die Preise für Metalle, Kunststoffe sowie der Verwertung von Flachbaugruppen sehr von Marktgegebenheiten abhängig. Zum Zeitpunkt einer Analyse mögen die Preise uninteressant gewesen sein, einige Jahre später versucht der Hersteller, seine wertvollen Bestandteile evtl. selbst zu verwerten. Er tut gut daran, diese Wertstoffe so zu konzentrieren, dass mit wenigen Griffen, die möglichst sortenreinen Kunststoffe, die Metalle und beispielsweise die Leiterplatten getrennt werden können, denn dies bringt bares Geld.

Die Teile, die gereinigt werden müssen, sollten auch leicht zu reinigen sein, also wenig Kanten oder Aufrauungen haben.

Es ergeben sich also noch folgende Designhinweise für DfR:

- Einfache Montage und Demontage werden bestimmt über die Produktstruktur; d. h. Vermeidung von hierarchischen Produktstrukturen;
- einfache Verbindungstechnik (Schnappen, Stecken, ...);
- Konzentration der sortenreinen Werkstoffe zur leichteren Verwertung auf einzelnen zusammenhängenden Teilen.

---

[12] Anmerkung: Es gibt inzwischen auch Computerprogramme zur Optimierung der Demontagezeiten und der Gesamtkonstruktion [76–79]. Dabei sind hinter jedem Schritt standardisierte Demontagezeiten hinterlegt, sodass der Entwickler leicht die Problem-„Knoten" erkennen kann, an denen er vereinfachen sollte.

Auf **Komponentenebene** folgen noch weitere Punkte:

- Adäquate Verbindungstechnik ist angebracht: Schrauben erfordern den höchsten Aufwand, deshalb – wenn möglich – Steckverbindungen;
- Kleben ist meist nur sinnvoll bei Bauelementen auf einer Leiterplatte, wenn die Bauelemente nicht mehr entfernt werden;
- Löten kann akzeptabel sein, wenn Stecken aus technischen Gründen nicht ausreicht. Ansonsten sind u. a. auch Press-, Steck- oder Schnappverbindungen denkbar;
- Verbindungen können auch über thermische Prozesse gelöst werden, wenn man beispielsweise sog. Gedächtnislegierungen verwendet;
- für die Art der Verbindungstechnik spielen oft auch Sicherheitsaspekte eine Rolle.

Auf **Produkt- bzw. Gehäuseebene** können von Bedeutung sein:

- Metalle anstelle von Kunststoffen. Edelstahl ist zwar teurer, rechnet sich aber durch einfachere umweltverträglichere Beschriftbarkeit wie mit Laser und längere Lebensdauer der Teile;
- Wiederverwendbarkeit, u. a. auch ganzer Gehäuse;
- elektromagnetische Abschirmung, Sicherheitsaspekte;
- unansehnliche, aber sonst noch voll funktionsfähige Gehäuseteile sind auch bei Neukonstruktionen als stabilisierende Elemente im Inneren des neuen Geräts einsetzbar.

5 Strategien, Konzepte und Ziele

Die vielen DfR-Regeln machen noch keine Designstrategie auf Produktebene. Auch im DIN-Fachbericht ISO/TR 14062 [69] wurde die komplette Abfolge der notwendigen Designstrategien von der Unternehmens- zur Markt- und Produktstrategie nicht systematisch behandelt. Speziell systematische und detaillierte Wege zu einem umweltverträglichen Produkt fehlen. In der VDI-Richtlinie 2243 wird die Klärung der folgenden recyclingbezogenen Zielsetzungen als notwendig für die Strategieentwicklung angesehen:

- Berücksichtigung aktueller Markt- und Kundenanforderungen,
- Ermittlung aktueller und zukünftiger Vorgaben (Gesetze, Richtlinien, …),
- Einbeziehung und Berücksichtigen der aktuellen Verwertungssituation,
- Analyse von Vorgänger-/Wettbewerberprodukten.

Diese Fragen wurden in den entsprechenden Kapiteln für die recyclingorientierte Fragestellung angesprochen. Doch damit hat man nur die Vorgaben für die Entwicklung definiert. Für den Entwickler stellt sich die Umsetzung jedoch erfahrungsgemäß recht kompliziert dar.

Das Problem besteht jetzt letztlich in der Frage: Wie setzt man unterschiedliche, oft gegensätzliche Anforderungen in einer Lösung um?

5.1 Umsetzungsstrategien

Wenn man die Produkt- bzw. die Verbindungsstruktur ändern möchte, sollte man insgesamt über ein eher revolutionäres Design nachdenken und nicht einzelne Schraub- durch Steckverbindungen ersetzen wollen. Dies gilt auch für den Ersatz eines einzelnen Gefahrstoffs.

Insgesamt sind viele Produkte bereits seit Jahrzehnten fast unverändert auf dem Markt. Die Hausgeräte sind bis zum Ende im selben Kleid optimiert. Aus Umweltsicht ist dann nichts mehr zu verbessern. Deshalb kann man nur den „Innovationssprung" wagen, weil auch politisch die Produkte unter Druck kommen, umweltverträglicher zu werden. Der Innovationssprung (siehe **Bild 5.1**) zeichnet sich auch dadurch aus, dass wesentliche Verbrauchswerte um Größenordnungen gesenkt werden.

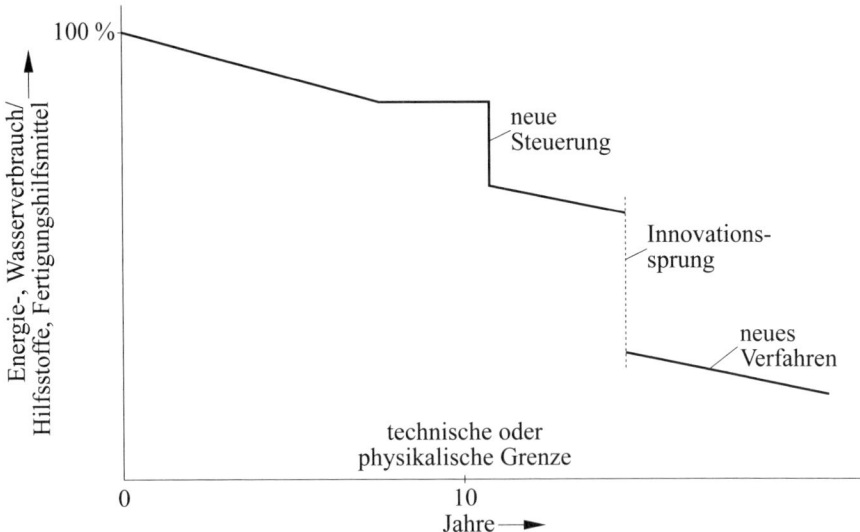

Bild 5.1 Verlauf der kontinuierlichen Verbesserung der Umwelteigenschaften eines Produkts über die Zeit bis zu einer physikalisch erkennbaren Grenze, an der das Produkt praktisch nicht mehr verbessert werden kann (gestrichelte senkrechte Linie). Nach einem Innovationssprung zu einem neuen Funktionsprinzip oder einer anderen Technologie geht die kontinuierliche Verbesserung auf anderem, niedrigerem Niveau weiter [64]

Beispiele sind der Übergang von der Glühlampe zur Energiesparlampe und von denen zu den Lampen aus Leuchtdioden. Leuchtdioden verbrauchen gegenüber Glühlampen nur noch ca. 90 % der Energie.

Das Bild 5.1 stellt die übliche Entwicklung eines Geräts dar, das über die Jahre sukzessive verbessert wird, in das auch innovative Komponenten eingebaut werden (Beispiel: neue Steuerung), das aber letztlich an einer Grenze angekommen ist. Ein aktuelles Beispiel ist die Waschmaschine, bei der Wasserverbrauch, Volumen etc. unter vorgegebenen Randbedingungen kaum noch verändert werden können. Eine mögliche Innovation ist das Waschen ohne Wasser wie mit flüssigem Kohlendioxid. Ein Verfahren, das in chemischen Reinigungen bereits Eingang gefunden hat, und etwa mit dem halben Energieverbrauch und der halben Waschzeit auskommt. Außerdem belastet es die Umwelt weniger. Ein solches neues Verfahren wird allerdings nicht zu 100 % dem Vorgängerverfahren gleich sein.

Das in Bild 5.1 gezeigte Prinzip wird leider bis heute nicht systematisch verfolgt. Manche Hersteller sehen offensichtlich nicht, dass der erste Wettbewerber, der eine neue Technologie bringt, den Markt aufrollen kann, und der technologische Fortschritt des innovativen Produkts nur noch schwer aufzuholen ist, wenn man nicht komplett den Markt verliert.

Am Ende einer Technologieentwicklung sollte der umweltbezogene Innovationssprung rechtzeitig zur Übernahme einer neuen Technologie geplant werden.

1-Kunststoffstrategie

Ein wichtiger Ansatz besteht in der „**1-Kunststoffstrategie**" (in der Elektrotechnik könnte man dies als „Zwei-Materialienstrategie" definieren): Benötigt werden lediglich ein Strom leitender Werkstoff und ein Isolatorwerkstoff als visionäres Ziel. Es kann sein, dass das Ziel nicht ganz erreicht wird, aber die Materialvielfalt und die Komplexität werden oft um den Faktor zehn deutlich reduziert. Ausgangspunkt kann sein, dass der Konstrukteur versucht, gleichartige Materialien im Gerät zusammenzuführen, auch wenn diese im vorliegenden Produkt in weit auseinanderliegenden Komponenten stecken sollten. Die Komponenten lassen sich dann evtl. gemeinsam in einem Teil verbinden und als ein Teil zusammen Spritzgießen.

Ein anderer Ansatzpunkt besteht in der Idee, dass sich viele im Produkt verwendete Kunststoffe – auch Duroplaste – durch einen einzigen höherwertigen thermoplastischen Kunststoff ersetzen lassen wie ABS (Acrylnitril-Butadien-Styrol), PP (Polypropylen) oder modifiziertes PPO (Polyphenylenoxid). Dadurch ergeben sich nicht nur Materialeinsparungen, sondern auch Chancen, die daraus bestehenden Einzelteile zu einem Teil zusammenzuführen. Eventuell höhere Werkstoffkosten im einen oder anderen Fall werden durch die Vereinfachung leicht wettgemacht. Geht es mit einem einzigen Kunststoff nicht, sind Kombinationen von miteinander verträglichen, mischbaren Kunststoffen möglich. In seiner Dissertation „Recyclinggerechte Konstruktion von Reisezugwagen" gelingt es Dr. *Harald Böhme* [79], alle Thermoplaste in einem Reisezugwagen so auszuwählen, dass sogar Polsterwerkstoffe mit den gewählten Thermoplasten der Gehäuse verträglich sind.

Typen- und Teilereduktion

Mit Typen- und Teilereduktionsprogrammen können bekanntlich hohe Kosteneinsparungen erzielt werden. Nach diesem Verfahren werden in einer ABC-Analyse[13] B- und C-Teile, so gut es geht, eliminiert. Man könnte die 1-Kunststoffstrategie sicherlich mit einem solchen Programm verbinden, allerdings setzt die 1-Kunststoffstrategie Werkstoff- und Umweltkenntnisse voraus.

---

[13] ABC-Analyse: Die ABC-Analyse als betriebswirtschaftliches Mittel zur Planung und Entscheidungsfindung unterteilt Objekte in drei Klassen von A-, B- und C-Objekten. Sie ist eine einfache Vorgehensweise zur Gewichtung von Objekten oder Prozessen und wird beispielsweise dazu verwendet, den Materialverbrauch nach Wertgrößen zu gruppieren.

Funktionseinheitenstrategie

Dr. *Katrin Melzer* [78] beschreibt in ihrer Dissertation „Integrierte Produktpolitik bei elektrischen und elektronischen Geräten zur Optimierung des Product-Life-Cycle" eine andere Vorgehensstrategie. Diese besteht in der Zerlegung des Geräts in seine **Funktionseinheiten**.

Am Beispiel eines Bodenstaubsaugers sind dies beispielsweise die Funktionseinheiten:

* Staubaufnahme,
* Sauggeschirr,
* Staubabscheidung,
* Gebläse,
* Antrieb,
* Energieversorgung,
* Gehäuse.

Diese Umsetzungsstrategie nennen wir in der Folge „Funktionseinheitenstrategie". Die Funktionseinheitenstrategie und die 1-Kunststoffstrategie sind sehr unterschiedlich:

Die Funktionseinheitenstrategie kann dazu führen, dass man

* wiederverwendbare Teile in einer Funktionseinheit zusammenfasst,
* standardisierte Teile schafft bzw. Standardteile zukauft (Kostensenkung) und leichter „upgraden" kann,
* zwischen gleichen energieeffizienten (evtl. teurer) und weniger energieeffizienten Teilen wählen kann (kostengünstiger),
* in Zukunft das Umweltprofil (Inhaltsstoffzusammensetzung, Ökobilanzdaten) der Funktionseinheit beim Hersteller gleich mit bestellen kann und damit auch eine gewisse Umweltbelastung bzw. Optimierung des Gesamtprodukts schnell errechnen kann[14].

Nach der 1-Kunststoffstrategie wird man zunächst eher

* ein individuelles Produkt erhalten,
* eine bessere Umweltverträglichkeit als bei einem standardisierten Produkt erzielen können,
* in den Kosten u. U. auch höher liegen, weil keine Produkte von der Stange verwendet werden.

Man kann allerdings auch beide Strategien kombinieren.

---

[14] Der ZVEI bietet bereits heute im Internet unter www.zvei.org unter dem Stichwort „Umbrella-Specs" Inhaltsstoffangaben von Komponenten an. Der Bauprodukteverband BBS (www.baustoffindustrie.de) hat diese Angaben bereits auf Ökobilanzdaten ausgedehnt.

Strategien auf einen Blick

Nach den heutigen elektronischen Möglichkeiten ist es relativ leicht möglich, die Funktionseinheiten zu optimieren oder die 1-Werkstoffstrategie zu verfolgen. Da heute zunehmend auch die einzelnen Materialien einer Komponente und des ganzen Produkts bekannt sind, lässt sich die Verbesserung der Umwelteigenschaften mit einer vom Computer ausgeführten Ökobilanz verfolgen. Dabei werden die optimierten Funktionseinheiten ein Montage-/Demontagegerüst bilden oder die Werkstoffe werden zu optimalen Einheiten kombiniert. Hersteller, die Teile nicht selbst herstellen, sondern weitgehend montieren, können sich so weit als möglich, einem der beiden Wege annähern.

Zwar ist das Ziel ein Produkt mit verbesserter Umweltverträglichkeit, es kommt jedoch immer ein strukturelles Element hinzu. Denn was hilft die beste Verträglichkeit, wenn die gesuchten Werkstoffe oder auszubauenden Komponenten nicht leicht abtrennbar sind. Die Leichtigkeit der Demontage kann mit Computerprogrammen simuliert werden. Eine solche Demontageanalyse führt im Ergebnis auch meist zu einer leichteren Montage. Dies führt in der Produktion üblicherweise zu erheblichen Kostenreduktionen.

Dies bedeutet, das neue Produkt wird mittels Ökobilanz und Demontageanalyse sukzessive optimiert. Dabei können gesuchte Komponenten oder Werkstoffe, so platziert werden, dass sie für die Wiederverwendung leicht gewonnen werden können. Am einfachsten ist ein Produkt, das sich in seine Verwertungsfraktionen zerlegen lässt: Im Idealfall sollten dies ein bis zwei Werkstoffe sein; bei Elektroprodukten sind dies ein Leiter und ein nicht leitender Werkstoff.

Umweltverträglichere bzw. recyclingfreundlichere Technologien

Im Zusammenhang mit der Werkstoffwahl wird man sich auch nach einfacheren und umweltverträglicheren Produktionstechnologien umsehen. Einpressen statt Löten kann insgesamt günstiger sein als das bisherige Löten. Lösemittelhaltige Druck- oder Beschriftungsverfahren können beispielsweise durch Laserbeschriftung ersetzt werden, dies erfordert jedoch teilweise andere Werkstoffe. Neue halogenfreie Leiterplattenmaterialien „entfrachten" langfristig die sauren und teilweise Dioxin bildenden Emissionen aus halogenierten (bromierten) Kunststoffen einer Kupferhütte und führen zu mehr Umweltverträglichkeit. Aufgrund der Emissionen sind die Verwertungsmengen einer Kupferhütte für die heutigen bestückten bromhaltigen Leiterplatten pro Ofen und Jahr von den Behörden begrenzt worden.

5.2 Individuelle Konzepte

Die im vorhergehenden Kapitel vorgestellten generellen Lösungen erfahren je nach Randbedingung wie Unternehmensgröße, Branche oder Recyclingzeithorizont deutliche Einschränkungen, die entweder sehr individuelle Konzepte nötig machen oder gerade den Anschluss an die Allgemeinheit der Hersteller erfordern. Deshalb sollen diese Punkte in den nächsten Abschnitten extra behandelt werden.

Unternehmensgröße, Produktvielfalt

Der mittelständische Hersteller eines Elektrokleingeräts (hohe Vielfalt an Geräten im Markt) mit zusätzlich noch geringem Marktanteil wird als Strategie möglicherweise beschließen, sich in der Materialauswahl und auch mit den Verwertungsverfahren den großen Wettbewerbern anzuschließen. Er wird zwangsläufig auch deren Recycler mitnutzen müssen. Ein eigenes Recyclingkonzept wird sich nicht lohnen, umgekehrt sind bei begehrten Tintenpatronen sogar Postsendungen der leeren Patronen zum Hersteller erwünscht.

Konsumgüter

Insgesamt haben Hersteller von Konsumgütern wenig Auswahl zwischen teuren und kostengünstigeren Werkstoffen. Aus Kostengründen dürften sie eher zu den kostengünstigsten Materialien tendieren, weil im Gemisch mit Wettbewerberprodukten der Hersteller fast keinen Nutzen aus der Rückgewinnung seiner möglicherweise hochwertigen Materialien erfährt.

Industriegüter

Ein Hersteller von Industriegütern, der alle seine Geräte zurückbekommen kann, hat die größere Wahl. Er könnte technisch langlebigere Kunststoffe bzw. solche mit besseren technischen Eigenschaften durchaus gewinnbringend einsetzen, müsste aber seiner getroffenen Wahl treu bleiben. Denn die einmal investierten Kosten zahlen sich erst bei der nächsten Produktgeneration aus, wenn er die Produkte zurückbekommt. Bei Wiederverwendung von Komponenten spielt allerdings der Wert der Geräte und der Komponenten die wesentliche Rolle vor der Materialauswahl.

Auch ein Verträglichkeitskonzept der Mischbarkeit verschiedener Kunststoffe (Verträglichkeitstabelle siehe Recyclinghandbuch [37]) hat bisher leider nur den Haken, dass es für diese Mischkunststoffe oft keinen lukrativen Markt gibt.

Recyclinggerecht versus Langlebigkeit

Recyclinggerecht muss nicht langlebig heißen. Bei Industriegütern wie Zügen setzen die europäischen Unternehmen auf ca. 30 Jahre Lebensdauer. Dies kann in unserer schnelllebigen Zeit zu Problemen mit der Modernisierung führen.

Man kann deshalb auch einen Ansatz wählen, von diesen langlebigen Industriegütern nur noch zehn Jahre Lebensdauer zu verlangen. Auf diese Diskussion in Japan wurde von *H. Böhme* [79] hingewiesen. Das Konzept ist nicht näher erläutert, muss aber zwangsläufig zu einer anderen Materialauswahl führen. Insgesamt könnte damit eine starke Wiederverwendung verbunden werden. Die geplante Produktaufbaustrategie bzw. auch die Rücknahmestrategie gilt es mit potenziellen Betreibern, aber auch Endkunden und Politikern in diesem Fall zu diskutieren. Der Kleingerätehersteller kann an dieser Stelle eher nur an geringe Veränderungen in seiner Produktion denken, z. B. den Einsatz eines nachwachsenden Biopolymeren für seine Gehäuse.

Biopolymere

Inzwischen gibt es Konstruktionswerkstoffe auf Polylactatbasis, die sich für Gehäuse eignen und von einigen Produzenten auch bereits eingesetzt werden. Probleme bereitet ihre flammwidrige Einstellung. Sie können jedoch in Mischung mit anderen Kunststoffen, wie Polycarbonat, eingesetzt werden, um einen geeigneten Flammschutz zu erzielen. In jedem Fall wird zumindest für eine Übergangszeit die steigende Vielfalt an Kunststoffen das Recycling eher noch erschweren.

Auch wenn sehr viele Firmen an diesem Thema arbeiten, wird es sicherlich noch dauern, bis es zu Recyclinglösungen kommt, die industriell anwendbar sein werden. Dabei geht die Diskussion auch dahin, ob die Kunststoffe nur als nachwachsende Rohstoffe eingespart wurden und wie herkömmliche Kunststoffe vergleichbar einem Werkstoffrecycling zugeführt werden sollen oder ob sie auf einer Deponie abgebaut werden können und der umständliche Weg des Werkstoffrecyclings vermieden wird. Der zweite Weg hat allerdings den Nachteil, dass damit keine langlebigen Gehäuse hergestellt werden können.

Teilebeschaffung und Vermarktung

Speziell der Weitervertrieb von Teilen kann sehr individuell erfolgen: Man kann zur Senkung eigener Kosten die Lagerung der Ersatzteile einem qualifizierten Recycler überlassen. Dieser Recycler lässt sich evtl. auch mit der Vermarktung von Sekundärteilen wie Motoren beauftragen, die man selbst nicht benötigt. Dieses Konzept hat zudem den Vorteil, dass man auch aus dem Ersatzteillager Überbestände für die Weitervermarktung freigeben kann.

Generell gilt, dass immer erst größere Geräte- oder Teilemengen, möglichst noch in gleichartigem Zustand zu ordentlichen Erlösen führen. Wer nur einzelne Geräte zu vermarkten hat, erzielt nur einen Bruchteil des erlösbaren Preises. Daher rührt vielleicht die Vorstellung, dass gebrauchte Geräte bei der Wiedervermarktung nicht viel einbringen.

Individuell kann auch die Kooperation mit anderen Herstellern zur Beschaffung eigener Geräte oder Teile sein. Entweder man informiert sich, wenn bestimmte Geräte zum Verkauf stehen, oder man schließt sich zur Nutzung bestimmter Teile zusammen.

Auch im Markt haben sich immer wieder kleine Unternehmen etabliert, die mit mehr oder minder geprüften, meist elektronischen Teilen handeln. Dahinter steht die Kenntnis bestimmter Märkte oder des noch guten Zustands von Teilen, von denen der Originalhersteller nichts weiß. Problematisch kann es allerdings sein, wenn die Aufbereitung unter schlechten Arbeitsbedingungen in Entwicklungsländern durchgeführt wird.

Seltene Stoffe

Die Bundesanstalt für Geowissenschaften und Rohstoffe (BGR) hat in einer Studie über Elektronikmetalle [80] darauf hingewiesen, dass bei einer Reihe von Metallen wie Gallium, Indium und einige seltene Erden der Bedarf die heutige Produktion bis 2030 deutlich übersteigen wird. Da diese Stoffe jedoch nur in geringer Konzentration in Bauelementen vorkommen, werden sie beim Metallrecycling üblicherweise nicht wiedergewonnen. Ein DfR für diese Komponenten existiert nicht.

Aufgrund der in der Elektroindustrie immer stärker kommenden vollen Materialdeklaration (z. B. [48]) lassen sich jedoch die Komponenten leicht identifizieren, in denen bestimmte seltene Stoffe vorhanden sind.

Die bisherigen Recyclingbemühungen zielen jedoch bisher nur darauf, aus bisherigen Komponenten diese Stoffe zu extrahieren. So kann man beispielsweise aus den Flüssigkristalldisplays (LCD) nach dem Zerkleinern des Glases, die auf der Oberfläche mikrometerdicke Indiumzinnoxidschicht ablösen. Solche Schichten befinden sich auf vielen Substraten. Eine Gestaltung zum leichten Abtrennen der Schichten hat jedoch noch nicht stattgefunden. Da sich die Technologie im Übergang zu den OLED (organische Leuchtdioden) befindet, also organischen Kunststoffdisplays, bei denen erneut Indiumzinnoxid als leitfähige Schicht zum Einsatz kommt, wäre es angebracht, die Technologie so weiter zu entwickeln, dass diese Schichten leicht für das Recycling des Indiums getrennt werden können. Hersteller und Recycler sollten hier viel früher mit Unterstützung der Regierung an einen Tisch kommen, damit es für solche „Nischen" zu wirtschaftlichen Verfahren kommen kann.

Dasselbe gilt für Komponenten – häufig auf Leiterplatten – die zur Rückgewinnung der seltenen Stoffe nicht wie bisher direkt in eine Kupferhütte gehen sollten, weil dann nur die Edelmetalle gewonnen werden, sondern die in einem Vorbehandlungsschritt eine Identifikation der jeweiligen interessanten Komponente beispielsweise mit einem Laser erfahren. Die Komponente könnte dann mit einem Laser herausgeschnitten werden, um die Komponente dem entsprechenden Recycling zuführen zu können. Erst dann, wenn die gefragten Komponenten entfernt sind, kann die restliche Leiterplatte in den Kupferschmelzofen gesteckt werden.

An diesem Beispiel wird deutlich, dass man auf entsprechende Rohstoffsituationen relativ schnell reagieren sollte oder gar muss, weil sonst bestimmte Technologien nicht mehr zur Verfügung stehen. Es ist fraglich, ob die Elektronikentwickler weltweit schnell genug auf diese Herausforderung reagieren können. Deshalb sind auch neue Technologien zur Rückgewinnung der gefragten Stoffe nötig.

Im neuen WEEE-Handbook [45] findet ein Entwicklungsingenieur Informationen über das Recycling der Elektroprodukte in den großen Ländern der Erde und kann darauf das DfR ausrichten. Im Handbuch werden auch aktuelle Recyclingverfahren beschrieben, an denen sich ein Ingenieur orientieren kann. Allerdings sollte er sich versichern, dass sein Recycler dies auch kann. Für die vorgenannten seltenen Stoffe stellt das Handbuch auch den aktuellen Stand der Verträglichkeiten (z. B. [45], S. 195) von Stoffen für Recyclingverfahren bereit, was für den Entwicklungsingenieur eine Hilfe sein kann. In einem dynamischen Recyclingmodell kann der Ingenieur mithilfe von Ökobilanzdaten ein Optimum im Design zwischen Technologie, Wirtschaftlichkeit, Materialrecycling und Energierückgewinnung finden. Dies basiert allerdings wieder nur auf theoretischen Annahmen des o. g. Recyclingmodells für Automobile.

Mit den heutigen Kenntnissen über Inhaltsstoffe in den Komponenten und mit dem Wissen, welche Recyclingverfahren für welche Stoffe gemeinsam geeignet sind, ist zukünftig vielleicht folgende Vorgehensweise denkbar:

Die speziellen Recyclingverfahren werden beispielsweise vom Recycler angeboten. Der Entwicklungsingenieur bereitet nun die Funktionseinheiten so vor, dass sie entweder ganzheitlich zu einem solchen für bestimmte Stoffe geeigneten Verfahren gelangen können, oder es werden „Sollbruchstellen" bzw. lösbare Verbindungen eingebaut, sodass einzelne Stücke aus der Komponente dem speziellen Verfahren zugeführt werden können. Leider fehlen für einzelne Stoffe noch immer geeignete Verfahren. Eine Erprobung könnte zur Optimierung der Effizienz führen.

5.3   Ziele und Bewertung der Recyclingergebnisse

Für die in der WEEE-Richtlinie (das zukünftige ElektroG) genannten Produkte müssen die in Kapitel 4.2 genannten Verwertungsziele erreicht werden. Dabei wird noch unterschieden nach thermischer und werkstofflicher Verwertung. Ein Hersteller kann für sein Produkt mit seinem Recycler mittels einer Recyclinganalyse klären, ob er zumindest theoretisch die Vorgaben einhalten würde. Ansonsten hat er im derzeitigen Rücknahmesystem auf den Recycler und seine Verfahren wenig Einfluss.

Da die Wiederverwendung von Komponenten in das Ergebnis einfließt, ist bei einer Quotenverschärfung der „Wiederverwender" im Vorteil [25].

Die Zunahme der Kunststoffe in den Elektrogeräten führt allerdings als langfristigem Trend zu einem Rückgang der Verwertungsquoten (Umweltbundesamt, vgl. [25]) und bedeutet, dass sich Hersteller gemeinsam mit der Kunststoffindustrie Gedanken über zukünftige Verwertungsverfahren machen [43].

In der ELV-(Altautorichtlinie-)Richtlinie[15] sollen nach einem Report [81] der EU-Kommission die Quoten ab dem Jahr 2015 von derzeit 85 % (werkstoffliches

---

[15]   ELV (End of life vehicles)

Recycling) auf einen Verwertungsgrad von 95 % (einschließlich Wiederverwendung und Verwertung) angehoben werden. Dies ist für die Autoindustrie eine Herausforderung.

Autohersteller haben sich in der DIN ISO 22628 [10] auf die „Recyclingfähigkeit-und-Verwertbarkeit"-Methode geeinigt. Danach kann man schon bei der Typprüfung theoretisch belegen, ob man den geforderten Recyclinggrad R_{cyc} für einen Pkw erreichen kann, und zwar entsprechend der Berechnungsformel:

$$R_{cyc} = \left(\left(m_p + m_D + m_M + m_{Tr}\right)\middle/m_V\right) \cdot 100, \text{ mit}$$

m_P Summe der Massen aus der Vorbehandlung wie Flüssigkeiten, Öle, Teile aus der Vorbehandlung,

m_D Summe der Massen bei der Zerlegung, die wiederverwendbar oder recyclierbar sind,

m_M Masse der im Fahrzeug noch vorhandenen Metalle nach vorhergehenden Behandlungsverfahren,

m_{Tr} Summe der Massen an nicht metallischen Rückständen, die nach anerkannten Verfahren noch recycliert werden können,

m_V Masse des Fahrzeugs.

Eine prinzipielle Übertragbarkeit auf andere Produkte, wie die der Elektroindustrie, wäre nur möglich, wenn sich die Recycler an die Abfolge „Vorbehandlung", „Zerlegung", „Metall- bzw. Nichtmetallseparierung" halten würden. Tatsächlich gibt es in der Elektroindustrie Recyclingbetriebe, die eher durch Zerlegung in viele Fraktionen händisch trennen und solche, die erst nach dem Schreddern separieren. Einheitlich gehen sie jedoch nicht vor. Produkte der Elektrotechnik haben zusätzlich noch eine so große Werkstofftypenvielfalt, dass sie sich nach dieser Methode auch nicht einheitlich bewerten lassen. Im Prinzip müsste für jede Produktgruppe eine eigene Formel definiert werden. Eine ähnliche Formel wie für Autos wurde jetzt in der IEC/TR 62635 vorgeschlagen [82]. Der Recyclinggrad R_{cyc} berechnet sich zu:

$$R_{cyc} = \frac{\text{Summe der recyclierbaren Massen jeden Teils}}{\text{Gesamtproduktmasse}} \cdot 100 \text{ in } \% .$$

Dazu werden in dem Leitfaden für bestimmte Werkstoffe feste Recyclinggrade angeben, sodass sich im Ende ein theoretischer Wert ergibt. Ob sich dies in der Praxis realisieren lässt, muss abgewartet werden. In jedem Fall setzt es voraus, dass die Teile auch abgetrennt und dann als sortenreine Materialien verwertet werden können. Weder ein entsprechendes Design noch die Recyclinganlagen dürften dies derzeit hergeben.

Als praktische Messgröße für die Qualität des Recyclings kann man sich jedoch für jedes Produkt als Kennzahl vorstellen:

- Anteil der werkstofflich verwerteten Fraktion,
- Anteil der thermisch verwerteten Fraktion,
- Anteil wiederverwendeter Komponenten,
- Demontagezeit nach Computerprogramm oder nach Demontageversuch (vor/ nach Neukonstruktion).

An dieser Stelle müssten jetzt für einen Anwender, der die Schritte dieses Buchs durchgearbeitet hat, die Informationen über die Konzeption des Vorgänger- und des neuen Produkts vorliegen. Zur systematischen Überprüfung auf Vollständigkeit eignet sich das nachfolgende Schema (aus VDI-Richtlinie 2243):

Ebene	Gesamtstruktur	Verbindungstechnik	Material
Produkt	Modularität der gesamten Konstruktion	Verbindungsarten und deren Auswahl	gegenseitige Verträglichkeit; Eignung für geplante Lebensdauer
Baugruppenebene	Austauschbarkeit	z. B. stecken, klipsen	z. B. bei Leiterplatte halogenfreier Flammschutz
Komponentenebene	Zugänglichkeit	Demontagetiefe und -zeit	geringe Materialvielfalt
materialspezifische Ebene	Trennbarkeit beim Recycling	Demontagezeit	Materialauswahl und -verträglichkeit

Nach der Methode von *Young-Do Jung* und *Hong-Yoon Kang* [72] kann man die Bewertung auch nach einem ähnlichen Schema vornehmen:

Designelement	Beispiel aus Design-Guide	Bewertungskriterien (Auswahl)
strukturelles Design	Zielteile verbinden, Teileverbindung nach dem Prinzip von *Geoffrey Boothroyd* [75, 77]	Montage/Demontagerichtung gleich Verhältnis der Gesamtzahl an Teilen zur idealen Zahl der Teile
Verbindungsdesign	Schnappverbindungen, Anzahl der Schrauben vermindern	Effizienz der Teileentnahme, Demontagehindernisse
Teiledesign	Teile leicht unterscheidbar, leicht greifbar, Teileform total symmetrisch oder Gegenteil	Form, Größe, Umgangsbedingungen, Masse

Die Bewertung wird nach mehr oder minder subjektiven Kriterien auf einem Formblatt eingetragen und führt dann zu einer Punktzahl, die bei 80 bis 100 eine leichte Wiederverarbeitbarkeit in der eigenen Produktion garantiert, bei weniger als 50 Punkten geht dies nicht. Leider fehlt in diesem Schema das werkstoffliche Recycling, d. h. die Entnahme der Materialien und deren Verwertbarkeit. Bei vielen Komponenten kann die Bewertung aufwendig werden, und eine Rechnerlösung wäre angebracht. Letzten Endes kann man jedoch aus diesem Ansatz einige Kennzahlen entnehmen wie das Verhältnis der Teilezahl in Relation zu einem idealen oder vorgegebenen Wert.

An dieser Stelle sei auf die diversen Softwareprogramme hingewiesen, die es zur Optimierung der Montage/Demontage bereits gibt. Das DFMA[16)]-Tool von *Geoffrey Boothroyd* und *Peter Dewhurst* [75, 77] hat bereits standardmäßig Montage- und Demontagezeiten hinterlegt; dieses Werkzeug kann mit CAD-Tools korrespondieren, Teile zur Kombination vorbereiten, Inhaltsstofflisten importieren, Verbindungs- und Montageelemente betrachten helfen u. v. m. Die Konstruktion kann dann auch kostenmäßig bewertet werden und hat damit zumindest indirekt auch die Verbesserung des Recyclingverhaltens bezüglich des „Remanufacturing" eingeschlossen.

5.4   Zusammenhang zur Gesamtstrategie

Nach den Überlegungen in den Kapiteln 5.2 und 5.3 wird der Entwickler eine Rahmenvorstellung für sein Vorgehen und die technischen Rahmenbedingungen abgeleitet haben. Danach kann es an die Feinplanung gehen. Natürlich wird kein Entwickler dabei nur an ein reines DfR gedacht haben, sondern bei den infrage kommenden Materialien wie Kunststoffen auch an Flammschutz, Festigkeiten und die anderen technische Eigenschaften.

An dieser Stelle soll die Diskussion geöffnet werden vom DfR zu einem Ansatz, der alle Anforderungen an das Produkt berücksichtigt.

Nach DIN-Fachbericht ISO/TR 14062 gilt es

• die Unternehmensstrategie,

• die Produktstrategie,

• und die Designstrategie

zu berücksichtigen.

Über die Designstrategie wurde in den Kapiteln 5.2 und 5.3 ausführlich diskutiert, allerdings nur über den Teil DfR in Verbindung mit Wiederverwendung. Aus Umweltsicht kommen nach DIN-Fachbericht ISO/TR 14062 u. a. hinzu:

[16)]   DFMA – Design for Manufacture and Assembly

- Verbesserung der Materialeffizienz,
- Verbesserung der Energieeffizienz,
- Design sauberer Herstellungsverfahren und Verwendungsmöglichkeiten,
- Design für lange Lebensdauer[17],
- Design einer optimalen Funktionalität wie Mehrfachfunktionen in einem Gerät, Modularität oder automatisierte Steuerung,
- Vermeidung potenziell gefährlicher Substanzen und Werkstoffe im Produkt durch Prüfung der Wirkungen auf Gesundheit und Sicherheit des Menschen im Einsatz oder beim Transport usw.

Diese Gesichtspunkte sind vermutlich nicht vollständig, und zu jedem passt eine eigene Checkliste, wie sie bereits in Anhang 1 für das DfR zusammengestellt wurde. Sie würden jedoch an dieser Stelle den Rahmen des Buchs sprengen.

Entsprechend weiterer Kundenanforderungen, technischer Anforderungen, Qualitätsaussagen, Sicherheitsaspekte, Kostenvorgaben kann man nun das Lastenheft zusammenstellen.

Analyse der Anforderungen auf Widersprüche

Auf dieser Ebene, aber auch teilweise bereits früher in der vorhergehenden Ebene, sollten bei einer komplexen Anforderungsstruktur mögliche Widersprüche in den Anforderungen festgestellt und alternative Lösungen gesucht werden.

Ein Beispiel für eine scheinbar widersprüchliche Anforderung ist die Forderung nach einfacher Demontage und die Forderung nach kindersicherer Handhabung eines Elektroprodukts. Dieser scheinbare Widerspruch ließe sich lösen, indem man beispielsweise einen Verschluss aus einer thermisch lösbaren Gedächtnislegierung vorsieht, den ein Kind nicht öffnen kann. Ist der Verschluss durch einen Fachmann geöffnet, wird das Produkt über einfache Schnappverbindungen leicht weiter zerlegbar. Zusätzlich sind technische oder sonstige Anforderungen für bestimmte Recyclingeigenschaften förderlich oder hemmend. Auch diese Information kann für die Produktauslegung wichtig werden. In Anhang 2 wird eine schematische Beispiellösung für die Analyse potenzieller Widersprüche von Recyclinganforderungen im Vergleich mit anderen Anforderungen dargelegt.

Generell stößt man bei der Produktentwicklung auf gegensätzliche Anforderungen. Um diese aufzulösen, wurde die „widerspruchsorientierte Innovationsstrategie" (WOIS) (ein Beispiel siehe [83]) entwickelt, um daraus nach bestimmten Regeln Innovationen zu generieren. Dies kann man an dieser Stelle der Recyclingbetrachtung auch versuchen, um Widersprüche aufzulösen. In diesem speziellen Fall dürfte

---

[17] Anmerkung des Autors: Lange Lebensdauer muss nicht unbedingt das Optimum an Umweltverträglichkeit bedeuten.

die Methode nicht immer Erfolg haben, weil die meisten europäischen Hersteller sich nicht auf das Recyclinggebiet begeben möchten; sie sind zu spezialisiert. Dies bedeutet, dass man ein Problem beispielsweise mit einem teureren Werkstoff lösen könnte, der teurere Werkstoff ließe sich aber nur zurückgewinnen, wenn man die Geräte selbst zurücknähme und evtl. sogar noch eine Verwertungsanlage betreiben würde.

Integration weiterer Anforderungen

Die sich aus dem Recyclingbestreben ergebenden Anforderungen werden im Lastenheft festgelegt. Über das „House of Quality" mit der Methode „QFD" (Quality Function Deployment, was sinngemäß „die Umsetzung von Kundenwünschen und anderer Anforderungen in technische Eigenschaften" bedeutet) können die Varianten gegenüber den Gesamtanforderungen optimiert werden.

Auch das falsche Vorgehen bei „Design-to-cost" wird an dieser Stelle eine wesentliche Rolle spielen, denn vielfach werden in dieser Phase der Produktentstehung recyclinggeeignete Materialien eliminiert, die über den gesamten Lebensweg bessere Umweltverträglichkeit, aber auch oft bessere technische oder Recyclingeigenschaften besessen hätten. Grund dafür ist das Kostenstellendenken oder die Nichtberücksichtigung der gesamten Prozesse und des Lebenszyklus. Manchmal werden sogar die reinen Einkaufskosten einer teureren Probemenge herangezogen, um damit jede Neuerung abweisen zu können. Ein Beispiel hierfür sind die halogenfreien Leiterplatten, auf die u. a. Sony in Japan schon im Jahr 1999 komplett umgestellt hatte, allerdings mit dem Hinweis, das Material sei noch etwas teurer als die konventionellen bromierten Materialien, aber durch die höhere Gesamtqualität sei das Produkt insgesamt kostengünstiger. In Deutschland führte der höhere Materialpreis immer zur Zurückweisung. Im Jahr 2007 hat jedoch die damalige Firma Fujitsu Siemens Computer (FSC) Leiterplatten auch für Konsumgüter-PC auf halogenfrei umgestellt; dies bedeutet, die Umstellung erfolgte praktisch zu gleichen Kosten wie mit konventionellem bromierten Leiterplattenmaterial. Auf die Prozesskostenrechnung im Zusammenhang mit dem Lebenszyklus wird in ([62], Kapitel 5.1) hingewiesen.

Da allerdings mit allen zukünftigen Lösungen ein gewisses Risiko verbunden ist, kommt es in jedem Fall darauf an, dass auch der Produktverantwortliche bzw. das Management die Entscheidungen mitträgt und im Zweifel der nachhaltigeren Lösung zustimmt.

Umweltverträgliche Produktgestaltung

Nach DIN-Fachbericht ISO/TR 14062 sind folgende Phasen für das Ökodesign wichtig:

Phase	Aufgabe
Planung	Umweltanalyse des Produkts, Benchmarking, Bestimmung der Umweltaspekte und Anforderungen, Zieldefinition
Konzeptphase	Entwicklung von Designkonzepten, Analyse alternativer Produkte
detailliertes Design	Anwendung von Designstrategien, Werkzeuge
Test-/Prototypenphase	Verifizierung der Übereinstimmung mit der Spezifikation
Produktion/Markteinführung	Kommunikation und Information über die verwendeten Materialien, Anwendungshinweise, Rücknahme, Beseitigung; Produktumwelterklärung
Produkt-Review	Auswertung von Erfahrungen (Markterfolg, Umweltbelastung durch das Produkt)

Die meisten dieser Schritte und die zugehörigen Werkzeuge sind noch nicht standardisiert. Es gibt zwar viele Lösungen, es fehlt jedoch an der Vergleichbarkeit. Trotzdem kann dieses Vorgehen als eine gute Richtschnur für das eigene Handeln herangezogen werden. Mit der Herausgabe von ISO/TR 14062 [69] wurde das Vorgehen international bekannt. Eine spezielle Lösung wurde für Elektroprodukte mit der DIN EN 62430 (**VDE 0042-2**) [70] publiziert.

Der Hersteller übernimmt heute mit dem Vertrieb international allerdings auch Verantwortung für die Arbeitsbedingungen, die ethischen Richtlinien, Sicherheitsfragen und dergleichen mehr. Deshalb wird derzeit auch immer stärker die Integration diverser alter, aber auch geplanter neuer Managementsysteme in ein einziges System diskutiert.

Was ist letztlich im Wettbewerb entscheidend?

Bisher waren Qualität und Kosten im Wettbewerb entscheidend für den Produktkauf. Inzwischen gesellt sich jedoch zunehmend das Thema Umwelteigenschaften als dritte wesentliche Einflussgröße hinzu. Bereits im Jahr 1991 hat die Boston Consulting Group in ihren Broschüren „Vision und Strategie (VI)" unter dem Titel „Spielregeln ändern" [84] darauf hingewiesen: Umwelt wird der größte Hebel der Spielregelstrategien. Dies bedeutet, dass jeder Hersteller – auch wenn er nicht der Marktführer ist –, die Regeln verändern und zum Marktführer aufsteigen kann. Denn wenn er ein Produkt mit neuen, besonders umweltverträglichen Eigenschaften und evtl. sogar noch mit einer neuen Technologie anbietet, wird er wahrgenommen. Die Wettbewerber müssen ihm dann hinterherlaufen, denn er ist nun der Beste in der Klasse.

Es ist erstaunlich, dass solche Überlegungen nicht längst in viel mehr Produktbereiche vorgedrungen sind. Die meisten Hersteller scheinen jedoch im „Business as usual" zu verharren. Genauso selten gehen Hersteller auch in neue Märkte, in denen man sehr einfache, sehr kostengünstige Produkte benötigt wie in den Entwicklungsländern, da die Produkte angeblich zu wenig Rendite abwerfen. Dies ist jedoch noch nicht bewiesen. Ein positives Beispiel ist der Kochherd für Entwicklungsländer von BSH Bosch und Siemens Hausgeräte, der leicht im Land vor Ort montiert werden kann und mit beliebigen nachwachsenden, selbst angebauten Ölen betrieben wird.

Nach einigen Jahren Praxis mit der Wiederverwendung zeigt sich jetzt, dass viele Kunden Quagan-Teile in den neuen Produkten akzeptieren. Andere verlangen jedoch ausdrücklich, dass in ihrem Produkt nur neue Komponenten eingebaut werden. Dies führt zu einer doppelten Logistik und viele Vorteile einer einheitlichen Fertigung lassen sich so nicht realisieren. Hier sollte das Gespräch mit dem Kunden gesucht werden, wie dieses Problem zu lösen ist. Die Wiederverwendung wird sonst nicht so schnell den Stellenwert erreichen, den sie haben könnte. Nach der oben geführten Diskussion um den „Burn-in" sind solche Forderungen nach nur neuen Teilen wohl auch in Verträgen nur schwer zu fassen.

6 Überlegungen zur Wiederverwendung von Software in neuen Geräten mit „Quagan-Teilen"

Die Notwendigkeit zur Wiederverwendung von Software ergibt sich bei der Wiederverwendung von Geräten und Teilen aus verschiedenen Gründen. So setzt man in neue Geräte Teile ein, die selbst über eine ältere Software gesteuert werden, und diese ältere Software muss in die neue Software integriert werden. Alternativ kann es zu Kompatibilitätsproblemen mit Peripheriegeräten kommen. Letztlich wurde ein Gerät älterer Bauart geprüft und für aufarbeitungswürdig befunden, die Software entspricht jedoch oft nicht mehr dem aktuellen Stand der Technik, und es muss eine neue aufgespielt werden. Solche Geräte können beispielsweise Medizingeräte oder auch wehrtechnische Geräte sein.

In all diesen Fällen sollten bestimmte Regeln der Softwarewiederverwendung nach der neu vorgeschlagenen Spezifikation IEC/PAS 62814 [85] eingehalten werden.

Nach Dr. *Markus Braun* und MBA *Carlos Arglebe* [60] ist es sehr wichtig, die relevante Softwareversion genau zu kennen und zu dokumentieren, vor allem, wenn man verschiedene Teile von gleichartigen Geräten zu einem neuen Gerät zusammenfügt.

Dazu wird beispielsweise im medizinischen Bereich der sog. „Device Master Record" (DMR) herangezogen [60], der die gesamte technische Dokumentation des Herstellers enthält und die erforderlichen Updates beschreibt. Zudem wird hier der sog. „Device History Record" (DHR) benötigt, in dem dokumentiert ist, welche Updates bereits durchgeführt wurden. Ein Vergleich von erforderlichen Updates und durchgeführten Updates gibt dann die bei dem jeweiligen System durchzuführenden Updates vor. Das Ergebnis dieses Vergleichs wird dann als erforderliche Aktivitäten in den Aufarbeitungsplan übernommen. An dieser Stelle wird die Bedeutung des bereits erwähnten DHR betont. Nicht nur zur Planung der Aufarbeitung ist dieses Dokument von grundlegender Bedeutung, sondern auch alle im Rahmen der Aufarbeitung durchgeführten Arbeiten an dem jeweiligen System werden in diesem DHR dokumentiert und stehen später beispielsweise für die professionelle Wartung des Systems zur Verfügung. Die gesamte produktspezifische Dokumentation, also der DHR, wird kontinuierlich mit dem Fortschritt der Aufarbeitung ergänzt.

Ein weiterer wichtiger Punkt bei der Softwarewiederverwendung ist der durch die Software oft veranlasste hohe Energieverbrauch beispielsweise durch aufwendige Ladebefehle oder Druckbefehle. Es gilt auch, die Umweltbelastungen bei der Verwendung einer erneuerten Software zu vermeiden. Im Anhang 4 (4.2) sind hierzu Checklisten zur Vermeidung von Umweltbelastungen durch Software zusammengestellt, die auch Bestandteil der IEC/PAS 62814 zur Softwarewiederverwendung sind. Tatsächlich gibt es sehr starke Effekte von Software auf die Umweltbelastung, speziell den Energieverbrauch eines Produkts oder Systems. Auch gesetzliche Vorschriften wie die Ökodesignrichtlinie [16, 17] schränken den Energieverbrauch immer stärker ein. Dazu kommt, dass der Preisvorteil eines Produkts mit Quagan-Teilen für den Kunden schnell wieder aufgezehrt ist, wenn die Stromverbräuche und Betriebskosten zu hoch werden.

Die DIN EN 62309 (**VDE 0050**) sollte sich nach dem Willen des zuständigen Normungsausschusses nur mit der Aufarbeitung von gebrauchten Geräten in neuen Produkten mit Quagan-Komponenten beschäftigen. Die Softwareerneuerung wurde in der DIN EN 62309 (**VDE 0050**) ausgeschlossen, weil die Zuverlässigkeitsuntersuchungen von Hard- und Software sehr verschieden sind. Für die komplette Prüfung eines neuen Produkts mit Quagan-Komponenten muss aber auch die Software geprüft werden, um Qualitätsprobleme zu vermeiden. Deshalb wurden die in Anhang 4 aufgelisteten Prüfpunkte erstellt. Natürlich gilt für die Softwarewiederverwendung ein ganzes Spektrum an möglichen Qualitäts- und Zuverlässigkeitsmaßnahmen. Sie wurden in der IEC/PAS 62814 ausführlich behandelt. In den nachfolgenden Abschnitten werden nochmals einige Punkte daraus betont.

6.1 Zuverlässigkeit, Energieverbrauch und Ökologie

Erneuerte, aufgearbeitete oder wiederverarbeitete Hardware bedeutet in den meisten Fällen die Wiederverwendung von Software, die nicht verträglich mit der neuen Hardware sein könnte. Ein Upgrade der Software wird deshalb entsprechend den Änderungen und neuen Merkmalen erforderlich, oder um andere Nebeneffekte zu vermeiden, beispielsweise unterschiedlichen Wortlängen des gegenwärtigen und des neuen Prozessors oder elektromagnetischer Verträglichkeit oder einem zu hohen Energieverbrauch. Nicht kompatible Software könnte auch verbunden sein mit der Wiederverwendung von einigen aufgearbeiteten Hardwarekomponenten, die mit dem neuen Produkt nicht verträglich sein müssen.

In den Fällen, in denen die Hardware eines Produkts oder eines Systems nahezu unverändert bleiben und das System nur aus Qualitätsgründen geprüft wird, sind zwei Dokumente wichtig: Der „Device Master Record" (DMR) und der „Device History Record" (DHR). DMR beschreibt die Gesamtdokumentation des Herstellers einschließlich der notwendigen Erneuerungen; DHR beschreibt, welche Erneuerungen schon durchgeführt wurden. Nach Vergleich der Anforderungen mit dem tatsächlichen Zustand werden die notwendigen Installationen und Erneuerungen durchgeführt, um den Stand der Technik des wiederzuverkaufenden Systems sicherzustellen. Der Zustand, der erreicht werden soll, sollte derselbe sein, als ob das Produkt das erste Mal auf den Markt gebracht worden wäre.

Auch Unverträglichkeiten der Software zu Netzen oder externen Systemen können Einschränkungen verursachen. Diese Fälle können zu Verletzungen der Zuverlässigkeitsanforderungen führen oder es könnte unwirtschaftlich sein, die Verträglichkeit zu verbessern.

Bei eingebetteter Software, z. B. drahtlose Sensornetze, in denen bei den meisten Anwendungen die Sensoren nicht eingesteckt sind, erhalten die Sensoren ihren Strom über die ihnen zugehörigen Batterien. Um das Netz so lange als möglich funktionsfähig zu halten, ist es sehr wichtig, Energie zu sparen, wenn das Netz arbeitet. Zu diesem Zweck stehen energieeffiziente Algorithmen zu Verfügung. Die Situation ist ähnlich für Software eingebettet in Geräten wie Mobiltelefonen. Ein weiteres Beispiel stellt Software dar, die technische Prozesse steuert und dadurch Treibhausgasemissionen oder Abfall erzeugen. Eine Analyse der Vor- und Nachteile ist nötig zwischen Energieeffizienz, Nachhaltigkeit und Zuverlässigkeitsanforderungen, z. B. die Leistungsfähigkeit eines Geräts betreffend und der Ausweitung der Lebensdauer. Es ist auch das gesamte System wichtig, um die Software zur Energieeinsparung einzusetzen und die möglichen Energieeinspareffekte der Hardware durch geregelte Prozesse auszunutzen.

Es gibt viele andere Wege, um ein günstigeres Energieverbrauchsziel zu erreichen, beispielsweise durch sparsamen Gebrauch der Batterieladebefehle, Vermeidung von exzessivem Transport von großen Datenmengen oder Vermeidung von überflüssigen Softwareroutinen, die gerade das nicht tun. Alle diese Arbeiten, ausgeführt durch wiederverwendbare Software, können einen höheren Energieverbrauch als nötig verursachen. Deshalb sollte die Softwarewiederverwendung kritisch daraufhin überprüft werden, und wo immer möglich, verschlankt werden. Das Wissen über die Arbeitsbedingungen der Hardwarekomponenten ist dazu nötig.

6.2 Gewährleistung und Dokumentation (Ergänzung zur Hardware)

Für die Gewährleistung sind die Angaben bei der Hardware auch bezüglich der Software zu untersuchen. Der Lebenszyklus, damit zusammenhängende kritische Punkte und die Gewährleistungszeit sind wichtig. Die Produktdokumentation ist eine Basis für diese Aspekte. Für die Produktsicherheit muss der Softwareeinfluss geprüft werden. Gesetzliche Aspekte betreffen den Vertrag, die Gewährleistung und die Produktsicherheit.

Die Gewährleistungsfrist für neue Produkte ist üblicherweise einheitlich für Hardware und Software. Allerdings kann bei individuell erstellter Software, die ohne Datenträger übergeben wurde, die Gewährleistungsfrist bis 30 Jahre betragen und damit erheblich von der Gewährleistungsfrist von zwei Jahren für bewegliche Produkte und fünf Jahren für unbewegliche Produkte abweichen.

Das zusammengesetzte Softwaresystem, sein Zweck und seine Funktionalität, seine Komponenten und ihre Wechselwirkung sollten dokumentiert werden.

Die Wiederverwendung von Software betrifft auch rechtliche Aspekte entsprechend der Umsetzung und dem Marketing des zusammengesetzten Systems. Einige grundsätzliche Prinzipien sind nachfolgend dargelegt.

Ein zusammengesetztes System, das eine wiederverwendbare Komponente enthält, sollte mit der Anforderung der entsprechenden Qualitätsnorm übereinstimmen.

Wiederverwendete Softwarekomponenten können ein Thema von Lizenzbeschränkungen sein. Sogar geringe Modifizierungen der Softwarekomponente, die in unterschiedlichem Zusammenhang wiederverwendet werden soll, kann die Rechte Dritter an dieser Komponente verletzen. Im Zusammenhang mit Wiederverwendung kann es bei Open-Source-Software Probleme geben, die nicht frei von Nutzungseinschränkungen ist. Vor allem eine kommerzielle Nutzung ist in vielen Open-Source-Lizenzmodellen ausgeschlossen.

Die Wiederverwendung einer Softwarekomponente unterscheidet sich von einer einfachen Übertragung einer Commercial-Off-The-Shelf (COTS-)Software, die gekauft wurde und einem Dritten übergeben werden soll. Notwendige Modifizierungen, um die Softwarekomponente an die Wiederverwendung zum Einsatz in unterschiedlichem Zusammenhang anzupassen, können die erteilten Rechte verletzen. Jede Wiederverwendung von Software in einem unterschiedlichen Zusammenhang kann auch in einem Verlust von Garantierechten resultieren, die vom Originalhersteller der wiederzuverwendenden Softwarekomponente gewährt werden.

Jede Softwarekomponente, die keine Daten zur Interpretation einer Person liefert, aber direkte physikalische Effekte erzeugt, kann auch unter dem Gesichtspunkt Produkthaftung und -sicherheit relevant sein und sollte einer neuen Betrachtung unterzogen werden. Das zusammengesetzte System sollte die erforderliche Sicherheit im neuen Zusammenhang erfüllen, in dem die wiederverwendete Softwarekomponente eingesetzt wird. Softwarekomponenten, die für einen Zusammenhang getestet und qualifiziert wurden, in dem ein geringerer Sicherheitslevel erforderlich war als der, welcher im neuen Zusammenhang gefordert wird, sollten für die Anforderungen im neuen Zusammenhang erneut qualifiziert werden.

Bei genauer Pflege und Dokumentation des Softwareausgabestandes sollte das Refurbishment von Hardware und Software kein Problem bereiten.

7   Rechtliche Fragestellungen

Bevor ein Unternehmen zur Wiederverwendung gebrauchter Bauteile übergehen kann, ist ein solcher strategischer Wechsel aus verschiedensten Gesichtspunkten zu betrachten. Ganz wesentlich ist dabei natürlich die Frage, wie die juristischen Risiken sich verändern, wenn statt neuer Bauteile gebrauchte Bauteile verwendet werden. Die Antwort, die auf diese Frage gegeben werden kann, ist nicht eindeutig und eindimensional, sondern überaus vielschichtig, wie auch das juristische System insgesamt vielschichtig ist.

Die bereits im technischen Teil angesprochenen besonderen gesetzlichen Regelungen zum Recycling sind sämtlich neueren Datums. Währenddessen gibt es jedoch noch weitere rechtliche Regelungen, die schon lange bestehen und trotzdem auch für Unternehmen relevant sind, die gebrauchte Bauteile verwenden wollen. Hierzu gehört nicht nur das öffentliche Wirtschaftsrecht, also die Regeln, die der Gesetzgeber der Privatwirtschaft auferlegt, damit sie erlaubterweise ihren Geschäftszweck verfolgen können, sondern auch gesetzliche Regelungen, die im Verhältnis zwischen Unternehmen oder zwischen dem Unternehmen und den Konsumenten bestehen. Hierbei ist vor allem zu denken an die vertragliche Haftung beim Vertrieb der Waren, aber auch an Regelungen aus der Produkthaftung. Diese Regelungen sind älteren Datums und verfolgen daher eine andere Intention. Im Rahmen der vertraglichen Haftung geht es um den Schutz des Abnehmers vor der Lieferung von Waren mangelhafter Qualität. Im Rahmen der Produkthaftung geht es um den Schutz des Verbrauchers vor Körper-, Gesundheits- und Sachschäden an seinem bereits vorhandenen Hab und Gut. Damit wird deutlich, dass die Schutzrichtung dieser Gesetze nicht notwendig zu einer Förderung der Wiederverwendung gebrauchter Bauteile führt. Ganz im Gegenteil, es ist zu untersuchen, ob durch gebrauchte Bauteile in neuen Geräten ein Unsicherheitsfaktor geschaffen wird oder auch nur die Funktionstüchtigkeit des Geräts beeinträchtigt werden kann. Beides würde durch die vertragliche Haftung und durch die Produkthaftung sanktioniert werden. Im Ergebnis wäre es für die Unternehmen nicht mehr möglich, gebrauchte Bauteile wiederzuverwenden, wenn dadurch ein Verstoß gegen diese rechtlichen Regelungen impliziert werden würde. Es kann dabei dahingestellt bleiben, ob andererseits im öffentlichen Wirtschaftsrecht eine solche Wiederverwendung gewünscht wird. Der Gesetzgeber hat an dieser Stelle noch nicht für einen Gleichlauf aller gesetzlichen Regelungen gesorgt.

7.1 Aspekt der Abfallvermeidung durch Wiederverwendung

Zum ersten kann festgestellt werden, dass aus Sichtweise des öffentlichen Wirtschaftsrechts durchaus eine Tendenz besteht, die Wiederverwendung gebrauchter Bauteile in der Industrie zu fördern. Diese Entwicklung wird angetrieben, vor allem durch ein Lenkungsinteresse des Bundesumweltministeriums, aber auch auf höherer Ebene durch die EU-Gesetzgebung. Hintergrund sind Sorgen um die wachsende Abfallmenge in der EU und die damit verbundene Umweltschutzproblematik.

Alle Produkte unterliegen einem natürlichen Verschleiß und verlieren nach einer bestimmten Zeit ihre Funktionalität. Spätestens dann werden sie ausgesondert und müssen in irgendeiner Form entsorgt werden. Die weitverbreitete Praxis, solche ausgemusterten Produkte an einem dafür bestimmten Platz einfach unter freiem Himmel zu lagern, hat mit stetig zunehmender Müllmenge zu untragbaren Zuständen und zu dem am Rande mancher deutscher Großstädte noch sichtbaren Müllbergen geführt. Um die so entstandene Problematik zu lösen, wurden umfangreiche gesetzliche Regelungen geschaffen, die festlegen, wie mit Abfall umgegangen werden muss. Als praktikable und geübte Praxis hat sich dabei die Verbrennung erwiesen. Das Abfallgesetz sieht aber auch weitere Möglichkeiten der Abfallbehandlung vor. Ihnen allen ist gemein, dass die Beseitigung und Behandlung von Abfall kostspieliger und aufwendiger geworden ist, als in der Frühzeit der Industrialisierung. Kosten entstehen jedoch nicht nur durch die schiere Menge, sondern auch in Form von toxischen Verbindungen im Abfall und entsprechende Folgekosten durch die Belastung der Umwelt. Als innovative Methode zur Reduktion der Menge und Toxizität von Abfall wurde die Wiederverwendung von Bauteilen identifiziert. Diese Überlegung ist getrieben vor allem durch die Entwicklung bei Elektrogeräten, weil dort eine zunehmende Abfallmenge festgestellt wurde. Dies liegt zum einen daran, dass vielfach rein mechanische Geräte durch Elektrogeräte ersetzt werden bzw. völlig neuartige Elektrogeräte auf den Markt kommen. Zum anderen kann festgestellt werden, dass die Produktzyklen bei Elektrogeräten sich immer stärker beschleunigen, was zu einer schnelleren Aussonderung alter Geräte und dem Ersatz durch die jeweils neuste Geräteversion führt.

Prominentestes Beispiel hierfür ist die Umsetzung der *Elektroaltgeräterichtlinie* (WEEE-Richtlinie) durch das *Elektroaltgeräteentsorgungsgesetz* in Deutschland. Hierbei hat man versucht, die Abfallmenge von Elektrogeräten zu reduzieren und die Gesamtmenge an schädlichen Verbindungen innerhalb dieser Abfallmenge ebenfalls zu vermindern. Intention des europäischen und damit auch deutschen Gesetzgebers war es also, die Verwendung gebrauchter Geräte und Bauteile zu fördern, um ressourcensparend die Abfallmenge zu reduzieren.

7.1.1 Wiederverwendung im Abfallrecht

Zunächst soll jedoch kurz auf das traditionelle Abfallrecht eingegangen werden und den rechtlichen Rahmen, den es für den Umgang mit Abfall im Hinblick auf dessen Wiederverwendung schafft. Die Europäische Abfallrahmenrichtlinie [13] räumt der Wiederverwendung die höchste Priorität unter allen Methoden der Abfallbehandlung ein. Lediglich die Abfallvermeidung wird darin als noch effizientere Maßnahme zur Reduzierung von Abfallmenge und Umweltschädlichkeit identifiziert. Die Möglichkeit der Wiederverwendung soll nicht nur bei Eintritt der Abfalleigenschaft eine Rolle spielen, sondern von der Konstruktion eines Produkts an und während der gesamten Nutzungsdauer beachtet werden. Hierzu sollen auch Quoten für eine Wiederverwendung von Bestandteilen von Produkten und optional Rücknahmeverpflichtungen eingeführt werden. Entsprechend sind auch die nationalen Umsetzungen und eigenständigen Gesetzgebungen zum Abfallrecht einer Wiederverwendung positiv zugeneigt.

Kreislaufwirtschaftsgesetz

Das Kreislaufwirtschaftsgesetz (KrWG, [21]) definiert die Wiederverwendung im § 3 als jedes Verfahren, bei dem die Erzeugnisse oder Bestandteile, die keine Abfälle sind, wieder für denselben Zweck verwendet werden, für den sie ursprünglich bestimmt waren. Vorbereitung zur Wiederverwendung im Sinn des Gesetzes ist jedes Verwertungsverfahren der Prüfung, Reinigung oder Reparatur, bei dem Erzeugnisse oder Bestandteile von Erzeugnissen, die zu Abfällen geworden sind, so vorbereitet werden, dass sie ohne weitere Vorbehandlung wieder für denselben Zweck verwendet werden können, für den sie ursprünglich bestimmt waren. Entsprechend wird Recycling als jedes Verwertungsverfahren definiert, durch das Abfälle zu Erzeugnissen, Materialien oder Stoffen entweder für den ursprünglichen Zweck oder für andere Zwecke aufbereitet werden; es schließt die Aufbereitung organischer Materialien ein, nicht aber die energetische Verwertung und die Aufbereitung zu Materialien, die für die Verwendung als Brennstoff oder zur Verfüllung bestimmt sind.

Die Produktverantwortung nach § 23 Abs. 2 (1) umfasst insbesondere die Entwicklung, die Herstellung und das Inverkehrbringen von Erzeugnissen, die mehrfach verwendbar, technisch langlebig und nach Gebrauch zur ordnungsgemäßen, schadlosen und hochwertigen Verwertung sowie zur umweltverträglichen Beseitigung geeignet sind.

Voraussetzung für die Wiederverwendung ist also, dass die Erzeugnisse oder Bestandteile, die vom Benutzer einem Abfallsammler übergeben wurden, nicht mehr als Abfälle zu qualifizieren sind. Gemäß § 5 wird die Bundesregierung durch Rechtsverordnung die Bedingungen näher bestimmen, unter denen die Abfalleigenschaft endet. Zum derzeitigen Zeitpunkt sind keine derartigen Verordnungen erlassen worden, sodass nur die weiteren Bestimmungen des § 5 heranzuziehen sind. Danach muss ein Stoff oder Gegenstand neben anderen Anforderungen ein Verwertungsverfahren durchlaufen haben, das alle für seine jeweilige Zweckbestimmung geltenden technischen Anforderungen sowie alle Rechtsvorschriften und anwendbaren Normen für Erzeugnisse erfüllt. Eine Prüfung nach den hier behandelten Normen wäre also zwingende Voraussetzung der Wiederverwendung, solange keine näheren Bestimmungen erlassen sind.

Verpackungsverordnung

In der neuen VerpackungsV ist ausdrücklich die Wiederverwendung vorgesehen. Dies zeigt, dass der Gesetzgeber hier vornehmlich die Abfallmenge im Auge hat und weniger die Einsparung von Ressourcen, denn Verpackungsmaterial wird vornehmlich und typischerweise aus nicht knappen Ressourcen hergestellt. Die Wiederverwendung von Verpackungsmaterial hat also tendenziell einen anderen oder zumindest schmaleren Fokus als die Wiederverwendung von anderen Produkten.

Altfahrzeugverordnung

Ebenfalls normiert ist die Wiederverwendung von Kraftfahrzeugen. Hier ist auch festgelegt, dass Wiederverwendung nur gegeben sein kann durch Maßnahmen, bei denen gebrauchte Bauteile zu dem gleichen Zweck verwendet werden, für den sie entworfen wurden. Jede „Umwidmung" eines Bauteils zu einem anderen Zweck, würde zumindest in diesem Zusammenhang die Charakterisierung als „Wiederverwendung" entfallen lassen. Der Kraftfahrzeugindustrie wurden dabei Quoten aufgegeben, wie viel Prozent der Masse der Altfahrzeuge wiederverwendet oder verwertet werden müssen. Ein Zwang zur Wiederverwendung ist nicht gegeben. Die Verwertung in anderer Weise ist hier ebenfalls denkbar und bei Kraftfahrzeugen wegen des hohen Anteils von Metallen an der Gesamtmasse, die gleichzeitig relativ einfach stofflich zurückgewonnen werden können, auch ohne erhebliche Schwierigkeiten umsetzbar. Eine solche Quotierung ist nun auch für Elektrogeräte festgeschrieben worden, die nachfolgend aufgrund des größeren Anwendungsbereichs und der höheren Anforderungen beim Recycling von Elektrogeräten näher betrachtet werden soll. Ansonsten erschöpfen sich die Regelungen zu Altfahrzeugen in Maßnahmen zur Unterstützung der Wiederverwendung wie eine Kennzeichnungspflicht, um z. B. Stoffe ohne chemische Prüfungen erkennen zu können und Informationspflichten, um den Recyclingunternehmen die Trennung der Bauteile und die Wiederverwendung zu erleichtern. Anerkannte Demontagebetriebe müssen in der Lage sein, die Wiederverwendung von solchen Bauteilen sicherzustellen, die dafür vom Hersteller vorgesehen sind.

Nach dieser allgemeinen Betrachtung von Regelungen, die bislang Recycling durch Wiederverwendung ganzer Bauteile nicht vorgesehen und keinesfalls zwingend vorgeschrieben haben, soll nun eine neue Entwicklung im Abfallrecht aufgezeigt werden, die zumindest für den Bereich der Elektrogeräte die Wiederverwendung ausdrücklich vorsieht. Gleiches ist auch in der neuen Verpackungsverordnung vorgesehen, jedoch sind die Gegebenheiten bei Verpackungsstoffen völlig andere, als bei technischen Geräten, daher erfolgt eine Konzentration auf Elektrogeräte.

7.1.2 Die Wiederverwendung von Elektrogeräten

In die Gesamtregelung zum Umgang mit Abfall wurde nun mit dem ElektroG eine Spezialnorm für den Umgang mit Elektro- und Elektronikgeräten eingeführt, die das Ende ihrer Lebenszeit erreicht haben. Man hat sich insbesondere dieser Art von Abfall angenommen, weil zum einen das Volumen dieses Abfalls stärker anstieg als das Volumen anderer Arten des Abfalls und zum anderen sich gezeigt hat, dass gerade Elektroaltgeräte besonders schädliche Substanzen enthalten. Vor allem mit dem Aufkommen neuer Technologien entstehen auch immer neue Arten von Elektrogeräten bzw. werden herkömmliche Geräte durch elektrische und elektronische Geräte ersetzt. Gleichzeitig sind die Innovationszyklen in dieser Industrie so kurz, dass Elektrogeräte meist lange vor dem Verlust ihrer Funktiontüchtigkeit durch den Benutzer ausgesondert und ersetzt werden. Bei Mobiltelefonen kann man z. B. beobachten, dass viele Nutzer ihre noch voll funktiontüchtigen Geräte bereits nach zwei Jahren des Gebrauchs ersetzen, bedingt durch die entsprechende vertragliche Regelung mit ihrem Mobilfunkbetreiber. Um diese Entwicklung mit entsprechenden abfallrechtlichen Regularien zu begegnen, wurde nun erstmals neben den bekannten Methoden der Abfallbehandlung auch die Wiederverwendung von Bauteilen beigestellt.

Rechtsrahmen

Der Rechtsrahmen ist im Wesentlichen durch EU-Richtlinien und EU-Entscheidungen abgedeckt worden. An EU-Richtlinien sind vor allem zu beachten 2008/98/EU, 2012/19/EU, 2011/65/EU. Letztere beide ersetzen die Richtlinien 2002/95/EU und 2002/96/EU, die als WEEE- und RoHS-Richtlinien bekannt geworden sind und in das deutsche Rechtssystem durch das Elektroaltgerätegesetz (ElektroG) umgesetzt wurden. Bis zum 14. Februar 2014 (2012/19/EU) und 3. Januar 2013 (2011/65/EU) sind diese ebenfalls in das deutsche Recht umzusetzen. Voraussichtlich wird hierzu das Elektroaltgerätegesetz reformiert oder neu verkündet werden. Nachfolgend wird die derzeit geltende Rechtslage dargestellt, die noch auf den alten WEEE- und RoHS-Richtlinien 2002/96/EU und 2002/96/EU basiert. Inwieweit sich Änderungen ergeben, wird die Umsetzung der neuen WEEE- und RoHS-Richtlinie zeigen. Mit der WEEE wird die Erhöhung der Recyclingquoten verfolgt und soll die Konstruktion von Elektrogeräten unter Beachtung von Recyclingmöglichkeiten gefördert werden. Es werden Mengen festgelegt, die wiederverwertet werden, stofflich wiederverwendet werden oder als Abfall entsorgt werden können.

Die RoHS-Richtlinie ist in Deutschland im ElektroG enthalten. Eine Richtlinie bedeutet, dass dies kein bindendes Recht für nationale, juristische oder natürliche Personen wäre. Adressat dieser Gesetzgebung sind nur die Mitgliedstaaten selbst, die dann gehalten sind, ein der Richtlinie entsprechendes Gesetz zu schaffen. Da es hier um eine Richtlinie geht, wird auch deutlich, dass dem nationalen Gesetzgeber ein Entscheidungsspielraum zusteht. Dieser ist jedoch durch die Formulierung der

Richtlinie begrenzt. Dort, wo der EU-Gesetzgeber einen Spielraum einräumen will, wird dies aus der Formulierung deutlich werden, dort, wo er dies nicht wünscht, wird die Formulierung entsprechend strikt sein. Daraus folgt jedoch, dass es im eigentlichen Sinn im Bereich der Richtlinien kein Europarecht gibt. Denn durch die Umsetzung der Richtlinien durch die jeweiligen Nationalstaaten ergeben sich immer Abweichungen im Detail dort, wo die Richtlinie dies zulässt. Es kann also nicht ohne Weiteres geschlossen werden, dass eine Regelung zur Umsetzung der WEEE-Richtlinie in Deutschland genau so erfolgt, wie dies in Schweden oder Finnland der Fall wäre. Ziel des EU-Gesetzgebers ist es lediglich, vergleichbare wirtschaftliche Rahmenbedingungen zu schaffen, um einen freien Warenverkehr innerhalb der EU zu gewährleisten. Es ist aber nicht gewollt, dass in allen Staaten exakt die gleichen gesetzlichen Bedingungen herrschen. Insoweit kann die in einem Land nach dem nationalen Gesetz gefundene Lösung nicht unmittelbar auch auf ein anderes Land übertragen werden. Das bedeutet ganz konkret im Bereich der WEEE-Richtlinie, dass z. B. bei den Institutionen, die für die administrative Abwicklung zuständig sind, erhebliche Unterschiede bestehen. In jedem Land der EU ist eine andere Institution zuständig, die in einem anderen Bereich der staatlichen Verwaltung angesiedelt ist. Die Richtlinie spielt insofern nur eine Rolle, soweit Interpretationsschwierigkeiten bestehen, weil z. B. das nationale Gesetz in einer bestimmten Frage nicht eindeutig ist oder tendenziell widersprüchlich formuliert wurde. In einem solchen Fall wird man dann auf die EU-Richtlinie zurückgreifen und diese zur Interpretation des nationalen Gesetzes heranziehen. Man spricht in diesem Fall davon, dass das auf einer EU-Richtlinie beruhende deutsche Gesetz im Licht der EU-Richtlinie interpretiert werden muss (vgl. Kapitel 1.6).

Es besteht generell ein Vertriebsverbot für nach dem ElektroG betroffene Elektro- und Elektronikgeräte, solange nicht eine Gestattung (Registrierung) des Vertriebs durch die Stiftung Elektro-Altgeräte Register (EAR) erfolgt ist. Diese Registrierung soll sicherstellen, dass die Distributoren von Elektro- und Elektronikgeräten bereits beim Vertrieb ihrer Geräte ausreichende Mittel für ein Recycling zurücklegen und auch am Recycling sowie seinen Kosten selbst beteiligt werden – jeweils in der Größenordnung, in der sie solche Geräte in den Markt eingebracht haben.

Ziel der Regelung

Festzuhalten ist, dass die Wiederverwendung jedoch nicht einmal zu einem Bruchteil zu einer Verpflichtung gemacht wurde, sondern dass nur die Verwertung im Sinn des Abfallgesetzes oder in anderer Weise verpflichtend gemacht wurde. Die Wiederverwendung ist nur als Sollvorschrift ausgestaltet.

Im Zusammenwirken mit der Industrie wurde beschlossen, dass das Umweltbundesamt seine Kompetenzen an eine Quasi-Regierungsinstitution weiterreicht, der Stiftung Elektro-Altgeräte Register („Stiftung EAR"), die vom Umweltbundesamt im Bereich ihrer Aufgaben mit hoheitlichen Rechten beliehen wurde. Weiterhin sind bei den Kommunen gesonderte Abfallsammelstellen eingerichtet worden, bei denen die

Elektroaltgeräte abgeholt und den Verwertungs-/Wiederverwertungsstellen zugeführt werden. Zur Sicherstellung dieses Ablaufs und der Finanzierung der Verwertung sowie Wiederverwendung sind die Unternehmen, die Elektrogeräte in den Verkehr bringen, zur Teilnahme verpflichtet. Das Verfahren ist so ausgestaltet, dass die Unternehmen der Stiftung EAR die Menge an Elektrogeräten melden, die sie jährlich in den Verkehr bringen. Die Menge wird ermittelt durch die Masse der Geräte und muss gesondert für Elektrogeräte jeder einzelnen Kategorie gemeldet werden. Die Stiftung EAR wiederum ermittelt aus den gemeldeten Mengen je Gerätekategorie eine Abholverpflichtung für alle registrierten Inverkehrbringer von Elektrogeräten.

Anwendungsbereich

Als Nächstes ist zu klären, wer hiervon betroffen ist. Dies sind zunächst einmal alle, die Elektro- und/oder Elektronikgeräte in Deutschland erstmals Inverkehrbringen. Inverkehrbringen bedeutet „Einführen", „Ausführen", „Bereithalten zur physischen Weitergabe" oder „Weiterverkaufen". Also sind Herstellungsprozesse selbst nicht hiervon betroffen. Damit sind sehr feine Unterscheidungen im Wirtschaftsverhalten möglich. Relevant sind Vorgänge in Deutschland oder aus Deutschland heraus. Anders ist es bei der RoHS-Richtlinie.

Welche Produkte sind hiervon betroffen? Als Elektro- und Elektronikgeräte sind alle Geräte definiert, die

- zum ordnungsgemäßen Betrieb elektrische Ströme oder elektromagnetische Felder benötigen und
- Geräte zur Erzeugung, Übertragung und Messung solcher Ströme und Felder,
- unter die in Anhang 1A der Richtlinie 2002/96/EG (über Elektro- und Elektronik- altgeräte) aufgeführten Kategorien fallen und
- für den Betrieb mit Wechselstrom von höchstens 1 000 V bzw. Gleichstrom von höchstens 1 500 V ausgelegt sind.

Probleme bereitet mitunter die Definition der Geräte, „die zu ihrem ordnungsgemäßen Betrieb elektrische Ströme oder elektromagnetische Felder benötigen".

Hiervon ausgenommen sind elektronische Geräte, die andere Energiequellen neben der elektrischen Energie einsetzen. Dies gilt z. B. für die Starterbatterie, die lediglich genutzt wird, um einen Verbrennungsmotor zu starten.

Ausgenommen sind auch Geräte, deren Hauptfunktion auch ohne Strom erfüllt wird. Es wurde z. B. über einen Fall entschieden, in dem ein bekannter deutscher Sportartikelhersteller einen Sportschuh auf den Markt brachte, in dessen Sohle ein kleiner Halbleiter versteckt war, der die Härte der Sohlendämpfung an die Härte des Untergrunds anpassen soll. Die Stiftung Elektro-Altgeräte Register (EAR) war hier der Auffassung, dass es sich bei diesem Sportschuh um ein Elektrogerät handelte. Dies hätte zur Folge gehabt, dass der Sportartikelhersteller sich als Hersteller von

Elektrogeräten hätte registrieren lassen müssen und der Stiftung Elektro-Altgeräte Register umfangreich Auskunft hätte geben müssen über die Menge und die Masse der in Verkehr gebrachten Sportschuhe, die diesen Halbleiter enthalten. Das Verwaltungsgericht Ansbach hat jedoch entschieden, dass in diesem Fall die Hauptfunktion des Geräts, nämlich die Verwendung als Joggingschuh, auch gegeben sei, wenn der in der Sohle befindliche Halbleiter nicht funktioniere. Es handele sich mithin vor allem um einen Sportschuh, weniger um ein Elektrogerät. Weniger eindeutig, aber immer noch nachvollziehbar, wurde ebenfalls entschieden, dass ein Teddybär, der eine elektrisch betriebene Brummfunktion aufweist, ebenfalls kein Elektrogerät ist, da der Teddy auch ohne das elektrisch erzeugte Brummen seine Hauptfunktion erfüllen würde. Anders hingegen, nämlich für die Eigenschaft als Elektrogerät, wurde entschieden für einen Handschuh, der elektrisch beheizbar ist sowie für eine elektrische Zahnbürste. Auch in diesen Fällen wird man sich fragen dürfen, ob nicht die Hauptfunktion des Handschuhs oder der Zahnbürste auch ohne die elektrische Unterstützung gegeben sein könnte. Jedoch erscheint hier die elektrisch unterstützte Funktion eher prägend für das Gesamtprodukt als bei den beiden zuvor genannten Produkten.

Ausgenommen ist weiterhin ein Gerät, in dem der elektrische Strom nur zur Unterstützung oder zur Kontrolle verwendet, dessen Hauptfunktion jedoch auf andere Weise ausgeübt wird. Verwirrend ist hierbei, dass solche Geräte betroffen und als Elektrogeräte gelten sollen, bei denen der elektrische Strom zur Regelung verwendet wird. Es erscheint relativ schwierig abzugrenzen, ob ein elektrischer Strom zur Kontrolle oder auch zur Regelung verwendet wird.

Die Definition „Geräte zur Erzeugung, Übertragung und Messung solcher Ströme und Felder" wirft ein weiteres Problem auf, da die Spannungsgrenzen, die in dem Gesetz genannt werden, nur Maximalwerte von 1 000 V bzw. 1 500 V aufweisen, jedoch keine Untergrenzen. Dies führt dazu, dass Sensoren, die auch geringfügigste Messströme erzeugen, ebenfalls als Elektrogerät zu qualifizieren sind, da auch solche Minimalströme unter das Elektroaltgerätegesetz fallen. Hierbei ist es nicht entscheidend, ob die tatsächliche Funktion des Sensors auf chemische Weise erfolgt und der erzeugte Messstrom lediglich ein Produkt einer chemischen Reaktion ist und keinesfalls als Arbeitsstrom dienen könnte.

Weiterhin wird, wie oben schon ausgeführt, der Anwendungsbereich des ElektroG definiert durch die Zugehörigkeit eines Geräts zu bestimmten definierten Produktgruppen. Hierzu wird verwiesen auf den Anhang 1A der EU-Richtlinie 2002/96/EG, in dem die folgenden Kategorien genannt werden:

- Haushaltsgroßgeräte,

- Haushaltskleingeräte,

- IT-Geräte, Unterhaltungselektronik,

- Beleuchtungskörper (Lampe und Leuchtmittel), auch für private Haushalte,

- elektronische und elektrische Werkzeuge,

- Spielzeug und Freizeitgeräte und automatische Ausgabegeräte,
- Überwachungs- und Kontrollinstrumente,
- Medizinprodukte.

Alle Geräte, die zu diesen Produktgruppen gehören, sollen in den Anwendungsbereich des Elektro- und Elektronikgerätegesetzes fallen. Ebenso sind jedoch auch Ausnahmen im Elektro- und Elektronikgerätegesetz vorgesehen. Auch wenn ein Produkt unter die vorgenannten Produktkategorien fällt, soll es nicht in den Anwendungsbereich des Elektroaltgerätegesetzes fallen, wenn es Teil einer ortsfesten Großanlage ist oder Teil eines Autos wird. Hiermit soll der Anlagenbau geschützt werden sowie die Kraftfahrzeugzulieferindustrie, bei denen über die Rücknahmeverpflichtung für Altfahrzeuge bereits eine ausreichende Regelung bestehen soll. Weiterhin sind Ausnahmen vorgesehen für alle Geräte, die radioaktive Stoffe, FCKW oder Halon enthalten oder in denen Asbest enthalten ist. Grund für diese Ausnahme ist, dass auch in diesem Bereich besondere Regelungen bestehen, die der besonderen Gefährlichkeit dieser Stoffe Rechnung tragen. Es soll also eine Konkurrenz unterschiedlicher Recyclingregelungen vermieden werden. Diese Ausnahme ist auch weiterhin generalisiert worden, in dem eine Ausnahme normiert wurde für alle Geräte, für die es sonstige spezielle Verwertungsregelungen bereits gibt. Ebenfalls ausgenommen worden sind wehrtechnische oder sicherheitsrelevante Geräte, da hier oftmals die besondere Funktionalität nur gegeben sein kann, wenn die in der RoHS-Richtlinie sanktionierten schädlichen Verbindungen in höherer Konzentration enthalten sind als dies erlaubt ist. Ebenfalls ausgenommen aus dem Anwendungsbereich des Elektro- und Elektronikgerätegesetzes sind alle Elektrogeräte, die vor dem 1. Juli 2006 in Verkehr gebracht worden sind sowie Ersatzteile für solche Altgeräte (vgl. Kapitel 1.6). Von den Ersatzteilen abzugrenzen sind die sog. Verbrauchsmaterialien. Verbrauchsmaterialien sind dadurch gekennzeichnet, dass sie nicht der gewöhnlichen Abnutzung durch Verwendung des Geräts oder durch „Verwitterung" unterliegen, sondern dass sie bestimmungsgemäß verbraucht werden. Diese fallen nicht unter § 5 ElektroG.

Halbfertigprodukte

Das ElektroG gilt selbstverständlich für alle Geräte, die gebrauchsfertig in den Handel gebracht werden. Es stellt sich jedoch auch die Frage, ob halbfertige Produkte, die, wie in der arbeitsteiligen Wirtschaft üblich, von einem Hersteller zum Hersteller des Endprodukts geliefert werden und damit auch in den Verkehr gebracht werden, als Elektrogeräte gelten können. Dies hätte zur Folge, dass die Gesamtmasse aller registrierten Elektroaltgeräte höher liegt, als die gesamte Menge des entstehenden Abfalls aus Elektroaltgeräten, da Halbfertigprodukte zum einen durch den Hersteller des Halbfertigprodukts registriert werden müssen und zum anderen nach Einbau in ein fertiges Gerät auch von dem Hersteller dieses fertigen Endgeräts seiner Masse nach erfasst werden. Im Bereich der Produkthaftung gilt jeder Unternehmer als Hersteller, der das fertige Endprodukt herstellt sowie auch alle die, die in irgendeiner Weise zu diesem Herstellungsprozess beigetragen haben, indem sie Halbfertigprodukte oder sogar auch nur Rohstoffe wie Eisenerz für ein Metallgehäuse geliefert haben. Eine solch weite Ausdehnung des Anwendungsbereichs des Elektro- und Elektronikgerätegesetzes kann aus vorgenanntem Grund nicht intendiert sein, weil dadurch die registrierte Gesamtmenge von Elektrogeräten wahrscheinlich weit überzogen würde. Zum Zweiten kann es bei bestimmten Halbfertigprodukten zweifelhaft sein, ob sie durch den Erwerber in einem Elektrogerät oder in einem anderen Bereich eingesetzt werden.

Es ist daher notwendig, abzugrenzen, wann ein Halbfertigprodukt als eigenes Elektrogerät gelten soll und wann es so wenig ausdifferenziert ist, dass es als bloßes Zuliefererprodukt gelten kann. Zum einen wird die Auffassung vertreten, dass alle Produkte, die eine eigenständige Funktion haben, als Elektrogerät gelten sollen. Das würde bedeuten, dass auch ein kleiner Sensor, eine LED oder ein integrierter Schaltkreis bereits als Elektrogerät gelten kann, auch wenn eine spätere Verwendung durchaus so aussehen kann, dass das fertige Endprodukt, in das er eingebaut wird, unter eine der Ausnahmen des ElektroG fällt.

Richtig ist es, weitere Abgrenzungskriterien heranzuziehen. Hierbei kann auf die benachbarten Richtlinien der EU zurückgegriffen werden, z. B. auch auf die Richtlinie zur elektromagnetischen Verträglichkeit. Hier wird ein Gerät dadurch definiert, dass es eine eigenständige Funktion erfüllt, ein eigenes Gehäuse hat und einen Standardanschluss aufweist, also nicht durch eine Lötverbindung oder eine bloße Steckung mit dem Endgerät verbunden wird, sondern durch eine, möglicherweise sogar durch eine normdefinierte, Standardverbindung mit dem Endgerät verbunden wird.

Welche Auffassung zutreffend ist, ist derzeit noch ungeklärt. Es kann also bei Halbfertigprodukten durchaus unterschiedliche Auffassungen geben, die zu einer Unsicherheit bei der Anwendung des Elektro- und Elektronikgerätegesetzes führen.

Ergebnis

Neben den spezifischen Regelungen für Elektrogeräte gibt es, wie oben angedeutet, weitere Regelungen für andere Produktgruppen. So ist z. B. für Batterien die Batterieverordnung einschlägig, für Kraftfahrzeuge gibt es ein weiteres umfassendes Verwertungsprogramm und auch darüber hinaus sind spezifische Produktgruppen mit spezifischen Verwertungsregelungen versehen. Gegenstand der vorliegenden Untersuchung soll jedoch nicht die konventionelle Behandlung von Abfall sein, sondern die innovative Wiederverwendung kompletter Komponenten oder Baugruppen. Festzuhalten ist für den Bereich des öffentlichen Rechts, dass der Gesetzgeber sowohl auf nationaler wie auch auf europäischer Ebene die Wiederverwendung als den optimalen Weg der Abfallbehandlung einordnet und diese zusammen mit der stofflichen Verwertung auch vorschreibt, zumindest für bestimmte Anteile an verschiedenen Produktgruppen.

7.1.3 Wiederverwendung und Abfallbeseitigung im Strafrecht und Ordnungswidrigkeitenrecht

Aus öffentlich-rechtlicher Sicht haben wir gesehen, dass kein Zwang zur Wiederverwendung besteht, jedoch die Absicht des Gesetzgebers deutlich wird, dass die Wiederverwendung Vorrang haben soll und positiv belegt ist. Zur Unterstützung dieser neuartigen positiven Sichtweise des Gesetzgebers auf die Wiederverwendung sind auch Normen aus dem Sanktionsrecht geschaffen worden, die sicherstellen sollen, dass die getroffenen Regelungen auch in der Praxis befolgt werden. In den zuvor genannten Spezialgesetzen sind jeweils Regelungen vorhanden, die Bußgelder oder auch strafrechtliche Konsequenzen zur Folge haben können, wenn gegen die abfallrechtlich richtige Behandlung von Abfall verstoßen wird. Wie oben dargestellt, ist jedoch in keiner Norm eine Pflicht zur Wiederverwendung vorgesehen. Zwar sind Quoten für das Recycling zwingend vorgeschrieben, jedoch kann dieses wahlweise auch durch die stoffliche Verwertung erfüllt werden. Die Wiederverwendung soll nur „Vorrang" vor der stofflichen Verwertung haben. Ein Zwang zur Wiederverwendung existiert nicht und kann auch nicht aus den Regelungen zum Strafrecht und Ordnungswidrigkeitenrecht hergeleitet werden.

7.2 Aspekt der Produktsicherheit aus rechtlicher Sicht

Zu den o. g. gesetzlichen Regelungen, die das Verhältnis des Staats zum Bürger auf einer hoheitsrechtlichen Ebene regeln, gesellt sich jedoch eine Vielzahl weiterer rechtlicher Regelungen, die das Verhältnis der Bürger untereinander, gewissermaßen „auf Augenhöhe" regeln. Diese Regelungen, deren Ursprung weit vor der umfassenden Nutzung von Elektrogeräten und der industriellen Produktion liegt, deren Wurzeln teilweise schon mehr als 2 000 Jahre alt sind, können auf erstaunliche Weise bei der Wiederverwendung von Bauteilen eine entscheidende Rolle spielen. Vor allem, wenn es um die Haftung für wiederverwendete Bauteile geht und die Frage, ob diese als „neu" oder als „gebraucht" in den Verkehr gebracht und beworben werden dürfen.

Interessant ist nun, wie sich die aufgrund neuester technologischer, ökonomischer und ökologischer Entwicklungen wünschenswert gewordene Wiederverwendung von Bauteilen in das Gesamtsystems des Rechts einfügt. Hier ist zu beobachten, dass der erfolgte Paradigmenwechsel nicht in der Gesamtheit des Rechts nachvollzogen wurde, auch nicht nachvollzogen werden konnte, und dass es dabei zu Friktionen kommt. Diese treten insbesondere dann auf, wenn man die Disziplin des öffentlichen Rechts, der das Abfallrecht zugehörig ist, verlässt und sich der Schwesterdisziplin des Zivilrechts zuwendet. Insbesondere diese Rechtsdisziplin fußt in sehr alten Traditionen. Nur am Rand sei erinnert, dass schon das Alte Testament ein Buch der Richter kennt und sich auch an anderen Stellen des Alten Testaments erkennen lässt, dass es sich bei diesen Stellen um die Aufzeichnung von Fallrecht handeln könnte.

Wie aus der technischen Betrachtung zur Wiederverwendung von Bauteilen zu ersehen war, liegt das Hauptproblem darin, die Funktionstüchtigkeit des wiederverwendeten Bauteils zu prognostizieren. Gesondert von diesem Aspekt ist jedoch auch von erheblicher Bedeutung, dass das Produkt, welches ein wiederverwendetes Bauteil enthält, auch die zu erwartende Sicherheit bei der Benutzung aufweist. Beide Aspekte sind gesondert voneinander zu betrachten, denn ein Produkt, das funktionstüchtig ist, kann gerade deshalb besonders gefährlich sein. Wenn ein solches Produkt versagt und in keiner Weise mehr funktioniert, kann gerade dieser Umstand dazu führen, dass es nun ein besonders sicheres Produkt ist. Andersherum kann auch ein Produkt, das seine Sicherungsfunktionen verliert, in gesteigertem Maße funktionsfähig sein.

Entscheidend ist, dass ein Produkt mit wiederverwendeten Bauteilen in beiden Kategorien den gesetzlichen Vorgaben entsprechen muss, d. h. nicht hinter den Standard zurückfallen darf, der vorausgesetzt wird, um ein Produkt Inverkehrbringen zu dürfen. Zunächst soll also untersucht werden, welche Mindestanforderungen ein wiederverwendetes Bauteil und das Produkt, in dem es Verwendung findet, aufweisen muss. Sodann muss noch einmal innerhalb des erlaubten Bereichs eine Einordnung erfolgen, ob ein solches Produkt als neues Produkt in Verkehr gebracht werden darf oder ob es als gebrauchtes Produkt zu qualifizieren ist, weil es zumindest zum Teil Bauteile enthält, die bereits vorgebraucht sind. Das Recht unterscheidet an vielen Stellen zwischen neuen und gebrauchten Produkten, z. B. bei der Länge der Verjährungsfristen für Gewährleistungsansprüche und auch bei den einzuhaltenden Qualitätsanforderungen.

7.2.1   Technische Standards und neues Konzept zur Produktsicherheit

Zunächst wollen wir uns dem notwendigen einzuhaltenden Mindeststandard zuwenden. Bei technischen Produkten war schon sehr früh zu beobachten, dass Standards eingeführt wurden, um solche Mindestanforderungen festzuschreiben. Am bekanntesten hierzu aus dem Bereich der Kraftfahrzeuge ist die TÜV-Hauptuntersuchung, die auch bei gebrauchten Kraftfahrzeugen in regelmäßigen Abständen durchzuführen ist, um nachzuweisen, dass die gesetzten Standards erfüllt werden. Für andere Produktgruppen wurde das GS-Zeichen entwickelt, das ebenfalls signalisiert, dass bestimmte Standards eingehalten werden. Das Prinzip des Prüfsiegels als Nachweis der Einhaltung bestimmter Standards ist mittlerweile weitverbreitet. Bekannt sind noch das Ökosiegel der EU, das Deutsche Wollsiegel und weitere Zertifikate. Die Aussagekraft der dabei verwendeten Standards und die Genauigkeit der Prüfung sind natürlich nicht immer unumstritten. Die Bestrebungen innerhalb der EU, einen gemeinsamen Binnenmarkt zu schaffen, stießen zunehmend auf das Problem, dass die Mitgliedsstaaten unterschiedliche Standards für gleiche Sachverhalte festgelegt hatten. Da eine Vereinheitlichung aller Standards mit hoher Wahrscheinlichkeit zu langwierigen Diskussionen geführt hätte und gleichzeitig das Ziel nicht darin bestand, eine Vereinheitlichung der Marktbedingungen herzustellen, sondern lediglich vergleichbare Marktbedingungen zu erzielen, was ausreichend ist, um die ökonomische Abschottung eines Markts für bestimmte Produkte in einem Mitgliedsstaat zu verhindern, entschied man sich, einen gänzlich neuen Ansatz zu verfolgen. Dieser Ansatz ist bekannt geworden als „Das neue Konzept der EU zur Produkthaftung", was insoweit verwirrend ist, als es mittlerweile nicht mehr als neu, sondern als etabliert bezeichnet werden kann.

Das Produktsicherheitsgesetz und das neue Konzept zur Produktsicherheit

Auf nationaler Ebene in Deutschland wurde das *Produktsicherheitsgesetz* (*ProdSG*) [23] erlassen, das durch zahlreiche Verordnungen zu bestimmten Produktgruppen für die Sicherheit von Produkten sorgen soll. Nach § 3 des Gesetzes darf ein Produkt nur auf dem Markt bereitgestellt werden, „wenn es […] die Sicherheit und Gesundheit von Personen oder sonstige […] Rechtsgüter bei bestimmungsgemäßer oder vorhersehbarer Verwendung nicht gefährdet". Näheres regeln die Verordnungen, die jedoch oftmals nicht sehr viele spezifische Vorgaben machen, wie diese Sicherheitsstufe zu erreichen ist. Dies ist ein Charakteristikum des neuen Konzepts zur Produktsicherheit.

Das traditionelle Konzept bestand darin, die Öffentlichkeit vor unsicheren Produkten zu schützen, indem man zumindest für besonders gefährliche Produkte gesetzliche Vorgaben machte, die durch technische Normen ergänzt bzw. ausgefüllt wurden. Die Nichteinhaltung solcher Vorgaben war durch Strafen sanktioniert, das Inverkehrbringen oder der Vertrieb solcher Produkte war erst nach der Freigabe durch einen hoheitlichen Akt, z. B. im Nachweis der Einhaltung der Vorgaben, möglich.

Das neue Konzept sieht vor, dass diese Vorgaben und die sie ausfüllenden technischen Normen nicht vereinheitlicht werden, sondern dass nur der gewissermaßen kleinste gemeinsame Nenner vereinheitlicht wird. Dies sind die sog. wesentlichen Anforderungen innerhalb des neuen Konzepts der EU. Die wesentlichen Anforderungen sind mitunter bloße Selbstverständlichkeiten, denen man beim besten Willen nie widersprechen könnte. So sieht die EMF[18]-Richtlinie als wesentliche Anforderung vor, dass ein Elektrogerät keine elektromagnetische Abstrahlung emittieren darf, die geeignet ist, andere Geräte in seinem Umfeld zu stören und andersherum auch so störfest gebaut sein muss, dass es durch die elektromagnetische Abstrahlung anderer Geräte in seinem Umfeld nicht beeinträchtigt werden darf. Wie nun diese wesentlichen Anforderungen einzuhalten sind, überlässt der europäische Gesetzgeber im Wesentlichen jedem selbst. Die Einhaltung der harmonisierten Normen, also solcher technischer Normen, die europaweit vereinheitlicht sind, führt zumindest zu einer Vermutung, dass die wesentlichen Anforderungen eingehalten wurden. Diese Vermutung kann jedoch jederzeit dadurch entkräftet werden, dass ein Produkt eben diesen wesentlichen Anforderungen nicht genügt. Ergänzt werden muss jedoch, dass es für bestimmte Produktgruppen, die besonders gefährlich sind, auch weitergehende Anforderungen gibt, die jedoch eine gewisse Flexibilität bewahren.

---

[18] EMF – elektromagnetische Felder

So ist es bei vielen Produkten möglich, zwischen verschiedenen Optionen auf dem Weg von der Produktentwicklung bis zur Fertigung und Qualitätsprüfung auszuwählen. Der Richtliniengeber hat dazu verschiedenste Module entwickelt, die auf den verschiedenen Stufen der Produktentwicklung und Fertigung alternativ oder kumulativ zu beachten sind.

Wie oben beschrieben, führt die Einhaltung der technischen Normen nicht mehr zur Gewissheit, dass ein Produkt sicher ist, sondern es wird lediglich vermutet, dass dies so sei. Alternativ besteht die Möglichkeit, die Normen zu missachten und sich eigene Gedanken zur Sicherheit des eigenen Produkts zu machen. Sofern diese Überlegungen dokumentiert und durch entsprechende Tests und Prüfungen einigermaßen verifiziert sind, steht dem Inverkehrbringen eines solchen Produkts nichts im Weg. Wer sich für eine solche Vorgehensweise entscheidet, kann sein Produkt ebenfalls mit dem CE-Zeichen versehen, wie derjenige, der penibel alle harmonisierten Normen eingehalten hat. Daraus folgt, dass die Entwickler und Produzenten von Produkten ein hohes Maß an Eigenverantwortung zugebilligt bekommen haben. Dies führt auf der anderen Seite dazu, dass nunmehr keine Gewissheit hinsichtlich der Produktsicherheit mehr besteht. Auch die Einhaltung aller Normen kann nicht entlasten, wenn das Produkt sich als unsicher erweist und Schäden verursacht. In einem solchen Fall drohen massive Sanktionen bis hin zu strafrechtlichen Folgen. Denkbar ist aber auch, dass Produkte des gleichen Typs nicht mehr in Verkehr gebracht werden dürfen oder bereits am Markt befindliche Produkte zurückgerufen werden müssen oder zumindest deren Betrieb eingestellt werden muss, wenn sich die Produkte dieses Typs als unsicher erwiesen haben.

Daraus folgt, dass keine kontrastreiche Grenzziehung zwischen erlaubtem und nicht erlaubtem Inverkehrbringen von Produkten möglich ist. Nur dort, wo überhaupt eine CE-Kennzeichnung vorgeschrieben ist, bestehen Anhaltspunkte, welche Standards einzuhalten sind. Außerhalb dieses Bereichs bestehen keine Mindestanforderungen, wenn man von Sonderfällen extrem gefährlicher Produkte absieht. Entscheidend ist, dass technische Normen, unabhängig davon, ob sie europaweit harmonisiert wurden oder nicht, nicht den einzuhaltenden Mindeststandard beschreiben. Sie können unterschritten werden oder auch überschritten werden. Eine Sicherheit, rechtlich korrekt zu handeln, gewähren sie nicht. Ob es erlaubt war, ein Produkt in den Verkehr zu bringen, erweist sich erst in der Rückschau, nämlich dadurch, dass die Produkte nicht zu einer Haftung gemäß des Produkthaftungsregimes führen.

7.2.2 Zivilrechtliche Produkthaftung

Produkthaftungsgesetz

Dies vorausgeschickt wird deutlich, dass mangels einer klar bezeichneten Mindestanforderung an Produkte, die in Verkehr gebracht werden sollen, andere Kriterien herangezogen werden müssen, die geeignet sind zu bestimmen, welches Maß an

Sicherheit und Zuverlässigkeit wiederverwendete Bauteile und Komponenten aufweisen müssen. Wie schon ausgeführt, wird die Sicherheit von Produkten gewährleistet durch bestimmte Sanktionen im Fall eines Produktversagens. Wir wollen nun diese Sanktionen näher betrachten, um daraus einen Maßstab für den sinnvollen Einsatz von wiederverwendeten Bauteilen zu finden.

Hoheitliche Anordnungen

Für einige ausgewählte Produkte sieht das öffentliche Recht noch immer eine Zulassung vor. Dies betrifft jedoch nur sehr spezielle und überaus gefährliche Produkte. Daneben kann – soweit eine CE-Zertifizierung vorgeschrieben ist – ein behördliches Betriebsverbot erlassen werden, evtl. können auch Produkte, die sich bereits am Markt befinden, zurückgeholt oder deren Betrieb untersagt werden. Vergleichbare Regelungen sind auch in weiteren speziellen Feldern, meistens gefährliche Produkte betreffend, vorgesehen. Diese Verfügungen staatlicher Stellen ziehen zwangsläufig finanzielle Einbußen nach sich. Sei es, dass bei einem Betriebsverbot kein Profit mehr erwirtschaftet werden kann, sei es, dass bei einem Rückruf aus dem Markt oder einer Betriebsuntersagung der Käufer oder Betreiber des Produkts Regressansprüche gegen den Hersteller bzw. Verkäufer geltend macht und den gezahlten Kaufpreis zurückverlangt.

Ordnungswidrigkeit

Daneben sehen viele öffentlich-rechtlichen Regelungen vor, dass ein Bußgeld zu zahlen ist, wenn gegen zuvor getroffene hoheitliche Anordnungen verstoßen wird. Zum Teil sind auch Erstverstöße bereits bußgeldbewehrt. Für diese Bußgelder sehen die gesetzlichen Regelungen meistens Maximalbeträge von 25 € bis 100 000 € je Verstoß vor. Selten werden diese Maximalbeträge jedoch verhängt.

Strafrecht

Neben diesen verwaltungsrechtlichen Sanktionen kann auch das Strafrecht verletzt werden, wenn ein Produkt sich als unsicher erweist und Menschen zu Schaden kommen. In den bekanntesten Fällen von Produkthaftung, dem Contergan- und dem Holzschutzmittelfall, wurde gegen die Geschäftsführer und leitende Angestellte der Produzenten wegen fahrlässiger Körperverletzung ermittelt. Insbesondere wenn bereits bekannt ist, dass ein Produkt sich als gefährlich erwiesen hat, und in einem solchen Fall nicht angemessene und wirksame Gegenmaßnahmen ergriffen werden, sei es durch Verbesserung des Produkts oder sogar durch einen Rückruf aus dem Markt, liegt eine Strafbarkeit wegen fahrlässiger Körperverletzung und, wenn Menschen zu Tode kommen, wegen fahrlässiger Tötung, nahe. Kommt es auf dieser Grundlage zu einer Verurteilung, sind Geldstrafen möglich, die weit höher liegen als die zuvor genannten Bußgelder und im Extremfall kann dies sogar zu einer Freiheitsstrafe führen, die an den verantwortlichen Mitarbeitern im Unternehmen vollzogen werden kann.

Sanktionen der vorgenannten Art betreffen jedoch nur Ausnahmefälle oder extrem schwerwiegende Ereignisse im Fall eines Produktversagens. Sehr viel alltäglicher und damit relevanter für unsere Betrachtung ist jedoch die zivilrechtliche Produkthaftung.

Rechtsgrundlagen

Die Produkthaftung ist im deutschen Recht erstaunlicherweise doppelt verankert, zum einen in einer durch die Rechtsprechung ausgeformten Haftung aus § 823 BGB und zum anderen aus dem Produkthaftungsgesetz. Zu dieser Doppellösung kam es, weil mit dem Aufkommen großer Industrieunternehmen und ihrer mehrfach gestaffelten Vertriebskanäle das Bedürfnis nach einer Produkthaftung deutlich wurde. So wurde im bereits genannten Contergan-Fall deutlich, dass weder die geschädigten Kinder noch ihre Eltern Ansprüche gegen den Produzenten oder die vertreibenden Pharmagroßhändler oder gar Apotheker geltend machen konnten. Die Rechtsprechung suchte daher nach einer anderen Anspruchsgrundlage und wurde in § 823 BGB fündig. Diesem wurde nun eine Haftung beigelegt, wenn eine Verkehrssicherungspflicht verletzt wurde. Es wurde auf bestehende Rechtsprechung zurückgegriffen, die eine Haftung vorsah in Fällen, in denen der Schädiger die Sicherheit in der Öffentlichkeit dadurch gefährdet hatte, dass er eine Gefahrenquelle eröffnet und diese nicht hinreichend abgesichert hatte.

Eine vergleichbare Sachlage erkannte man beim Inverkehrbringen von Produkten. Dadurch, dass ein Produkt ein Gefährdungspotenzial aufweist, ergibt sich die Pflicht, dieses Gefährdungspotenzial – soweit möglich – kenntlich zu machen oder so abzuschirmen, dass es sich nicht verwirklicht. Sofern dies schuldhaft nicht geschieht, sollte derjenige, der ein solches Produkt in den Verkehr bringt, haftbar gemacht werden können. Diese Rechtsprechung wurde im Weiteren weiter ausdifferenziert und erfuhr eine zweite große Publizität, nachdem zahlreiche Anwender von Holzschutzmitteln erkrankten, weil sich Biozide in diesen Holzschutzmitteln befand. Auf europäischer Ebene griff man diesen Gedanken der Produkthaftung auf und schuf eine europäische Produkthaftungsrichtlinie, die dafür sorgte, dass alle Mitgliedstaaten der EU gesetzliche Regelungen schaffen mussten, die der erlassenen Richtlinie entsprachen. In Deutschland wurde diese Richtlinie durch das Produkthaftungsgesetz in das deutsche Recht aufgenommen. Gleichzeitig entschloss man sich, die bisherige Rechtsprechung zu § 823 BGB weiter als gültig und verbindlich anzuerkennen. Wer also durch ein unsicheres Produkt geschädigt wird, hat die Auswahl zwischen zwei Anspruchsgrundlagen aus der Produkthaftung mit § 823 BGB und dem Produkthaftungsgesetz.

Produkthaftung als Gefährdungshaftung

Wir wollen zunächst die mögliche Haftung aus dem Produkthaftungsgesetz betrachten, insbesondere dessen Voraussetzungen, da so deutlich wird, welches Maß an Sicherheit ein Produkt aufweisen muss, das wiederverwendete Bauteile enthält.

Zunächst ist festzuhalten, dass das Produkthaftungsgesetz eine sog. Gefährdungshaftung ist. Das bedeutet, dass es für die Haftung ausreichend ist, dass allein eine Gefahr geschaffen wurde. Ob diese Gefahr erkennbar war oder in irgendeiner anderen Form der Verursacher schuld an der Gefahr oder dem daraus entstehenden Schaden war, bleibt unerheblich. Es ist ausreichend, dass eine Gefahr geschaffen wurde, indem ein gefährliches Produkt in den Verkehr gegeben wurde.

Das Produkt

Zunächst ist festzuhalten, dass das Produkthaftungsgesetz auf fast alle Sachen anzuwenden ist, die kommerziell gehandelt werden. Erfasst werden nicht nur fertige Endprodukte, die konsumiert oder genutzt werden, bis sie Abfalleigenschaft erreichen, sondern auch alle Rohstoffe und Vorprodukte, wie etwa das Eisenerz, das in einer Mine gewonnen wird, um irgendwann Bestandteil des Gehäuses eines Produkts zu werden. Versagt dieses Produkt aufgrund eines Fehlers in dem Eisenerz, kann selbst der Minenbetreiber in Haftung genommen werden, weil auch er ein fehlerhaftes Produkt in den Verkehr gebracht hat. Ebenfalls als Produkt betrachtet wird Elektrizität. Auch wer diese in Verkehr bringt, muss die daraus entstehenden Gefahren wirksam abschirmen.

Etwas schwieriger wird die Einordnung jedoch bei Software. Nach Auffassung der Rechtsprechung ist Software keine Elektrizität, sondern eine Abfolge von Spannungsschwankungen. Da Software auch nicht körperlich vorhanden ist, kommt sie als Produkt nicht in Betracht. In solchen Fällen kann sich jedoch die Produkteigenschaft aus dem Speichermedium der Software ergeben, da dadurch eine Verkörperung der Software erzielt wird, die notwendig ist für die Einordnung als Produkt im Sinn des Produkthaftungsgesetzes. Das bedeutet, dass im Fall des Versagens von Software nicht die Software selbst als gefährliches Produkt angesehen werden würde, sondern der Datenspeicher, der diese Software enthält. Wenn man diesen Gedanken der Rechtsprechung konsequent zu Ende denkt, könnte ein Softwarehersteller die Produkthaftung umgehen, indem er seine Software nicht mehr mittels eines Speichermediums wie einer CD-ROM oder eines Flash-Speichers an seine Kunden übergibt, sondern „körperlos", z. B. über eine Datenleitung wie das Internet oder unter Vermeidung des Kabels bei Nutzung von WLAN, GSM oder UMTS. Ob die Rechtsprechung sich einem solchen Gedankengang anschließen würde, begegnet jedoch Bedenken, da hier die Unterscheidung zwischen Produkt und Nicht-Produkt relativ willkürlich erscheint, da es für die Gefährlichkeit der Software völlig unerheblich ist, auf welche Weise sie ihren Weg in den Rechner des Kunden gefunden hat.

Sehr viel relevanter für den Aspekt der Produkthaftung ist jedoch eine andere Eigenschaft von Software. Das Ergebnis der mit der Software verursachten Datenverarbeitung kann direkt in mechanische oder elektrische Wirkung umgesetzt werden, indem z. B. eine Hydraulik angesprochen oder ein Stromkreis geschlossen wird. In solchen Fällen, in denen das Produkt unmittelbar eine Wirkung in der realen Welt verursacht, wird die Produkthaftung relevant. Immer dann jedoch, wenn das Ergebnis der Datenverarbeitung zunächst durch einen Menschen wahrgenommen und umgesetzt wird, entsteht keine Produkthaftung. Die Entscheidungsfreiheit des Menschen, der das Ergebnis der Datenverarbeitung ausliest, stellt einen so starken neuen Verursachungsbeitrag dar, dass nun nicht mehr das Produkt selbst schuld an einem möglicherweise entstehenden Schaden ist. In gleicher Weise sind auch Beratungsleistungen nicht als Produkte einzuordnen, auch wenn ihr Ergebnis in verkörperter Form dem Kunden übergeben wird. Auch hier nimmt ein Mensch Informationen wahr, analysiert, verarbeitet sie und reagiert entsprechend darauf.

Damit wirkt nicht mehr das Produkt direkt in der Außenwelt, sondern der die Information aufnehmende und danach handelnde Mensch. Infolgedessen sind auch Bücher keine gefährlichen Produkte, auch wenn sie Anleitungen zum Bombenbau enthalten. Lediglich wenn der Einband des Buchs toxische Substanzen enthält, die bei Hautkontakt wirken können, wären sie als gefährliche Produkte zu betrachten.

Weiter ist entscheidend, dass ein Produkt sicher sein und bleiben muss, auch wenn es mit anderen Produkten verbunden, in ein anderes Produkt eingebaut oder es in irgendeiner Form verändert oder veredelt wird. Lediglich bei einer ganz erheblichen Generalüberholung eines Produkts wurden von der Rechtsprechung Ausnahmen gemacht mit der Überlegung, dass bei einer entsprechend starken Veränderung nunmehr ein neues Produkt entstanden ist und es sich nach einer Überholung nicht mehr um das bisherige Produkt handelt. Maßgeblich ist, dass die bei der Generalüberholung erzielte Veränderung sehr weitgehend sein muss. Insbesondere im Zusammenhang mit wiederverwendeten Bauteilen wird dieser Aspekt relevant, denn auch nach Gebrauch, Entsorgung und Recycling, also einer Wiederverwendung, handelt es sich noch immer um das Produkt des ursprünglichen Herstellers.

Wer also Baugruppen und Komponenten herstellt, die für eine Wiederverwendung besonders geeignet sind, sollte Überlegungen anstellen, wer in welcher Weise eine Wiederverwendung vornehmen könnte und ob dadurch neue Risiken entstehen. Entscheidend ist hierbei die Frage, wie Dritte auf das Produkt einwirken könnten. Der Hersteller des ursprünglichen Produkts muss nämlich nicht nur damit rechnen, dass die Käufer und Nutzer seines Produkts damit sachgerecht und bestimmungsgemäß umgehen, sondern er muss auch davon ausgehen, dass ein Fehlgebrauch erfolgt. Dieser Aspekt lässt sich auf die Wiederverwendung von Bauteilen übertragen, sodass damit gerechnet werden muss, dass ein Produkt bei Ausbau, Reinigung, Aufarbeitung, Überprüfung, Lagerung und Wiedereinbau seine ursprünglichen Eigenschaften behält und kein neues Gefährdungspotenzial erwirbt. Insbesondere wird es schwierig sein zu übersehen, ob bei einem Einbau eines Bauteils in ein anderes Produkt als ein solches, für das das Bauteil ursprünglich vorgesehen war, neue Risiken entstehen. Sei es, dass sie von dem Bauteil in seiner neuen, nicht vorgesehenen Umgebung herrühren oder aus dem Gesamtprodukt, in dem das Bauteil nun eingesetzt wird, ohne dafür vorgesehen gewesen zu sein. Wegen des weiten Anwendungsbereichs des Begriffs Produkt im Sinn des Produkthaftungsgesetzes wird man jedoch davon ausgehen müssen, dass ein solches Bauteil auch in extremen Fallgestaltungen seine Eigenschaft als Produkt des ursprünglichen Herstellers behalten wird, sodass eine Produkthaftung zumindest durch die bloße Wiederverwendung nicht ausgeschlossen werden kann.

Fehler

Weiterhin muss das Produkt einen Fehler aufweisen. Ein Produkt ist fehlerhaft, wenn es nicht die Sicherheit aufweist, die die beteiligten Verkehrskreise von ihm erwarten. Es gibt also nicht eine Standardsicherheit, die einzuhalten ist, sondern es wird ein flexibler Ansatz verfolgt. Dies ist natürlich notwendig, weil es Produkte gibt, die zwingend eine hohe und auch sehr hohe Gefährlichkeit aufweisen müssen, um ihre Funktion zu erfüllen. Allerdings haben die Nutzer solcher Produkte auch eine erheblich geringere Erwartung an die Sicherheit eines solchen Produkts, sodass die geschaffenen Risiken durch eine entsprechend vorsichtige Handhabung reduziert werden. Beispielsweise muss ein Küchenmesser sehr viel gefährlicher sein als ein Radiergummi, weil es sonst nicht geeignet wäre, seine Funktion zu erfüllen. Gleichzeitig ist zu beobachten, dass die Nutzer zum einen das Küchenmesser sehr viel vorsichtiger handhaben als ein Radiergummi und zum anderen auch besonders gefährdete Personen, z. B. Kinder, von der Nutzung eines solchen gefährlichen Produkts ausschließen. Wird also bei den zuvor angesprochenen Überlegungen festgestellt, dass ein erhebliches Gefährdungspotenzial nicht auszuschließen ist, so kann dem dadurch begegnet werden, dass auf diese Risiken insbesondere und deutlich hingewiesen wird, um die Sicherheitserwartung der möglichen Nutzer möglichst gering zu halten. Zu erreichen ist, wie gesagt, nur der Sicherheitsstandard, den die Nutzer von dem Produkt erwarten.

Solche sicherheitsrelevanten Informationen seien üblicherweise auf der Verpackung oder in einer Bedienungsanleitung oder auch bei besonders großer Wichtigkeit auf dem Produkt selbst anzubringen. Jeder Warnhinweis und jede Instruktion, die in der Bedienungsanleitung oder auf der Verpackung enthalten ist, birgt das Risiko, dass bei einem Weiterverkauf des Produkts als gebrauchte Sache nur das Produkt selbst weitergegeben wird, nicht aber dessen Originalverpackung und Bedienungsanleitung. Besonders wichtige Warnhinweise müssen also auf dem Produkt selbst so angebracht werden, dass eine Entfernung sehr unwahrscheinlich oder ausgeschlossen ist. Die nun angestrebte Wiederverwendung von Komponenten und Bauteilen führt dazu, dass Warnhinweise nicht nur auf dem Produkt selbst angebracht werden müssen, sondern evtl. auch Warnhinweise im Inneren des Produkts auf dessen Einzelbauteilen und Bestandteilen anzubringen sind. Hier ist natürlich insbesondere darauf zu achten, dass bei der Benutzung des Produkts dem Ausbau der Baugruppe und dessen Recycling der Warnhinweis nicht aus Versehen unkenntlich gemacht werden kann.

Hinsichtlich der zu erwartenden Sicherheit ist auf den Durchschnitt der möglichen Nutzer des Produkts abzustellen. Besonders sorglose oder übervorsichtige Nutzer können also aus der Betrachtung ausgeschlossen werden. Welche Nutzer für ein Produkt in Betracht kommen, ergibt sich naturgemäß zunächst aus dessen Funktion. Weiterhin hat aber auch der Hersteller eines Produkts die Möglichkeit, diesen Nutzerkreis zu steuern.

Dies kann dadurch geschehen, dass ein Produkt mit seinen Funktionalitäten so positioniert wird, dass es nur von professionellen Benutzern erworben werden wird, nicht jedoch von Durchschnittsverbrauchern. Gleichfalls kann durch die Aufmachung der Verpackung, die Wahl des Vertriebskanals, die Beschreibung des Produkts und dessen Bewerbung versucht werden, besonders gefährdete Personengruppen wie Kinder aus dem vorhersehbaren Nutzerkreis auszuschließen. Weitere Kriterien sind hier auch der Preis, der für ein Produkt gefordert und regionale Besonderheiten in den Markt, in dem es in Verkehr gebracht wird. Bei all diesen Überlegungen ist jedoch genau darauf zu achten, dass ein Produkt nach einer gewissen Zeit des Gebrauchs auch in neue Hände wandern kann und nun vielleicht unter anderen Bedingungen in anderen klimatischen und geografischen Verhältnissen und von anderen Kategorien von Nutzern verwendet wird. All diese Vorgänge sind einzukalkulieren und zu beachten, soweit sie vorhersehbar sind.

Vor eine schier unmögliche Aufgabe wird der Hersteller eines Produkts gestellt, wenn ihm abgefordert wird, dass er die Sicherheit seines Produkts nicht nur bei dem von ihm intendierten bestimmungsgemäßen Gebrauch sicherstellen muss, sondern auch bei einem vorhersehbaren Fehlgebrauch durch den relevanten Nutzerkreis. In diesen Problemkreis gehört die Frage, ob es für den Hersteller eines Mikrowellenherds vorhersehbar ist, dass seine Kundin das Gerät nicht nur zur Erwärmung von Nahrungsmitteln verwenden, sondern auch zur Trocknung von Haustieren. Hier ergeben sich zum Teil recht bizarre Fallgestaltungen, denen jedoch gemeinsam ist, dass die Rechtsprechung sehr großzügig ist hinsichtlich der Vorhersehbarkeit von zum Teil sehr fernliegenden Verhaltensweisen und Gebrauchsmöglichkeiten eines Produkts.

Unter dem Aspekt der Wiederverwendung von Bauteilen ist insbesondere die Rechtsprechung zu lang laufenden Produktserien von erhöhter Relevanz. So wurde festgestellt, dass ein Produkt die zu erwartende Sicherheit erfüllen muss nicht nur im Zeitpunkt seiner Konstruktion und erstmaligen Fertigung, sondern im Zeitpunkt des jeweiligen Inverkehrbringens des individuellen Produkts.

Insbesondere bei Produkten, die baugleich über lange Jahre hergestellt und in Verkehr gebracht werden, ergibt sich das Problem, dass sich während dieser lang laufenden Serie die Sicherheitserwartung der relevanten Nutzerkreise verändert oder auch der Nutzerkreis selbst stark verändert oder erweitert. Beispielhaft sei der VW-Käfer angeführt, der bei seiner Konstruktion und erstmaligem Inverkehrbringen sicherlich den Stand der Technik darstellte und die Sicherheitserwartungen von Pkw-Nutzern der damaligen Zeit vollauf erfüllte. Man kann jedoch davon ausgehen, dass die Nutzer von Pkw in den späten 1970er- und früher 1980er-Jahren völlig veränderte Erwartungen an die Sicherheit eines Pkw hatten und entsprechend unvorsichtiger und schneller fuhren, als dies Jahrzehnte zuvor der Fall gewesen wäre. Auch an die Wirksamkeit von Bremsen und Federung wurden nunmehr veränderte Erwartungen gestellt, sodass der VW-Käfer evtl. nicht mehr die zu erwartende Sicherheit erfüllte. Wird ein besonders langlebiges Bauteil oftmals wiederverwendet, ist also nicht nur die zu erwartende Sicherheit beim erstmaligen Inverkehrbringen zu beachten, sondern die zu erwartende Sicherheit beim letztmaligen Inverkehrbringen als Bauteil eines immer wieder neu hergestellten Gesamtprodukts.

Damit stellt sich die Frage, inwieweit nun das Produkt hinsichtlich seiner Nutzergruppe, seiner Wirkweise und seines Risikopotenzial erforscht werden müssen, um die erforderliche Sicherheit zu gewährleisten. Auch hier ist die Rechtsprechung vor allem dem Schutz der Öffentlichkeit gewidmet und kann stark vereinfacht so dargestellt werden:

Eine Entwicklungslücke, also eine unterlassene Erprobung oder ein nicht durchdachter Aspekt der Nutzung ist immer schädlich. Lediglich Wissenslücken, also ein in der gesamten Welt der Technik und der Wissenschaft noch nicht erkanntes Phänomen, sind unschädlich. Also auch insoweit erheben der Gesetzgeber und die Rechtsprechung weitgehende Anforderungen an den Hersteller und Inverkehrbringer von Produkten. Faktisch muss das gesamte in technischen Normen und Regeln enthaltene Wissen sowie der gesamte Kenntnisstand der Wissenschaft verarbeitet und berücksichtigt werden. Zumindest gilt dies im Bereich der Wissenschaft soweit, wie wissenschaftliche Erkenntnisse als allgemeingültig und richtig anerkannte Theorien gelten und es sich nicht um vereinzelte Sondermeinungen und erste Beobachtungen einzelner Wissenschaftler handelt. Jedoch gab es auch Fälle, in denen eine Produkthaftung angenommen wurde, weil die wissenschaftlichen Publikationen zu einem bestimmten Produkt nicht ausreichend ausgewertet wurden, sodass nicht erkannt wurde, dass vereinzelt über Probleme eines bestimmten Medikamentenwirkstoffs berichtet wurde. Dies hätte zumindest eine nähere Untersuchung durch den Hersteller des Medikaments auslösen müssen. Dies galt zu einem Zeitpunkt, zu dem der Wirkstoff nach allgemeiner Meinung als völlig unbedenklich erschien.

Weiterhin ist der Kreis der möglich Haftenden gemäß Produkthaftungsgesetz festzustellen. Dies sind natürlich zunächst einmal die Hersteller des Endprodukts, das versagt hat, jedoch aber auch die Hersteller aller Teilprodukte und Rohstoffe, die in dem endgültigen Produkt Verwendung fanden.

Die Haftung wird sich natürlich soweit ergeben, wie die Zulieferung dieses Herstellers für das Versagen und die fehlende Sicherheit des Produkts relevant geworden ist. Es haftet nicht der Lieferant bloß immaterieller Beiträge, z. B. ein Konstrukteur, da wir schon oben gesehen hatten, dass noch keine unmittelbare Wirkung in der Außenwelt durch den Konstrukteur verursacht wurde. Dies geschieht erst nach Fertigung des Produkts und dessen Nutzung. Neben dem Hersteller haften auch die sog. Quasihersteller, die ein fertiges Produkt bei einem Lohnfertiger einkaufen und nur durch Anbringung der eigenen Markenzeichen als Hersteller im Verkehr auftreten, ohne dies jedoch tatsächlich zu sein. Diese vor allem bei Markenartiklern weitverbreitete Praxis führt natürlich dazu, dass der Markeninhaber auch die Produkthaftung annimmt. Fraglich ist, ob dies auch bei sog. Handelsmarken der Supermarktketten gilt, die zwar ihre eigenen Handelsmarken auf den Produkten anbringen, jedoch begleitet von dem Hinweis „Hergestellt für: …".

Wer haftet?

Neben Hersteller und Quasihersteller ist jedoch auch der Importeur eines Produkts haftbar nach dem Produkthaftungsgesetz, denn der europäische Gesetzgeber wollte sicherstellen, dass ein Geschädigter einen Anspruchsgegner innerhalb der EU findet. Wird also ein Produkt in China hergestellt und durch ein deutsches Unternehmen erstmals in den europäischen Markt eingeführt, wäre es für den geschädigten Verbraucher nur sehr schwer möglich, den Hersteller des Produkts in China zu verklagen und ein möglicherweise erreichtes Urteil dort durchzusetzen. Aus diesem Grund haftet neben dem eigentlichen Hersteller auch der Importeur aus Produkthaftungsgesichtspunkten, denn dieser wird seinen Sitz üblicherweise innerhalb der EU haben. Dies gilt natürlich genauso für den Import von Grund- und Teilprodukten. Im Rahmen der Wiederverwendung von Bauteilen kann hier insbesondere der Reimport nach einer Aufarbeitung außerhalb der EU relevant werden. Auch hier würde der Reimporteur des Bauteils die Produkthaftung neben dem ursprünglichen Importeur, der das Bauteil während seiner ersten Lebensphase importiert hat, haftbar sein.

Abschließend ist sogar ein einfacher Vertriebspartner des Herstellers oder Importeurs für Produkthaftungsansprüche verantwortlich. Dies hat seinen Grund darin, dass der geschädigte Verbraucher keinen Einblick in die Wertschöpfungskette des Herstellers hat. Ihm ist, wenn überhaupt, nur sein direkter Verkäufer bekannt. Diesen kann er aus Produkthaftungsgesichtspunkten in Anspruch nehmen, wenn dieser seine Vorlieferanten, den Importeur und Hersteller, nicht offenlegt. Erst wenn der Vertriebshändler die ladungsfähigen Anschriften sehr verantwortlich dem Importeur und Hersteller benennt, ist er nicht mehr haftbar.

Daraus ergibt sich, dass bei einem Produktversagen evtl. mehrere Parteien als Verantwortliche in Betracht kommen. Diese haften als Gesamtschuldner, was bedeutet, dass der gesamte Schadensbetrag von jedem Beteiligten in der gesamten Höhe gefordert werden kann und diese dann untereinander Regress fordern können, damit jeder der Beteiligten den Schaden nur insoweit trägt, wie er auch für den Schadenseintritt verantwortlich ist. Der Geschädigte könnte also mangels anderer Anspruchsgegner innerhalb der EU den gesamten Schadensbetrag von dem Importeur des Produkts fordern, obwohl dieser in keiner Weise verantwortlich für den Fehler des Produkts und dessen Versagen gewesen ist. Nachdem dieser den Gesamtschaden beglichen hat, kann er dann an die tatsächlich Verantwortlichen herantreten und Ausgleich des ihm nun entstandenen Schadens nach Maßgabe des jeweiligen Beitrags des Beteiligten bei der Verursachung des Fehlers und des Schadenseintritts fordern. Hierbei werden auch vertragliche Regelungen, z. B. Qualitätssicherungsvereinbarung, eine wichtige Rolle spielen, wenn dadurch die Pflicht zur Qualitätssicherung dem einen oder anderen Partner in der Wertschöpfungskette zugeordnet wurde.

Höhe der Haftung

Nachdem nun die Voraussetzungen der Produkthaftung nach dem Produkthaftungsgesetz erkennbar sind, ist es natürlich auch wesentlich, den Umfang einer solchen Haftung zu kennen, um eine fundierte Entscheidung darüber zu treffen, wie sicher ein Produkt sein muss. Naturgemäß ist eine solche rein am finanziellen Risiko und am finanziellen Aufwand zur Gewährleistung der Produktsicherheit orientierte Entscheidung nur dann zulässig, wenn eine Gefährdung von Menschen vollkommen ausgeschlossen ist.

Der Umfang der Haftung bei der Produkthaftung ist in verschiedener Weise begrenzt. Zunächst sind alle Personenschäden zu ersetzen. Dies beinhaltet Kosten der Heilbehandlung, Schmerzensgeld, vermehrter Bedarf während der Heilung und bei bleibenden Schäden, Beerdigungskosten und auch eine Erwerbsminderung. Nicht zu ersetzen sind sog. Fortkommensschäden. Hierbei handelt es sich um die finanziellen Einbußen, die ein Geschädigter dadurch erleidet, dass er durch seine Schädigung nicht in der Lage ist, eine bereits absehbare Steigerung seiner Erwerbsmöglichkeiten umzusetzen. Daraus ergeben sich leider stark unterschiedliche Haftungssummen, je nachdem, welche Art von Personengruppe betroffen ist. Werden durch das Produkt vor allem Personen geschädigt, die über ein hohes Einkommen verfügen, so ist dieses durch den Hersteller des Produkts zu ersetzen. Werden Personen mit sehr geringem Einkommen oder ohne eigenes Einkommen geschädigt, ist auch der entsprechende eintretende Schaden geringer zu bemessen. Insbesondere trifft dies auf Kritik, wenn z. B. Studenten betroffen sind, die über ein geringes Einkommen verfügen, jedoch bei einer erheblichen Verletzung evtl. daran gehindert werden, den bereits absehbaren Berufsweg zu nehmen und über lange Zeit hinweg ein erhebliches Einkommen zu erzielen. Ein solches nicht erzieltes oder absehbares Einkommen wäre als sog. Fortkommensschaden nicht zu ersetzen.

Neben diesen Ansprüchen des unmittelbar Betroffenen sind jedoch auch Schäden der mittelbar Betroffenen zu ersetzen. Hierbei handelt es sich vor allem um Schäden, die die Erben und auch Unterhaltsberechtigten einer evtl. getöteten Person erleiden. Fällt ein Unterhaltsverpflichteter aufgrund eines Produktversagens aus, sodass er z. B. seine Familienangehörigen und Kinder nicht mehr versorgen kann, so muss der Hersteller des Produkts diese Unterhaltsverpflichtung übernehmen. Insbesondere aus diesem letzten Punkt ist ersichtlich, dass aus der Produkthaftung erhebliche Haftungssummen entstehen können.

Insgesamt gibt es jedoch eine Höchstgrenze, um eine Versicherbarkeit von Produkthaftungsrisiken zu gewährleisten. Wenn das Maximum einer möglichen Haftung bekannt ist, fällt es leichter, die Rahmenbedingungen einer Versicherung für ein solches Risiko festzulegen. Im Fall des Produkthaftungsgesetzes beträgt die Höchstgrenze 85 Mio. €. Auch wenn eine Mehrzahl von Personen durch das Produkt geschädigt wird, steigt diese Summe nicht an. Reicht sie nicht aus, um alle Geschädigten voll zu entschädigen, wird die Haftungshöchstsumme nach Anspruchsquote auf alle Geschädigten verteilt.

Ebenfalls findet sich im Produkthaftungsgesetz eine Untergrenze der Haftung, die bei 500 € Selbstbeteiligung liegt. Durch diese Regelung wollte man sicherstellen, dass geringe Schäden nicht gefordert werden können, da hier die Gefahr besteht, dass die Kosten einer Rechtsverfolgung den Schaden überschreiten. Bei jedem Schadenfall muss also der Geschädigte eine Selbstbeteiligung von 500 € tragen.

Während bei Personenschäden nur geringe Einschränkungen in der Haftung bestehen, ist dies bei Sachschäden anders. Entscheidend ist, dass aus Produkthaftung nur der vor der Schädigung bestehende Status quo abgesichert wird. Es werden also nur sog. Integritätsschäden ersetzt. Ein Schaden, der aus einer Verletzung des Äquivalenzinteresses entsteht, bleibt unberücksichtigt. Dies bedeutet, dass die Produkthaftung nur für solche Schäden aufkommt, die an Sachen entstehen, die bereits vor Schadeneintritt den Geschädigten gehörten. Ein Schaden wegen mangelnder Funktionstüchtigkeit des versagenden Produkts oder ein Schaden, der entsteht, weil mangels Funktionstüchtigkeit des Produkts ein zu erwartender Gewinn nicht erzielt werden konnte, werden nach Produkthaftungsgesichtspunkten nicht ersetzt. Auch Schäden, die an der versagenden Sache selbst entstehen, sind nicht über Produkthaftung zu erlangen. Dies führt beispielsweise dazu, dass im Rahmen einer Rückrufaktion nur der Ausbau eines fehlerhaften Bauteils, nicht jedoch der Einbau eines neuen fehlerfreien Bauteils gefordert werden kann, da der Ausbau eines fehlerhaften Teils bereits ausreichend ist, um eine Gefährdung anderer Rechtsgüter zu beseitigen. Der Einbau des fehlerfreien Ersatzteils würde jedoch dazu führen, die Funktionstüchtigkeit des Produkts wiederherzustellen. Die Produkthaftung hat jedoch nur zum Ziel, die Gefährdung von anderen Rechtsgütern wie Menschen oder Eigentum zu verhindern. Die Wiederherstellung und Sicherung der Funktionstüchtigkeit eines Produkts ist jedoch ein exklusives Mittel der vertraglichen Gewährleistung. Auf diese wird im Folgenden eingegangen.

Weiterhin ausgeschlossen sind sog. Vermögensschäden. Ein Vermögensschaden entsteht nur indirekt. Hier wird nicht direkt eine andere Sache oder ein anderes Rechtsgut beeinträchtigt, sodass für Ersatz gesorgt werden muss, der dann auch eine Vermögenseinbuße darstellt, sondern hier führt das Produktversagen dazu, dass ohne eine solche direkte Wirkung Vermögenseinbußen entstehen. Wird also z. B. bei einem Elektrogerät durch mangelhafte Isolierung der Stromzufuhr das Gehäuse unter Spannung gesetzt, so kann dies natürlich verschiedene schwerwiegende Folgen haben.

Erleidet eine Person einen Stromschlag, so ist Schmerzensgeld und – soweit erforderlich – eine Heilbehandlung zu zahlen. Wird durch die mangelnde Isolierung ein Brand verursacht, so sind auch alle von dem Brand beeinträchtigten Gegenstände zu ersetzen. Wird jedoch durch die mangelnde Isolierung ein erhöhter Stromverbrauch des Produkts verursacht, so ist dieser Mehraufwand gegenüber dem Stromverbrauch bei ordnungsgemäßer Isolierung nicht zu ersetzen. Dies wäre ein Beispiel für einen reinen Vermögensschaden. Auch dieser Aspekt führt zu einer mitunter erheblichen Reduzierung der Kostenlast. Stellt sich bei einem in großer Serie hergestellten Produkt heraus, dass dieses ein unsicheres Bauteil enthält, so genügt der Hersteller seiner Pflicht aus der Produkthaftung dadurch, dass er die betroffenen Nutzerkreise über die Gefahr informiert und eine Abhilfe bereitstellt. Dies muss er jedoch aus dem Gesichtspunkt der Produkthaftung nicht kostenfrei tun. Vor dem Hintergrund der Produkthaftung ist niemand verpflichtet, dem Verbraucher zu einem funktionstüchtigen und sicher nutzbaren Produkt zu verhelfen. Dies ist die Aufgabe der vertraglichen Gewährleistung, auf die wir im Folgenden eingehen werden. Aus der Perspektive der Produkthaftung jedoch genügt es, dem Nutzer die gefahrlose Nutzung des Produkts zu ermöglichen. Versäumt ein Nutzer, die angebotene Abhilfe zu ergreifen, um die dann verbundenen Kosten zu sparen und kommt infolgedessen zu Schaden, so kann ein Anspruch aus Produkthaftung entfallen. Hier wäre u. U. anzunehmen, dass die Unterlassung des Nutzers, eine vertretbare Abhilfemöglichkeit zu nutzen, weitaus wichtiger für die Verursachung des Schadens geworden ist, als dies der ursprüngliche Fehler des Produktherstellers war.

Eine weitere, ganz entscheidende Einschränkung des aus Produkthaftung erwachsenen Schadenersatzanspruchs ist bei gewerblich genutzten Produkten zu beobachten. Soweit ein Produkt im gewerblichen Bereich, also nicht von Verbrauchern, genutzt wird, muss der Hersteller nur für Personenschäden aufkommen, jedoch keinerlei Sachschäden ersetzen. Dies führt zu mitunter unbefriedigenden Lösungen, wenn ein Produkt, das sowohl im privaten als auch im gewerblichen Bereich eingesetzt wird, versagt und erheblichen Schaden verursacht. Im Fall der privaten Nutzung wären alle Sachschäden zu ersetzen, im Fall der gewerblichen Nutzung wären diese Sachschäden nicht zu ersetzen. Klar im Vorteil sind hier also die Hersteller solcher Produkte, die nur im gewerblichen Bereich eingesetzt werden, jedoch nicht von Verbrauchern.

Die Höhe des Sachschadens wird nach allgemeinen rechtlichen Grundsätzen erfolgen, insbesondere nach der sog. Differenzhypothese. Bei dieser Berechnungsmethode wird der gesamte Vermögensstatus des Geschädigten im Zeitpunkt nach Eintritt des Schadens ermittelt und gleichfalls der gesamte Vermögensstatus des Geschädigten vor dem Schadenseintritt ermittelt. Die Differenz zwischen beiden Zuständen ist der Schaden. Vereinfacht dargestellt besteht der Schaden in der Abweichung des Vermögensstatus in dem Ist- und in dem Sollzustand, wobei der Sollzustand als Vermögensstatus im Zeitpunkt vor Eintritt der Schädigung zu definieren ist. Damit werden generell vom Schadenersatz alle nur erdenkbaren Nachteile und Schäden umfasst. Die vorgenannten spezifischen Einschränkungen sind jedoch zusätzlich zu beachten.

Ausschluss der Haftung

Produkthaftungsansprüche verjähren nach den allgemein gültigen Grundsätzen, also im Normalfall drei Jahre nach Abschluss des Jahrs, in dem der Geschädigte Kenntnis von seinem Anspruchsgegner und den Anspruchsgrundlagen hat. Allerdings wird eine solche Haftung nicht länger als zehn Jahre nach dem Inverkehrbringen des Produkts durchsetzbar sein. Wenn also ein Produkt elf Jahre nach dem Inverkehrbringen versagt, so erlangt der Geschädigte erst zu diesem Zeitpunkt Kenntnis davon, dass er einen Anspruch gegen den Hersteller hat. Er hätte nun noch drei Jahre Zeit, um diesen

Anspruch wirksam durchzusetzen. Allerdings erlöschen Produkthaftungsansprüche nach dem Produkthaftungsgesetz binnen zehn Jahren nach dem Inverkehrbringen. Dies hat einen wesentlichen Hintergrund darin, dass alle Produkte einem gewissen Verschleiß unterliegen und es nach zehn Jahren nicht mehr zu erwarten ist, dass ein Produkt trotz fortgesetzter Nutzung noch immer die gleiche Sicherheit aufweist, wie es bei Inverkehrbringen hatte.

Produkthaftung nach BGB

Wie oben bereits festgestellt, gibt es in Deutschland eine doppelte Regelung der Produkthaftung, zum einen nach dem Produkthaftungsgesetz, das auf einer europäischen Richtlinie beruht, und zum anderen auf der Rechtsprechung zu § 823 BGB, die älteren Ursprungs ist. Diese Produkthaftung nach BGB ist teilweise strenger, teilweise leichter als die oben dargestellte Haftung nach dem Produkthaftungsgesetz. Bedenken gegen eine Zulässigkeit eines solchen Haftungsregimes wegen der mangelnden Sicherheit von Produkten besteht nicht. Die EU-Produkthaftungsrichtlinie erlaubt den Nationalstaaten, eigene strengere Regelungen einzuführen. Soweit die Produkthaftung nach BGB weniger streng ist als die EU-Produkthaftungsrichtlinie, besteht die Möglichkeit, sich auf die Richtlinie zu stützen und nicht auf die BGB-Regelung. Entscheidend ist auch hier, dass, wie bei dem Produkthaftungsgesetz, nur das sog. Integritätsinteresse ersetzt wird, d. h., es wird nur der vor dem Schaden bestehende Status quo geschützt, es wird aber nicht die Funktiontüchtigkeit des Produkts selber berücksichtigt noch ein Schaden, der dadurch entsteht, dass diese Funktiontüchtigkeit nicht gegeben ist.

Nachdem oben bereits im Detail auf die Produkthaftung eingegangen wurde und die Produkthaftung nach BGB sich nur geringfügig unterscheidet, soll im Wesentlichen nur auf die tatsächlichen Unterschicdc cingegangen werden. Der Grund der Haftung besteht bei der Produkthaftung nach BGB darin, dass die Verkehrssicherungspflicht verletzt wird. Wer ein Produkt in den Verkehr bringt, schafft damit automatisch auch eine Fehlerquelle. Wer Bauteile von Produkten wiederverwendet, verschärft evtl. dadurch noch einmal die Gefahr, die ohnehin schon von diesem Produkt ausgeht. Aus dieser Gefährdung der Öffentlichkeit ergibt sich die Pflicht zur Absicherung, d. h. zur Abschirmung der Gefahr, damit niemand zu Schaden kommt und auch keine Sachschäden entstehen. Aus diesem leicht anderen Ansatzpunkt erklärt sich auch, dass bei der Produkthaftung nach BGB, anders als bei der Haftung nach Produkthaftungsgesetz, auch Gegenstände in den Anwendungsbereich fallen, die nicht industriell gefertigt werden. Völlig unbedenklich ist also auch hier eine Anwendung auf Software anzunehmen. Ebenso aber auch gehören handwerklich und künstlerisch gefertigte Produkte, unbewegliche Sachen und Gase in den Bereich der Produkthaftung nach BGB.

Gehaftet wird, wenn ein solches Produkt einen Schaden verursacht. Voraussetzung ist, dass es fehlerhaft ist, wobei hierbei auf die Ausführungen oben zum Fehler im Sinn des Produkthaftungsgesetzes verwiesen werden kann. Wesentlich ist jedoch,

144

dass im Rahmen der Produkthaftung nach BGB noch ein Verschulden des Haftenden hinzutreten muss. Dies bedeutet, dass eine Haftung nur dann besteht, wenn der Hersteller unsorgfältig gearbeitet hat und nicht mit der in der konkreten Situation erforderlichen Sorgfalt auf die Abschirmung der geschaffenen Gefahr und damit auch nicht auf die Verhinderung des Schadens hingewirkt hat. Dieses zusätzliche Erfordernis führt oftmals dazu, dass Ansprüche aus Produkthaftung nach BGB nicht durchsetzbar sind, während eine Anspruchsstellung nach Produkthaftungsgesetz erfolgreich ist. Gerade bei Großschadenfällen hat sich gezeigt, dass es sehr schwer ist, unter den Geschäftsführern und leitenden Angestellten der herstellenden Unternehmen einzelne Personen zu individualisieren, denen isoliert eine mangelnde Sorgfalt nachgewiesen werden kann. Insbesondere bei Entscheidungen, die in einem Gremium von mehreren Personen mittels Mehrheitsbeschluss herbeigeführt werden, ist es nahezu ausgeschlossen, einem einzelnen Beteiligten sein Verschulden nachzuweisen. Dieses Verschulden bedeutet, dass der jeweils Handelnde nicht die Sorgfalt aufgewendet hat, die er in der konkreten Situation hätte aufwenden müssen. Der Gesetzgeber hat hierzu bestimmt, dass „die im Verkehr erforderliche Sorgfalt" zu beachten ist. Entscheidend ist also, welches Maß an Sorgfalt im jeweiligen Verkehr als erforderlich erachtet wird. Dies lässt sich an den verschiedenen Phasen der Konstruktion und Produktion und Vermarktung eines Produkts bestimmen. Diese Phasen werden typischerweise auch beim Einsatz wiederverwendeter Bauteile durchlaufen werden. In der Rechtsprechung sind verschiedene Fallgruppen entsprechend den Produktions- und Konstruktionsphasen unterschieden worden.

Für die Phase der Produktentwicklung wurde festgestellt, dass die Einhaltung des jeweiligen Stands von Wissenschaft und Technik den absoluten Mindeststandard darstellt. Der Stand von Wissenschaft und Technik umfasst nicht nur die Einhaltung aller technischen Regeln und aller einschlägigen Normen, sondern auch der in der Wissenschaft nicht mehr umstrittenen Erkenntnisse und Theorien. Wenn vor einem solchen Wissenshintergrund erkennbar ist, dass das Produkt, das entwickelt wird, fehlerhaft sein wird, also beim intendierten Gebrauch und beim vorhersehbaren Fehlgebrauch zu Personenschäden oder Sachschäden von erheblichen Wert führen kann, so liegt ein Entwicklungsfehler vor. Die in der Entwicklungsphase erforderliche Sorgfalt ist also bestimmt durch die Erforschung des Stands von Wissenschaft und Technik und die Anwendung auf das zu entwickelnde Produkt.

Des Weiteren ist in der Rechtsprechung die Fallgruppe des Konstruktionsfehlers bekannt, bei der nicht erkannt wurde, dass das Produkt für den intendierten Einsatz grundsätzlich ungeeignet ist. Diese Ungeeignetheit bezieht sich dabei nicht auf die Funktionalität des Produkts, sondern lediglich auf die Sicherheit des Produkts. Wenn also ein bestimmtes Produkt immer wieder unter ganz bestimmten problematischen Einsatzbedingungen verwendet wird, muss bei der Konstruktion des Produkts darauf geachtet werden, dass diese problematischen Einsatzbedingungen zu keinem Sicherheitsproblem führen. Ansonsten wäre das Produkt für den intendierten Einsatz grundsätzlich ungeeignet. Die hier erforderliche Sorgfalt würde also umfassen, dass der intendierte Einsatz genauer untersucht wird und Feststellungen zur Geeignetheit des Produkts für diesen Einsatz getroffen werden.

In der Phase der Produktion eines Produkts sind sog. Fabrikationsfehler identifiziert worden. Diesen Fällen war gemeinsam, dass ein grundsätzlich sicheres Produkt sich im Einzelfall als unsicher erwies, weil bei der Fabrikation Fehler auftraten, die dazu führten, dass das hergestellte Produkt in einem sicherheitsrelevanten Punkt von der ursprünglichen Spezifikation des Produkts abwich. Die in diesem „Verkehr" erforderliche Sorgfalt umfasst also die bestmögliche Vermeidung von Ausschuss bei der Produktion. Zumindest muss Ausschuss als solcher erkannt werden können. Erstaunlicherweise hat hier die Rechtsprechung jedoch für die industrielle Produktion eine erhebliche Haftungserleichterung anerkannt, die den Gegebenheiten der industriellen Praxis Rechnung trägt. Eine Produkthaftung nach BGB ist nicht gegeben, wenn es sich bei dem fehlerhaften Produkt um einen sog. „Ausreißer" handelt. Von einem sog. „Ausreißerschaden" geht die Rechtsprechung dann aus, wenn nur eines von ca. 10 000 Stück fehlerhaft ist. Eine solche Quote von Fabrikationsfehlern hält die Rechtsprechung in der industriellen Fertigung für unvermeidbar oder zumindest nur mit nicht zu vertretendem Aufwand für vermeidbar. Erwähnenswert ist hier, dass in der industriellen Praxis und Fertigungswissenschaft als gesichert gilt, dass eine vollkommen fehlerfreie Fertigung nicht erreichbar ist, sodass die zu erreichende Qualität nicht als 100 % definiert wird, sondern als darunterliegende prozentuale Angabe. Oftmals wird hier die Einheit ppm (parts per million) verwendet, mit der ausgedrückt wird, wie viel Prozent der Gesamtmenge fehlerhaft sein dürfen. Diese in der Fertigungswissenschaft anerkannte Problematik ist jedoch in der Rechtswissenschaft – soweit ersichtlich – bislang nur in der Rechtsprechung des Bundesgerichtshofs zur Produkthaftung nach BGB berücksichtigt worden. Sowohl bei der Produkthaftung nach dem Produkthaftungsgesetz wie auch in der vertraglichen Haftung sctzt dcr Gesetzgeber die Hürde von 100 % fehlerfreier Fabrikation voraus.

In der Qualitätsendkontrolle wurde die Fallgruppe der sog. Kontrollfehler gebildet. Hierbei geht es darum, dass jedes Produkt vor der Weitergabe an Dritte oder den Inverkehrbringen darauf untersucht werden muss, ob es den Spezifikationen entspricht und im Übrigen auch sicher ist. Die in dieser Phase erforderliche Sorgfalt umfasst also eine soweit möglich umfassende Ausgangskontrolle der Qualität des Produkts. Insbesondere die Erfüllung dieser Pflicht ist wichtig, weil bei einem Fehlen der Ausgangskontrolle oder auch nur bei einem Fehlen der Dokumentation solcher Kontrollen eine Beweislastumkehr zugunsten des Geschädigten eintritt. Kann der Hersteller eines Produkts nicht beweisen, dass er eine Ausgangskontrolle durchgeführt hat oder kann er auch nur keine Dokumentation zu dieser Ausgangskontrolle und deren Befund vorweisen, so wird vermutet, dass das Produkt fehlerhaft war und der Schaden auch dadurch hervorgerufen wurde. Der Hersteller kann dann nur diese Vermutung durch handfeste Beweise erschüttern. Es ist also nicht nur wichtig, eine Ausgangskontrolle durchzuführen, sondern auch zu dokumentieren, wie diese durchgeführt wurde und mit welchem Befund. Insbesondere sollte vermieden werden, dass der Befund eine höhere Ausfallrate als 1 von 10 000 Stück aufweist. Diese Quote ist natürlich nicht von der Rechtsprechung so festgeschrieben worden, sondern es handelt sich um einen Einheitswert, der im Einzelfall vermutlich falsch, aber im Durchschnitt richtig sein wird.

Im Rahmen der Dokumentationsphase treffen den Hersteller eines Produkts auch Instruktionspflichten. Er muss den potenziellen Verwender seines Produkts auf besondere Sicherheitsrisiken hinweisen, die sich aus bestimmten Einsatzbedingungen, dem Zusammenwirken der Produkte von Dritten oder einer besonderen Art und Weise der Verwendung des Produkts ergeben können.

Eine Besonderheit der Produkthaftung nach BGB besteht schließlich in der sog. Produktbeobachtungspflicht, d. h., selbst nachdem ein Produkt in Verkehr gebracht worden ist, ist der Hersteller nicht frei von Pflichten in Bezug auf dieses Produkt. Vielmehr ist es erforderlich, das Verhalten des Produkts in der Praxis zu überprüfen. Hierzu müssen Presseberichte, Erfahrungen von Vertriebspartnern und Einzelhändlern, Kunden, Beschwerden und Reklamationen etc. herangezogen werden. Ergibt sich aus dem Gesamtbild dieser Informationen, dass das Produkt ein Gefährdungspotenzial aufweist, muss diesem entgegengewirkt werden. Dies kann erfolgen durch veränderte Instruktionen an die potenziellen Verwender oder, wenn dies nicht ausreichend erscheint, durch eine konstruktive Veränderung des Produkts. In dieser Fallgruppe ist vor allem der sog. „Honda-Fall" bekannt geworden. Der Geschädigte erlitt in diesem Fall einen Unfall mit seinem schweren Motorrad. Der Hersteller wurde aus Gesichtspunkten der Produkthaftung für diesen Unfall haftbar gemacht, obwohl Ursache des Unfalls nicht das Motorrad selbst war, sondern nur eine Windschutzverkleidung, die von einem dritten Unternehmen hergestellt wurde. Diese Windschutzverkleidung war von einem kleineren und von dem Motorradhersteller völlig unabhängigen Unternehmen jedoch spezifisch auf ein bestimmtes Modell des Motorradherstellers zugeschnitten worden und wies den aerodynamischen Fehler auf, dass bei höheren Geschwindigkeiten eine Instabilität des Motorrads herbeigeführt wurde. Das Gericht ging hier davon aus, dass die erforderliche Sorgfalt nach dem Inverkehrbringen, also die Erfüllung der Produktbeobachtungspflicht, mitumfasst hätte, den Markt so weit zu beobachten, dass Zubehör von Drittanbietern auf das Zusammenwirken mit dem eigenen Produkt hin hätte untersucht werden müssen.

Sind die Voraussetzungen einer Haftung nach § 823 Abs. 1 BGB unter dem Gesichtspunkt der Produkthaftung festgestellt, sind Personen- wie auch Sachschäden zu ersetzen. Dies gilt uneingeschränkt auch bei der gewerblichen Nutzung von Sachen. Hier besteht also ein wesentlicher Unterschied zur Produkthaftung nach dem Produkthaftungsgesetz, bei der Sachschäden dann nicht zu ersetzen sind, wenn eine Sache gewerblich genutzt wurde. Neben allen Personen- und Sachschäden sind auch einem Geschädigten Schmerzensgeld und Ersatz für eine Erwerbsminderung, die vorübergehend oder dauerhaft eingetreten sein kann, zu zahlen. Nicht jedoch zu ersetzen ist der sog. Fortkommensschaden, d. h. die Nichtrealisierung einer Erwerbsmöglichkeit, die nur potenziell in der Zukunft bestanden hätte. Wird also ein junger Mensch, der sich noch in der Ausbildung befindet, so erheblich verletzt, dass er dauerhaft erwerbsunfähig wird, ist ihm die Erwerbsminderung nur auf der Basis seines tatsächlichen Erwerbs zum Zeitpunkt der Verletzung zu ersetzen, nicht jedoch die Erwerbsmöglichkeiten, die er mit hinreichender Wahrscheinlichkeit hätte erreichen können nach Abschluss seiner Ausbildung.

Entscheidend ist jedoch auch hier, dass kein Ersatz der fehlerhaften Kaufsache selbst erfolgt und auch nicht damit zusammenhängende Schäden als z. B. entgangener Gewinn oder Entzug der Nutzung entschädigt werden. Diese Schäden betreffen das sog. Äquivalenzinteresse und sind allein einer Haftung nach Kaufrecht unterworfen. Die Produkthaftung soll lediglich den Status quo vor Erwerb des fehlerhaften Produkts sichern.

In Anspruch genommen werden kann natürlich der Hersteller des Endprodukts, aber auch seine Zulieferer, da auch hier als Produkt Rohstoffe und halbfertige Produkte gelten. Diese Zulieferer haften jedoch nur beschränkt, ggf. nur für Fabrikationsfehler, nicht jedoch für Instruktions- oder Produktbeobachtungspflichten. Auch Vertriebshändler können für solche Risiken haften, die sie beherrschen, z. B. bei der Produktbeobachtung, Instruktions- und Warnpflichten, die sich in einem Markt ergeben, für den ein Vertriebshändler evtl. exklusiv verantwortlich ist. Quasihersteller, also solche, die das Produkt nicht selbst hergestellt haben, die sich jedoch nur Einbringung ihrer Marke als Hersteller gerieren, haften nicht oder nur sehr beschränkt. Importeure von Produkten sind nur für die Einhaltung der EU-Sicherheitsstandards und der sich daraus unmittelbar ergebenden Pflichten verantwortlich. Zu beachten ist auch, dass bei der Produkthaftung nach BGB die verantwortlichen Personen in einem Unternehmen evtl. persönlich zur Haftung herangezogen werden können. Insbesondere Verantwortliche für Qualitätssicherung, für Entwicklung und Produktion sind hierbei natürlich stark gefährdet. Sollte sich eine Verantwortlichkeit dieser Personen nicht feststellen lassen, sind die leitenden Angestellten wie Geschäftsführer oder Vorstände auf eine Haftung zu untersuchen.

Diese Personen haften im Zweifel jeweils zu gleichen Anteilen, wenn eine Verantwortlichkeit festgestellt werden kann, jedoch nicht zweifelsfrei bestimmt werden kann, welchen Anteil die einzelnen Beteiligten an dem Schadensereignis hatten. Soweit sich aus der Vereinbarung von Qualitätssicherungssystemen oder durch eine Just-in-time-Lieferbeziehung Hinweise darauf ergeben, wie die Beteiligten untereinander die Verantwortlichkeit festlegen wollten, so werden auch diese bei der Feststellung der Produkthaftung herangezogen.

Unterschiede in der Produkthaftung

Abschließend kann festgestellt werden, dass die Produkthaftung nach BGB und nach Produkthaftungsgesetz in vielen Punkten ähnlich ist, in vielen Punkten jedoch auch abweicht. Das Produkthaftungsgesetz weist keine Pflicht zur Produktbeobachtung auf. Jedoch wird im Gegensatz zum BGB auch für Ausreißerschäden gehaftet. Die Haftung betrifft auch den Quasihersteller (anders als bei der Haftung nach BGB). Das

Produkthaftungsgesetz sieht keine Haftung für Sachschäden bei einem gewerblichen Gebrauch des fehlerhaften Produkts vor. Hinzu kommt, dass Haftungshöchstbeträge bestehen. Allerdings wird im Produkthaftungsgesetz kein Verschulden, also keine Missachtung der erforderlichen Sorgfalt als Haftungsvoraussetzung festgelegt, sondern es reicht die Herbeiführung einer bloßen Gefährdung der Öffentlichkeit aus, um zu haften. Während Ansprüche nach dem Produkthaftungsgesetz endgültig nach zehn Jahren nach dem Inverkehrbringen erlöschen, ist die Produkthaftung nach BGB erst nach 30 Jahren verjährt. Zwar kann nach beiden Produkthaftungsregimen eine Verjährung bereits nach drei Jahren eintreten, jedoch ist der Beginn der Verjährung an bestimmte Voraussetzungen geknüpft, z. B. Kenntnis des Anspruchsgegners und der Anspruchsgrundlagen, sodass die dreijährige Verjährungsfrist vielfach erst viele Jahre nach dem Inverkehrbringen ablaufen wird. Dies ist natürlich abhängig von dem jeweiligen Beginn der Verjährungsfrist, der meistens nicht mit dem Inverkehrbringen des Produkts zusammenfällt.

7.2.3   Fazit

Schlussfolgernd lässt sich feststellen, dass eine Haftung des Produktherstellers aus dem Gesichtspunkt der Produkthaftung vielschichtig und komplex ist. Keineswegs führt die Einhaltung von Normen und die Durchführung von normgerechten Prüfungen oder das Anbringen von Prüfsiegeln dazu, dass eine Produkthaftung entfallen könne. Ein wirklich sicherer Schutz vor Produkthaftungsansprüchen ist nur dann gegeben, wenn das Produkt sicher ist, d. h. niemand damit oder dadurch verletzt wird. Allerdings lässt sich auch im Gegenschluss feststellen, dass bei einer Nichteinhaltung von Normen und Prüfvorschriften die Produkthaftung sicher eintritt, wenn jemand verletzt wird. Denn bei Nichteinhaltung der geltenden technischen Normen und Prüfvorschriften ist ein Verschulden des Verpflichteten mit Sicherheit gegeben und nach dem Produkthaftungsgesetz kann eine Fehlerhaftigkeit des Produkts nur dadurch widerlegt werden, dass eigene Sicherheitssysteme erdacht und angewendet werden, die den technischen Normen ähnlich und gleichwertig sind. Die Einhaltung von Normen kann also eine Produkthaftung nicht vermeiden, ist jedoch der Grundbaustein, um das Produkthaftungsrisiko, soweit möglich, zu minimieren.

7.3   Aspekt der Funktionalität aus rechtlicher Sicht –
die vertragliche Haftung

Im Gegensatz zur Produkthaftung ist bei der vertraglichen Haftung der Kreis der Anspruchsteller sehr überschaubar. Hier geht es um die Frage, unter welchen Voraussetzungen der Käufer eines Produkts, das wiederverwendete Bauteile enthält, Ansprüche gegen den Verkäufer eines solchen Produkts richten kann. Die vertragliche Haftung setzt immer zwingend einen Vertrag als Haftungsgrundlage voraus. Von daher kann auch nur die einzelne Person, die unmittelbar vom Verkäufer den Gegenstand erworben hat, Ansprüche stellen. Diese starke Beschränkung der Anspruchsteller ist jedoch nicht ganz zutreffend. Denkt man nämlich die gesamte Wertschöpfungskette hinzu, so wird man feststellen, dass jedes Glied in dieser Kette mit dem jeweils nächsten Glied durch einen Kaufvertrag oder Werkvertrag verbunden ist. Versagt ein Produkt beim Endnutzer, so kann er zwar nur gegenüber seinem unmittelbaren Verkäufer Ansprüche geltend machen, dieser wird jedoch, sofern er den Schaden ersetzt, der dem Endnutzer entstanden ist, diesen nunmehr bei ihm angesiedelten Schaden gegenüber seinem Verkäufer geltend machen. Durch diesen Regress genannten Vorgang wird der Schaden, der durch das Versagen eines Produkts entsteht, innerhalb der Wertschöpfungskette zurückgereicht, bis er den tatsächlich für das Versagen Verantwortlichen erreicht hat. Denn derjenige, der für ein Produktversagen verantwortlich ist, wird nicht in der Lage sein, seinen Vorlieferanten wiederum in Haftung nehmen zu können, denn dieser wird keinen Beitrag zu den Produktversagen geleistet haben. Damit wird deutlich, dass jeder in der Wertschöpfungskette damit rechnen muss, jederzeit in Haftung genommen zu werden, auch wenn das von ihm gelieferte Produkt längst nicht mehr in Händen seines spezifischen Käufers ist.

Eine weitere Besonderheit der vertraglichen Ansprüche ist, dass sie im Gegensatz zu den Ansprüchen aus Produkthaftung die Interessen des Käufers oder Bestellers eines Werks noch umfassender schützen. Während die Produkthaftung nur sicherstellt, dass ein Produkt sicher ist, also keine weitergehenden Schäden verursacht, ist Gegenstand der vertraglichen Haftung auch die Sicherstellung der Funktionstüchtigkeit eines Produkts. Völlig selbstverständlich hat der Benutzer eines Produkts nicht nur ein Interesse daran, dass dieses Produkt sicher ist, d. h. weder ihn noch andere noch seine Sachwerte schädigt, sondern er möchte natürlich auch, dass das Produkt die von ihm erwartete Funktionalität erfüllt. Der Schutz von Personen und weiteren Sachwerten ist Aufgabe der Produkthaftung und der vertraglichen Haftung, während das Interesse an der Funktionstüchtigkeit eines Produkts allein durch die vertragliche Haftung geschützt wird. Dabei ist zunächst festzustellen, dass das „Funktionieren" eines Produkts und seine Sicherheit durchaus im Widerspruch zueinander stehen können. Eine Brotschneidemaschine, deren elektrischer Antriebsmotor defekt ist, erfüllt zwar nicht die Ansprüche seines Nutzers an seine Funktionalität, ist jedoch sehr viel sicherer als eine Brotschneidemaschine, deren Antriebsmotor funktioniert. Viele Produkte sind immer dann am sichersten, wenn sie nicht funktionieren. In einem solchen Fall ist natürlich der Nutzer des Produkts nicht zufrieden, sodass hier die vertragliche Haftung eingreift. Der Fokus unserer Betrachtung verschiebt sich daher von bloßen Erwägungen der Sicherheit eines Produkts hin zu dem „Funktionieren" eines Produkts, seiner Langlebigkeit und Zuverlässigkeit. Die Rechtswissenschaft unterscheidet sehr deutlich zwischen diesen beiden Interessenlagen des Nutzers eines Produkts. Zum einen wünscht sich der Käufer und Anwender eines Produkts, dass das Produkt sicher ist, also weder ihn noch andere noch seine Sachwerte schädigt. Dies ist das sog. Integritätsinteresse. Zum anderen wünscht er sich allerdings auch ein

Produkt, das die geforderte Funktionalität erbringt und dies ohne Störungen möglichst gleichbleibend über einen möglichst langen Zeitraum erfüllt. Diese Erwartung an das Produkt lässt sich stark vereinfacht mit dem Schlagwort „gute Ware für gutes Geld" umreißen. Der Käufer eines Produkts erwartet für das von ihm investierte Geld ein Produkt, das eine bestimmte Funktionalität erfüllt und gleichzeitig dabei eine gewisse Qualität aufweist, d. h. eine Aufrechterhaltung dieser Funktionalität über einen angemessenen Zeitraum.

Die Sicherheit eines Produkts, also die Ungefährlichkeit für seine Umwelt, stellt für den Gesetzgeber eine Grundvoraussetzung dar. Um Schäden, die durch ein unsicheres Produkt verursacht werden, ersetzt zu bekommen, braucht es nur wenige Voraussetzungen. Um darüber hinaus den Käufer auch noch in den Stand zu versetzen, der bei voller Funktionstüchtigkeit des erworbenen Produkts besteht, hat der Gesetzgeber weitere Voraussetzungen vorgesehen.

Ist also die bereits zuvor strapazierte Brotschneidemaschine nicht funktionstüchtig und damit völlig sicher für ihre Umwelt, so kann dem Nutzer nun doch ein Schaden entstehen, weil gerade die Funktionstüchtigkeit nicht gegeben ist. Dieser Schaden kann darin bestehen, dass ein Ersatzgerät angeschafft werden muss oder dass bei einem Einsatz der Brotschneidemaschine in einem Restaurantbetrieb zusätzlicher Arbeitsaufwand entsteht oder bestimmte Produkte nicht hergestellt werden können und deshalb ein Umsatzrückgang zu verzeichnen ist. Generell lässt sich feststellen, dass Beeinträchtigungen in der Funktionsfähigkeit eines Produkts relativ häufig auftreten, jedoch zu relativ geringen Schadenshöhen führen. Hingegen ist es relativ selten, dass ein Produkt gefährlich ist und Personen oder Sachen in seiner Umgebung in Mitleidenschaft zieht. Wenn dies jedoch geschieht, so entstehen meistens recht hohe Schäden. Deshalb gilt es vor allem, Serienfehler zu vermeiden, die zu einer Rückrufaktion führen können. Zur Prävention kann dabei ein Frühwarnsystem dienen, um vor allem bei der Wiederverwendung vor einem unentdeckten Fehler zu warnen.

7.3.1 Voraussetzungen der vertraglichen Haftung

Wer einen Schaden erlitten hat und diesen geltend macht, muss das Vorliegen mehrerer Bedingungen prüfen:

Schuldverhältnis

Zum Ersten muss ein Schuldverhältnis zwischen ihm und dem Schädiger bestehen. Wie oben gezeigt, besteht eine vertragliche Beziehung immer nur zwischen den einzelnen Gliedern innerhalb der Wertschöpfungskette, sodass ein geschädigter Endnutzer zumeist keinen direkten vertraglichen Kontakt zum Hersteller des Produkts hat. Allerdings kann er auf seinen direkten Vertragspartner zugehen und dort den Schaden geltend machen. Dieser, der nun geschädigt ist, kann sich wiederum an seinen Vertragspartner halten und so weiter, bis der Schaden bei demjenigen in der Wertschöpfungskette geltend gemacht wird, der den Schaden verursacht hat.

Pflichtverletzung

Zum Zweiten muss der Schädiger eine Pflicht aus seinem Vertrag verletzt haben, wodurch der Schaden verursacht wurde. Hier wird allein auf eine objektive Betrachtung abgestellt. Nur der Istzustand der Vertragserfüllung und der Sollzustand, wie er im Vertrag definiert ist, werden miteinander verglichen. Jede Abweichung von Ist- zum Sollzustand ist eine Pflichtverletzung. Auf dieser Ebene ist nicht bedeutsam, weshalb die Pflicht verletzt wurde, ob also z. B. der Grund dafür in höherer Gewalt begründet ist oder ob es ein Fehler des Schädigers war, der zur Pflichtverletzung geführt hat. Entscheidend ist nur, dass nicht alle vertraglich geschuldeten Pflichten vollständig und richtig erfüllt wurden. In diesem Zusammenhang ist zu bedenken, dass nicht nur die Hauptleistungspflicht besteht, sondern auch Nebenleistungspflichten und Nebenpflichten. Die Hauptleistungspflicht besteht in der Verpflichtung, die Leistung zu erbringen, wegen derer die Parteien den Vertrag geschlossen haben, bei einem Kaufvertrag also die Lieferung der Kaufsache und die Zahlung des Kaufpreises.

Daneben gibt es jedoch auch noch Nebenleistungspflichten, also Pflichten, die nicht die Hauptleistung selbst sind, aber einen engen Bezug zu ihr aufweisen, z. B. die Pflicht, das Produkt ordnungsgemäß zu verpacken, oder die Pflicht, eine Bedienungsanleitung oder ein Handbuch mit zuliefern. Auch die Pflicht zur Beratung und Information gehört hierhin.

Zum Dritten bestehen in jedem Vertragsverhältnis Nebenpflichten, die mit der Leistung selbst in keinem Zusammenhang stehen. Hierunter ist die generelle Pflicht zu verstehen, mit dem Vertragspartner kooperativ umzugehen, die Leistung nach Treu und Glauben zu erbringen und Rücksicht auf die besonderen Belange des Vertragspartners zu nehmen. Eine Verletzung dieser Pflichten kann ebenso zu Schadenersatz und sogar zur Auflösung des Vertrags führen wie die Verletzung der Hauptleistungspflicht.

Unter dem Gesichtspunkt des Vertriebs von Produkten, die wiederverwendete Bauteile enthalten, ist hier zunächst eine Verletzung der Nebenleistungspflicht denkbar. Wenn der Lieferant die Pflicht hat, seinen Vertragspartner auf für diesen relevante Umstände hinzuweisen, kann sich also aus diesem Gesichtspunkt die Pflicht ergeben, den Käufer eines Produkts auch darauf hinzuweisen, dass es vorbenutzte Bauteile enthält.

Diese Pflicht besteht jedoch nur, wenn diese Information für den Käufer relevant ist. Diese Relevanz kann sich aus dem Gesichtspunkt einer zu befürchtenden mangelnden Qualität, Haltbarkeit oder Zuverlässigkeit des Produkts ergeben; auch generelle Einwände sowie evtl. irrationale Einwände gegen vorbenutzte Bauteile können hier eine Rolle spielen, die eine Nebenleistungspflicht zu Offenlegung dieser Information zwingend machen können. Dieser Frage wollen wir uns nachfolgend zuwenden.

Sollte durch die Verwendung von wiederverwendeten Bauteilen bei der Produktion des Vertragsgegenstands das Produkt als qualitativ minderwertig zu qualifizieren sein, so wäre dies eine Verletzung der Hauptleistungspflicht, denn der Lieferant einer Sache muss diese in einem bei Übergabe mangelfreien Zustand übergeben bzw. abnehmen lassen. Wäre also die Verwendung vorbenutzter Bauteile ein Qualitätsmangel, läge wohl vor allem eine Hauptpflichtverletzung vor und zusätzlich eine Verletzung der Nebenleistungspflicht. Daneben wäre auch denkbar, dass eine verringerte Zuverlässigkeit oder Haltbarkeit oder ein merkantiler Minderwert wegen irrationaler Einwände gegen vorbenutzte Bauteile ein Mangel der Hauptleistung darstellen könnte.

Die im Vertragsrecht geschuldete Qualität

Anders als in der Produkthaftung, bei der allein die Sicherheit eines Produkts betrachtet wird, steht bei der vertraglichen Haftung neben der Sicherheit die Funktionstüchtigkeit des Produkts im Vordergrund. Jedes Produkt soll eine bestimmte Funktionalität erfüllen und dies über eine bestimmten Zeitraum hinweg. Das Gesetz hat seit dem Jahr 2002 den bislang geltenden Qualitätsmindeststandard komplett neu definiert.

Die Innovation liegt in der vorrangigen Anwendung eines subjektiven, also nur zwischen den Vertragsparteien geltenden Qualitätsstandards. Nach neuem Schuldrecht ist eine Sache mangelfrei, wenn sie im Moment der Übergabe bzw. der Abnahme, also in dem Moment, in dem sie die Sphäre des Lieferanten verlässt und in die Sphäre des Abnehmers gelangt, die vertraglich vereinbarte Beschaffenheit aufweist.

Die Beschaffenheit ist üblicherweise in technischen Datenblättern, Spezifikationen oder ähnlichem enthalten. Hierzu gehören zumindest alle Angaben, die aus einem Zahlenwert und einer Maßeinheit bestehen. Aber auch andere Angaben können natürlich die Beschaffenheit einer Sache beschreiben. Davon zu trennen sind nur funktionale Beschreibungen, also Definitionen, welche Funktion die Sache erfüllen soll.

Die erstaunliche Folge ist, dass durch die bloße Untersuchung einer Sache nicht mehr festgestellt werden kann, ob diese im rechtlichen Sinn mangelhaft ist oder nicht. Denn ohne Kenntnis des zugehörigen Vertrags und der dort enthaltenen Definition der geschuldeten Beschaffenheit kann die Mangelhaftigkeit nicht beurteilt werden. Dieses Ergebnis ist insofern erstaunlich, als wir uns durchaus das Urteil zutrauen, z. B. einen Ballon, der undicht ist, als mangelhaft zu bezeichnen. Wenn aber in dem Vertrag, der dem Verkauf des Ballons zugrunde liegt, die Beschaffenheit als „undicht, Loch mit mind. 1 mm Durchmesser" definiert ist, kann der Ballon als rechtlich mangelfrei durchgehen. Wird er sodann erneut verkauft und fehlt nun diese besondere Beschaffenheitsangabe, wird vielmehr die Beschaffenheit als „luftdicht, max. 0,1 bar Luftverlust bei 3 bar" definiert, so wird unser Ballon mit einem Loch von 3 mm vermutlich mangelhaft sein, weil der Luftverlust bei 3 bar viel höher ist. Ein Produkt kann also im Lauf seines Lebens mangelhaft sein und dann wieder mangelfrei werden, ohne dass es seine Beschaffenheit verändert hätte.

Vor diesem Hintergrund ist also die Mangelfreiheit einer Sache am einfachsten zu erreichen, indem die Beschaffenheit eines Produkts, das wiederverwendete Bauteile enthält, mit der Beschaffenheit „enthält wiederverwendete Bauteile" oder „Qualified as good as new" (Quagan) vertraglich vereinbart wird. Damit ist die Beschaffenheit zutreffend richtig beschrieben und das Produkt per Definition als mangelfrei zu betrachten. Entsprechend wäre auch eine etwaige vertragliche Nebenpflicht erfüllt, den Kunden über die Qualität des Produkts zu beraten.

Damit stellt sich weiter die Frage, wie ein Produkt zu beurteilen ist, dessen Beschaffenheit im Vertrag weder als „neu" noch als „gebraucht" noch als „Qualified as good as new" (Quagan) beschrieben wird. Es ist zu beurteilen, ob ein solches Produkt auch als mangelhaft zu qualifizieren sein wird, wenn es keine auf den Zeitpunkt der Herstellung bezogene Aussage über die Beschaffenheit des Produkts gibt.

Wichtig ist in diesem Zusammenhang, dass nach dem Wortlaut des Gesetzes nur die vereinbarte Beschaffenheit einzuhalten ist. Wird keine Aussage über den Zeitpunkt der Herstellung getroffen, kann dies eine Lücke in der Beschreibung der Beschaffenheit sein, die zu füllen ist. Gemäß Gesetzeswortlaut und -begründung ist für die Qualifizierung einer Kaufsache als mangelhaft oder mangelfrei nur die vereinbarte Beschaffenheit heranzuziehen, soweit Beschaffenheitsangaben im Vertrag vereinbart wurden. Eine abweichende Lösung ergibt sich evtl., wenn keine Beschaffenheitsangabe vereinbart wurde und stattdessen das Produkt nur funktional beschrieben wurde, also allein über die Verwendung, zu der es geeignet sein soll. Hiermit beschäftigen wir uns unten.

Wenn nur die Beschaffenheit einzuhalten ist, die ausdrücklich vereinbart wurde und die Neuheit eines Produkts nicht ausdrücklich vereinbart ist, dürfte es damit auch gebraucht sein. Allerdings wird hier durch die Rechtswissenschaft eine gewisse Einschränkung vorgenommen. So sei ergänzend zu den Beschaffenheitsangaben auch der Stand der Technik oder die „normale" Beschaffenheit einzuhalten, soweit konkrete Vereinbarungen dazu fehlen. Diese Interpretation ist lebensnah, widerspricht aber im Kern dem Gesetzeswortlaut. Wir setzten dabei voraus, dass sich generell bestehende Vorstellungen über die Vorbenutzung des Produkts aus der Präsentation des Produkts und seiner generellen Beschreibung herleiten lassen. Gebrauchte Produkte werden deutlich anders präsentiert als neue Produkte.

Sofern also die vereinbarte Beschaffenheit eine Lücke aufweist, wäre der Verkäufer bzw. Unternehmer, Vermieter etc. berechtigt, diese Lücke nach eigenem Ermessen, jedoch mit gewissen Grenzen zu füllen. Wird beispielsweise bei einem Laptop dessen Beschaffenheit hinsichtlich der äußeren Abmessungen und der Gehäusefarbe und des Materials eingehend im Vertrag vereinbart, jedoch keine Aussage zu der Leistungsfähigkeit des Prozessors und der Kapazität der Festplatte getroffen etc., wäre nach dem Wortlaut des Gesetzes nur die Beschaffenheit des Gehäuses einzuhalten, bzgl. des „Innenlebens" jedoch wäre der Lieferant völlig frei, wie dieses beschaffen ist. Das Gerät wäre auf jeden Fall mangelfrei, wenn nur die äußere Hülle den Vorgaben entspricht. Dies kann jedoch nicht die Intention des Gesetzgebers gewesen sein. Der Spielraum des Lieferanten, wie das Innenleben des Laptops aussehen soll, muss sich also zumindest im Ansatz an dem orientieren, was der

Verkehrserwartung an einen Laptop entspricht. Ob hierbei nur ein „Durchschnitts-standard" oder „normale Beschaffenheit" oder der „Stand der Technik" eingehalten werden muss, ist derzeit umstritten. Festzuhalten bleibt für unsere Produkte, die wiederverwendete Bauteile enthalten, dass sie einem gewissen Mindeststandard entsprechen müssen.

Der „Stand der Technik" ist relativ leicht zu beurteilen. Dieser ist erreicht, wenn alle relevanten technischen Normen für das Produkt und die anerkannten Regeln der Technik eingehalten sind. Es wäre also im Einzelfall zu prüfen, ob für das in-frage kommende Produkt eine Norm oder technische Lehre besteht, die definiert, dass ein solches Produkt keine wiederverwendeten Bauteile enthalten darf. Da das Konzept der Wiederverwendung relativ neu ist, erscheint es zweifelhaft, ob solche Lehren und Normen existieren. Im Gegenteil bestehen Normen, die festlegen, wie ein wiederzuverwendendes Bauteil zu prüfen ist, um erneut in den Verkehr gebracht werden zu können. Der Stand der Technik scheint also eher, die Wiederverwendung von Bauteilen in neuen Geräten zu ermöglichen. Sofern also sichergestellt ist, dass ein Produkt mit wiederverwendeten Bauteilen die gleiche Zuverlässigkeit und Si-cherheit aufweist wie ein Produkt ausschließlich aus neuen Bauteilen, ist der Stand der Technik, der für Neugeräte gilt, mit hoher Wahrscheinlichkeit eingehalten.

Will man auf die „Verkehrserwartung" abstellen oder einen Normalstandard, so wird eine Beurteilung schwieriger, denn hier ist natürlich ein subjektives Element zwingend enthalten. Die Vorstellungen, was „Durchschnitt" oder „normal" ist, weichen individuell ab. Entscheidend ist sicherlich, dass der Nutzer eines Produkts mit wiederverwendeten Bauteilen dies nicht einmal wahrnehmen wird und er auch keine Einbußen im Hinblick auf Sicherheit, Leistungsfähigkeit, Funktionalität und Zuverlässigkeit hinnehmen, muss, wenn die wiederverwendeten Bauteile einge-hend im Hinblick auf diese Aspekte geprüft wurden. Die Erwartung des Käufers, Bestellers, Mieters etc. kann also vollauf erfüllt sein, auch wenn wiederverwendete Bauteile enthalten sind. Allerdings würden vermutlich viele Nutzer ein Produkt mit ausschließlich neuen Komponenten einem Produkt mit wiederverwendeten Bauteilen vorziehen, wenn die Wahl bestünde. Diese Präferenz entsteht nicht nur, weil auch trotz Bestehens rigoroser Tests ein Restmisstrauen gegen wiederverwendete Bauteile bestehen kann, sondern auch, weil irrationale Vorbehalte gegen die Nutzung von Produkten bestehen, die, wenn auch nur zum Teil, bereits von anderen Personen ver-wendet wurden. Seien dies hygienische Bedenken, die unbegründet sind, oder noch tiefer in der menschlichen Seele liegende Bedenken, die rational nicht begründet, geschweige denn treffend benannt werden können. Inwieweit der Durchschnitt der Bevölkerung solche Aversionen hegt, ist schlicht unbekannt und wohl auch einem ständigen Wandel unterlegen.

Weist ein Produkt Teile auf, die durch den Gebrauch keinem Verschleiß unterliegen und die in ihrer Funktionstüchtigkeit sich nicht von neuen Teilen unterscheiden, so kann also auch trotz der Wiederverwendung solcher Teile in einem im Übrigen fabrikneuen Produkt die Einschätzung des Durchschnitts der Verbrauchers, ein solches

Produkt sei fabrikneu, bestehen bleiben. Wegen der sehr individuellen Wahrnehmung kann nicht generell gesagt werden, dass ein Produkt, das geprüfte wiederverwendete Bauteile enthält, auch bei allen Personen die gleiche Ablehnung hervorrufen wird. Hier kann also nicht festgestellt werden, dass der „Durchschnitt" oder „Normalnutzer" Bedenken gegen eine solches Produkt haben wird, wenn er sensorisch bei der gewöhnlichen und vorhersehbaren Verwendung des Produkts nicht wahrnehmen kann, dass das Produkt wiederverwendete Bauteile enthält.

Weiterhin lohnt sich an diesem Punkt der Betrachtung, die Eigenschaft „neu" genauer zu untersuchen. Als „neu" wird gemeinhin ein Produkt verstanden, das noch nicht benutzt wurde. Also wäre ein Produkt „neu", wenn es noch nicht in der vorherbestimmten Weise genutzt wurde. Dabei besteht natürlich schon eine Schwierigkeit der Definition des Begriffs „Benutzen" bei allen Produkten, die keine beweglichen Teile enthalten oder sich nicht selbst bewegen, also keinem mechanischem Verschleiß unterliegen. So wäre ein skulpturales Kunstwerk bereits benutzt, wenn der Künstler es erstmals in „fertigem" Zustand betrachtet, denn dies ist die Benutzung dieses spezifischen Produkts. Desgleichen gibt es Produkte, wie Elektrobauteile, die nicht mechanisch beansprucht werden, sondern an die nur eine Spannung angelegt wird. Die Forschung zeigt, dass hier in den ersten Tagen sogar eine Qualitätsverbesserung eintritt (nach dem sog. „Burn-in"). Erst danach kann man Veränderungen beobachten, die die Versagenswahrscheinlichkeit sehr langsam ansteigen lassen. Zumindest für solche Produkte fällt es schwer, die „Neuheit" als mit der Benutzungsaufnahme verloren zu begreifen.

Hinzu kommt, dass weitere Prozesse außer Betracht gelassen werden, wenn man nur auf die Benutzung abstellt. Diese können zwar empirisch beobachtet werden, spielen aber wegen ihres langsamen Verlaufs eine untergeordnete Rolle im allgemeinen Verständnis des Begriffes „neu". Dabei handelt es sich um die ständige und unaufhaltsame Zersetzung von allen Stoffen, der sie unterworfen sind, sobald sie in eine bestimmte Form gebracht wurden. Jede Veränderung der molekularen Struktur eines Stoffs unterliegt einer sofortigen erneuten Veränderung. Metall rostet, Kunststoff verliert die darin enthaltenen Weichmacher, Holz verrottet, Glas wird spröde usw. Diese Prozesse sorgen dafür, dass sehr alte Gebrauchsgegenstände selten sind. Auch sorgfältigste Benutzung oder sogar das Unterlassen jeglicher Benutzung kann nicht verhindern, dass sie „quasi von selbst" zu Staub zerfallen. Nur wenige Gegenstände erlangen daher ein hohes Alter, werden wegen dieser Seltenheit in Museen ausgestellt und erlangen einen hohen Wert.

Diese physikalische Tatsache wird auch in der Rechtswissenschaft relevant. Die Verjährung der Gewährleistungsansprüche trägt der Tatsache Rechnung, dass kein Produkt „ewig" mangelfrei bleiben kann. Irgendwann kann nicht mehr unterschieden werden, ob ein Fehler oder Funktionsverlust bedingt ist durch einen bei der Übergabe bereits vorhandenen, aber „verdeckten" Mangel oder ob der Fehler durch die gewöhnliche Benutzung oder eben durch die eben beschriebene natürlich Zersetzung entstanden ist. Während bei beweglichen Sachen die mechanische Beanspruchung den natürlichen Zerfallsprozess überlagert, ist bei unbeweglichen Sachen vor allem das bloße Existieren und den „Naturgewalten-ausgesetzt-sein" ausreichend, um eine Mangelhaftigkeit früher oder später unweigerlich eintreten zu lassen. Diesem Prozess wird immerhin mit einer Verjährungsfrist von fünf Jahren begegnet. Ab dieser Frist soll also bei unbeweglichen Sachen nicht mehr feststellbar sein, ob natürlicher Verschleiß oder ein verdeckter Mangel einen Fehler hervorgerufen hat.

Aber auch bei beweglichen Sachen ist zu beobachten, dass Neuheit nicht mehr besteht, selbst wenn das Produkt nicht benutzt wurde und einfach nur existiert hat. So verliert ein neuer Pkw in rechtlicher Sicht seine Eigenschaft als „neu", wenn er mehr als zwölf Monate Standzeit hinter sich hat, weil man davon ausgeht, dass seine Widerstandskraft gegen den natürlichen Verschleiß nun schon so weit fortgeschritten ist, dass seine Funktionstüchtigkeit und Zuverlässigkeit nicht mehr der eines „neuen" Fahrzeugs entspricht. Diese Zeitgrenze gilt allerdings nur für den Regelfall, d. h. im Einzelfall sind auch kürzere oder längere Zeiten denkbar. Es soll durch die Bestimmung solcher Fristen auch ausgeschlossen werden, dass Produkte als „neu" in Verkehr gebracht werden, die nur „Vorgängermodelle" gegenüber den aktuellen Modellen sind. Diese Besorgnis betrifft nicht per se die hier interessierenden Produkte mit wiederverwendeten Bauteilen.

Wie oben gesehen, beginnt dieser schleichende Prozess des Verlusts der Neuheit aber nicht erst nach zwölf Monaten, sondern sobald der Stoff, aus dem das Produkt besteht, durch Energieeinsatz in eine bestimmte molekulare Struktur gebracht wurde. So betrachtet kann es gar keine „neuen" Produkte geben, es gibt nur unterschiedliche Stadien des Gebrauchtseins. Damit kann festgestellt werden, dass „neu" nicht bedeuten kann, dass das Produkt keinen Zerfallsprozessen ausgesetzt gewesen ist. Denn dann wäre „neu" keine Beschreibung eines Zustands, sondern wäre eine bloße „Möglichkeit". In der Praxis ist dann kein Produkt jemals wirklich „neu". Man wird also diese natürlichen Zerfallsprozesse erst dann als relevant für den Mangelbegriff erachten müssen, wenn der natürliche Zerfallsprozess der wiederverwendeten Bauteile soweit fortgeschritten ist, dass die Lebensdauer des Gesamtprodukts gegenüber einem solchen mit rein „neuen" Bauteilen verkürzt wäre.

Die Vorstellung des Verkehrs kreist also im Kern nicht um die Frage, ob eine Sache wirklich neu, also „taufrisch" ist, sondern ob es bereits so benutzt wurde, dass ein relevanter Verschleiß eingetreten ist. Es ist also nicht die Tatsache der Benutzung entscheidend, sondern die Frage, ob mit der Benutzung eine Beeinträchtigung einhergegangen ist, die über den natürlichen Zerfallsprozess hinausgeht. Und gerade dieser Punkt kann durch eingehende Prüfung, Qualifizierung und sorgfältige Auswahl von Bauteilen, die für die Wiederverwendung geeignet sind, entschärft werden.

Von einem „neuen" Produkt unterscheidet sich das Produkt, das wiederverwendete Bauteile enthält in keiner Weise, wenn es die gleiche Zuverlässigkeit, Funktionalität, Sicherheit und Lebensdauer aufweist, wie ein Produkt mit unbenutzten Bauteilen und gleichzeitig sensorisch bei normaler, vorhersehbarer Verwendung nicht wahrnehmbar ist, dass Bauteile im Inneren des Produkts bereits vorbenutzt sind. Dann verbleiben nur Kerne von irrationalem Vorbehalten, die jedoch in der Stärke ihrer Ausprägung individuell variieren und damit keine Aussage darüber zulassen, ob solche Vorbehalte dem Durchschnitt entsprechen oder normal sind. Daraus folgt, dass ein Produkt mit wiederverwendeten Bauteilen dem Stand der Technik für neue Produkte und auch dem Durchschnittsstandard bzw. der normalen Beschaffenheit und der Erwartung an ein rundum neues Produkt entspricht, sofern die eben genannten Voraussetzungen gegeben sind.

Aus dieser Betrachtung folgt weiter, dass, selbst wenn die Beschaffenheit des Produkts im Vertrag ausdrücklich als „neu" beschrieben wird, kein Mangel vorliegt, wenn das Produkt wiederverwendete Bauteile enthält, wenn es die gleiche Zuverlässigkeit, Funktionalität, Sicherheit und Lebensdauer aufweist, wie ein Produkt mit unbenutzten Bauteilen und gleichzeitig sensorisch bei normaler, vorhersehbarer Verwendung nicht wahrnehmbar ist, dass Bauteile im Inneren des Produkts bereits vorbenutzt sind.

Die gesetzliche Definition des Mangels sieht jedoch auch den Fall vor, dass überhaupt keine Beschaffenheitsangaben über den Gegenstand des Vertrags getroffen werden. In einem solchen Fall, und nur dann, ist zu fragen, ob die Parteien zumindest vorausgesetzt haben, dass der Vertragsgegenstand für eine bestimmte Verwendung geeignet sein soll. Dies sind also die Fälle, in denen eine bloß funktionale Beschreibung des Vertragsgegenstands erfolgt ist. Hier liegt dann die Designverantwortlichkeit, also das Erarbeiten der technischen Spezifikation oder des Leistungsverzeichnisses, beim Lieferanten. Der Käufer, Besteller, Mieter etc. nennt in einem solchen Fall nur die intendierte Verwendung, ohne ermitteln zu müssen, wie das Produkt beschaffen sein muss, um für die konkrete Verwendung geeignet zu sein. Diese Aufgabe trifft dann den Verkäufer, Besteller, Vermieter etc., der es unternimmt, das geeignete Produkt auszuwählen bzw. sogar erst zu konstruieren. Dies ist ein kostenintensiver und riskanter Vorgang, für den nur eine der Parteien verantwortlich sein soll, um zu vermeiden, dass bei Mängeln (Verwendungseignung des Produkts ist nicht gegeben) unklar ist, welche der Parteien seine Pflichten verletzt und die Pflichtverletzung zu vertreten hat. Einigen sich die Parteien auf eine Beschaffenheit, muss der Lieferant nur diese Vorgaben umsetzen, ob das Produkt die Vorstellung des Kunden in funktionaler Hinsicht erfüllt, ist dann irrelevant. Anders ist es, wenn keine Beschaffenheit vereinbart wird. Dann übernimmt der Lieferant die Designverantwortlichkeit, und er trägt die Verantwortung dafür, dass sein Produkt für die intendierte Verwendung geeignet ist.

Vor diesem Hintergrund ist zu verstehen, dass der Gesetzgeber eine Vermischung beider Arten der Leistungsbeschreibung im Vertrag vermeiden wollte. Er räumt der Beschaffenheitsangabe den klaren Vorrang ein. Sobald also Beschaffenheitsangaben gemacht werden, soll es nach dem Gesetzeswortlaut nicht mehr auf die evtl. ebenfalls im Vertrag vorausgesetzte Eignung für eine bestimmte Verwendung ankommen. Die Mangelfreiheit ist dann gegeben, wenn nur die Beschaffenheitsangaben erfüllt sind.

Es ist klar, dass hier Probleme vorprogrammiert sind, denn die Praxis zeigt, dass viele Verträge eine Mischung aus Beschaffenheitsangaben und Verwendungseignung enthalten. Oftmals beginnt der Käufer, Besteller etc. damit, seinen Bedarf zu analysieren. Er stellt dann bestimmte Parameter fest, die er leicht als für ihn wichtig identifizieren kann, z. B. die Farbe des Gehäuses gemäß der „Corporate Identity", die äußere Abmessungen etc. Sodann werden seine Überlegungen detaillierter und feingranularer, mit denen er versucht zu bestimmen, welche Beschaffenheit das gewünschte Produkt haben soll, um seine Erwartungen, vor allem die Verwendungseignung, zu erfüllen. An irgendeinem Punkt kann es sein, dass sein Know-how nicht mehr ausreicht oder er feststellt, dass die „Konstruktionsarbeit" zu mühsam wird. Dann deckt er den noch offenen Rest mit einer funktionalen Beschreibung ab. Diesen Rest des Designs soll dann der Verkäufer, Unternehmer etc. übernehmen. Wie oben gezeigt, ist genau dieses Vorgehen nicht zielführend. Daher entscheidet das Gesetz, das nur die Beschaffenheitsangaben einzuhalten sind.

Auch hier ist denkbar, das nun die Beschaffenheitsangaben so unzureichend und lückenhaft sind, dass dem Lieferanten ein zu großer Spielraum eingeräumt wird, wie diese Lücken zu füllen sind. Wir hatten dieses Phänomen bereits oben aufgezeigt bei der Betrachtung des Falls, dass eine Beschaffenheitsangabe lückenhaft ist. Anders ist in dieser Situation jetzt nur, dass neben der zu beobachtenden Lücke auch noch aus dem Vertrag bekannt ist, für welche Verwendung das Produkt geeignet sein soll. Wie oben beschrieben, wird man die Lücken in der Beschaffenheitsangabe füllen müssen, jedoch hier nicht mit Stand der Technik, Durchschnitt oder der normalen Beschaffenheit, sondern mit der Verwendungseignung, die im Vertrag vorausgesetzt wird.

Hier tritt das zusätzliche Problem hinzu, dass mitunter angenommen wird, sowohl die Beschaffenheitsangaben als auch die vorausgesetzte Verwendungseignung seien nebeneinander zu beachten bei der Bestimmung, ob eine Mangelhaftigkeit vorliege. Dieser nicht unumstrittenen Meinung ist entgegenzuhalten, dass durch eine Anwendung beider Aspekte gerade die Probleme auftreten, die es in der Praxis durch den Vorrang der Beschaffenheitsangaben zu vermeiden gilt: Die Vermischung der Verantwortlichkeit hinsichtlich des Designs für das Produkt und der mögliche Widerspruch in sich. Es ist denkbar, und tritt in der Praxis oft auf, dass eine Beschaffenheitsangabe ausdrücklich die Eignung für eine nach dem Vertrag vorausgesetzte Verwendung ausschließt. In solchen Fällen muss also einer der beiden Angaben im Vertrag der Vorrang eingeräumt werden. Dies wird, dem Gesetzeswortlaut folgend, die Beschaffenheitsangabe sein.

Es bestehen also zwei Möglichkeiten: Die Beschaffenheitsangaben sind so gestaltet, dass die Verwendungseignung nicht eingehalten werden kann. Dann sind nur die Beschaffenheitsangaben zu beachten. Stehen die Beschaffenheitsangaben aber der Verwendungseignung nicht entgegen, so bleibt es ebenfalls dabei, dass nur die Beschaffenheitsangaben einzuhalten sind. Denn mit deren Beachtung wird ja automatisch auch die Verwendungseignung erreicht. Daraus folgt, dass auch bei einer Mischung aus funktionaler und absoluter Beschreibung der Leistung (Verwendungseignung und Beschaffenheitsangaben) allein die Beschaffenheitsangaben einzuhalten sind. Nur solche Verwendungseignung, die durch keine der ebenfalls vereinbarten Beschaffenheitsangaben beeinflusst werden kann, ist zur Füllung von Lücken heranzuziehen, wenn es zu bestimmen gilt, ob ein Produkt mangelhaft oder mangelfrei ist. Auf den zuvor als Beispiel herangezogenen Laptop angewendet bedeutet dies, dass eine Mischung der Beschaffenheitsangabe „blaues Gehäuse" und eine detaillierte funktionale Beschreibung des intendierten Einsatzumfelds und der auf dem Laptop zu verwendenden Applikationen unproblematisch ist, weil die Gehäusefarbe keinen Einfluss auf die Funktionalität in diesem Fall hat. Anders ist es, wenn gleichzeitig die Speichergröße der Festplatte als Beschaffenheitsangabe im Vertrag vereinbart wird. Dann ist nur diese zu erfüllen und alle funktionalen Beschreibungen der Verwendung, die auch von der Festplattengröße abhängen, wie die Zahl und die Größe der Applikationsdateien, sind nicht mehr einzuhalten.

Somit ist also bei einer entsprechenden vertraglichen Vereinbarung die Verwendungseignung entweder allein oder im Zusammenspiel mit den Beschaffenheitsangaben zu beachten, wenn es um die Bestimmung der Mangelhaftigkeit des Produkts geht. In diesem Fall bestehen jedoch keine Probleme für Produkte, die wiederverwendete Bauteile enthalten, denn diese erfüllen, soweit eingehend geprüft im Hinblick auf Funktionalität, Zuverlässigkeit und Sicherheit, die gleichen funktionalen Anforderungen wie Produkte, die ausschließlich aus neuen Bauteilen bestehen. Als funktionale Beschreibung ist ein Zustand wie „neu" eben nicht denkbar.

Folglich kann davon ausgegangen werden, dass ein Produkt, das wiederverwendete Bauteile enthält, auch dann als mangelfrei gelten kann, wenn im Vertrag eine bestimmte Verwendungseignung vorausgesetzt wird. Zumindest wird es nicht nur deshalb mangelhaft sein, weil es wiederverwendete Bauteile enthält.

Schließlich hat der Gesetzgeber auch vorgesorgt für die zahlreichen Geschäfte des täglichen Lebens, in denen die Parteien eben nicht umfangreiche Verträge verhandeln und sich auf bestimmte Beschaffenheitsangaben oder Verwendungseignungen einigen. Hier gilt, dass eine Sache mangelfrei ist, wenn sie sich für die gewöhnliche Verwendung eignet und eine Beschaffenheit aufweist, die bei Sachen der gleichen Art üblich ist und die der Käufer bzw. Unternehmer nach der Art der Sache erwarten kann. Wie leicht zu sehen ist, handelt es sich hier nur um Voraussetzungen, deren Bezug zu wiederverwendeten Bauteilen wir bereits oben behandelt haben. Ein Normalstandard hinsichtlich der Beschaffenheit, der gleichzeitig den Erwartungen des Käufers bzw. Unternehmers entspricht, wird nicht dadurch ausgeschlossen, dass ein Produkt wiederverwendete Bauteile enthält, wie oben gezeigt wurde. Auch die gewöhnliche Verwendungseignung ist dadurch nicht ausgeschlossen.

Es bleibt festzuhalten, dass bei sorgfältiger Auswahl und Prüfung von Bauteilen, die im Vertragsrecht geschuldete Qualität erreicht werden kann. Eine Pflichtverletzung liegt also nicht allein darin begründet, dass wiederverwendete Bauteile benutzt werden.

Vertreten müssen

Als dritte Voraussetzung der vertraglichen Haftung ist noch zu beachten, dass der Schädiger die Pflichtverletzung auch verschuldet haben muss. Schuld an der Pflichtverletzung hat er dann, wenn er die im Verkehr erforderliche Sorgfalt nicht beachtet. Auch hier wird also ein subjektiver, variabler Ansatz verfolgt. Wer vertragliche Pflichten zu erbringen hat, muss nicht jedwede Vorsichtsmaßnahme ergreifen, sondern nur solche, die im konkreten Fall besonders angezeigt erscheinen, sei es um Risiken abzuschirmen, die mit besonders großer Wahrscheinlichkeit drohen, sei es, dass er bei einem generell geringen Risiko ohnehin etwas sorgloser sein kann, als bei einem besonders riskanten und gefährlichen Vorhaben. Es ist jeweils nur die in der konkreten Situation erforderliche Sorgfalt anzuwenden.

Auch hier ergeben sich für Unternehmen, die für ihre Produkte wiederverwendete Bauteile benutzen wollen, besondere Vorsichtsmaßnahmen, denn insgesamt wird ihr Tun nunmehr riskanter, als wenn man nur fabrikneue Komponenten verwenden würde. Ohne Frage bringt der Einsatz wiederverwendeter Bauteile die Pflicht mit sich, vorsichtiger zu agieren und sich noch intensiver um die Qualitätssicherung zu bemühen. Aber im Ergebnis sind dies keine unüberwindbaren Hürden, sodass ein Verschulden einer Pflichtverletzung nicht per se darin zu sehen ist, wenn es ausgerechnet das Versagen eines wiederverwendeten Bauteils ist, das einen Mangel und damit eine Pflichtverletzung hervorgerufen hat. Es kommt darauf an, dass der Verkäufer, Unternehmer etc. nachweisen kann, dass er die, im nun etwas riskanteren Verkehr, erforderliche Sorgfalt beachtet hat.

Weitere Voraussetzungen

Neben diesen Grundvoraussetzungen ergeben sich noch weitere Voraussetzungen abhängig davon, wie der konkrete Schadensfall gelegen ist. Diese Voraussetzungen, grundsätzlich geht es darum, ob eine Nacherfüllung möglich ist, ob die Leistung insgesamt unmöglich geworden ist oder ob die Voraussetzungen des Verzugs vorliegen oder ein Rücktritt wirksam erklärt wurde, haben jedoch keinen Bezug zu der Tatsache, dass wiederverwendete Bauteile in dem Produkt enthalten sind oder nicht. Sie sollen daher hier nur genannt werden.

7.3.2 Höhe des drohenden Schadensersatzes in der vertraglichen Haftung

Die Höhe der Haftung ist grundsätzlich unbegrenzt und gegenüber der Schadenshöhe in der Produkthaftung noch einmal erweitert, weil nicht nur Mangelfolgeschäden zu ersetzen sind, sondern auch Mangelschäden. Insgesamt muss hier nicht nur der Geschädigte durch finanziellen Ausgleich in den Zustand versetzt werden, der vor dem Eintritt des schädigenden Ereignisses bestand, sondern es ist zusätzlich der Zustand herzustellen, der bestanden hätte, wenn der Vertrag richtig erfüllt worden wäre. Dies umfasst auch den dem Geschädigten entgangenen Gewinn, weil die Kaufsache nicht richtig funktioniert hat.

7.4 Produkte mit wiederverwendeten Bauteilen – neu oder gebraucht?

Der Vertrieb von Produkten mit wiederverwendeten Bauteilen setzt neben der Möglichkeit, diese mangelfrei als neue Produkte auf den Markt zu bringen, auch voraus, dass keine weiteren rechtlichen Hindernisse entgegenstehen. Neben der vertraglichen Haftung spielt dabei auch eine Rolle, ob ein solches Produkt mit der Eigenschaft „neu" beworben werden darf und ob hinsichtlich der steuerlichen Einordnung Besonderheiten bestehen. Es ist leider nicht möglich, auf dem begrenzten Raum dieser Abhandlung alle möglichen Problemfelder aufzuzeigen. Jedoch existieren bereits Entscheidungen in einigen Feldern, die abschließend aufgeführt werden.

7.4.1 Werberecht

Ebenfalls ist zu betrachten, ob hinsichtlich der Bewerbung von Produkten mit wiederverwendeten Bauteilen Einschränkungen gegenüber solchen bestehen, die ausschließlich neue Bauteile enthalten. Hier kann vor allem § 5 UWG [86] eine Rolle spielen, der eine Irreführung der Verbraucher durch die Bewerbung eines Produkts untersagt. Der Bundesgerichtshof hat entschieden (BGH GUR 1995, 610), dass der Verbraucher von einem Produkt des täglichen Bedarfs, das einem ständigen Verschleiß unterliegt, vernünftigerweise erwarte, dass das als neu verkaufte Produkt keine gebrauchten (Verschleiß)Teile enthält. Weist aber ein Produkt Teile auf, die durch den Gebrauch keinem Verschleiß unterliegen und die in ihrer Funktionstüchtigkeit sich nicht von neuen Teilen unterscheiden, so sei es nicht ausgeschlossen, dass die Verwendung solcher neuwertiger Teile in einem im Übrigen fabrikneuen Produkt an der Einschätzung des Verbrauchers, (auch) ein solches Produkt sei fabrikneu, nichts ändert. Folglich ist also eine Bewerbung mit dem Begriff „neu" nicht schädlich, wenn nur Bauteile wiederverwendet werden, die keinem (mechanischem) Verschleiß unterliegen und die in ihrer Funktionstüchtigkeit sich nicht von neuen Teilen unterscheiden.

Interessanterweise wird in dieser Entscheidung auch die Frage aufgeworfen, ob ein Produkt, das wiederverwendete Bauteile enthält, nicht einen merkantilen Minderwert aufweise. Dieser könne darin liegen, dass gerade die Bauteile, die bereits wiederverwendet wurden, evtl. nicht erneut der Wiederverwendung zugeführt werden können. Hingegen bestehe bei einem rundum fabrikneuen Produkt die Möglichkeit, nach Ablauf der Nutzungszeit die dazu geeigneten Bauteile der Wiederverwendung zuzuführen und dafür ein Entgelt zu verlangen. Der Bundesgerichtshof geht jedoch davon aus, dass es nicht geklärt sei, ob es überhaupt noch Produkte der in dem entschiedenen Fall relevanten Art gäbe, die keine wiederverwendeten Bauteile enthielten. Wenn also der Verbraucher immer mit dem Vorhandensein wiederverwendeter Bauteile rechnen müsse, verbinde er dies auch nicht mit einem merkantilen Minderwert gegenüber anderen Produkten, die evtl. nur fabrikneue Teile enthalten. Folglich ist mit dem weiteren Vordringen der Verwendung von wiederverwendeten Bauteilen mit einer immer höheren Akzeptanz bei den beteiligten Verkehrskreisen zu rechnen.

Hinzu kommt, dass es nicht sicher ist, dass ein Entgelt zu erzielen ist mit der Rückgabe von Bauteilen an den Hersteller, um diese dann der Wiederverwendung zuzuführen. Bislang sind die Beispiele, in denen offen um Rücksendung geworben wird wie bei leeren Druckerpatronen, immer ohne Entgelt ausgestaltet. Es wird in Zukunft zu entscheiden sein, ob ein Produkt mit ausschließlich neuen Bauteilen dem Käufer einen merkantilen Mehrwert bietet gegenüber einem solchen, in dem die Bauteile bereits wiederverwendet wurden.

7.4.2 Steuerrecht

Hinsichtlich der Gewährung von Investitionszulagen beim Erwerber eines Computers ist in einer Verwaltungsrichtlinie (OFD Chemnitz, Verfügung vom 11. März 1997 – InvZ 1260 – 96/2 – St 33) festgestellt worden, dass ein Wirtschaftsgut als neu anzusehen ist, wenn der Teilwert der bei der Herstellung verwendeten gebrauchten Wirtschaftsgüter zehn v. H. des Teilwerts des hergestellten Wirtschaftsguts nicht übersteigt. Neuwertige Bauteile, die vom Hersteller neben gleichartigen neuen Bauteilen in einem Produktionsprozess wiederverwendet werden, gelten dann nicht als gebrauchte Wirtschaftsgüter, wenn der Verkaufspreis des hergestellten Wirtschaftsguts unabhängig vom Anteil der zur Herstellung verwendeten neuen und neuwertigen Bauteile ist.

Auch hier scheint ein neuwertiges, aber wiederverwendetes Bauteil als dem tatsächlichen „neuen" gleichwertig eingestuft zu werden.

7.5 Zusammenfassung der rechtlichen Fragestellungen

Rechtlich gesehen wird die Wiederverwendung von Bauteilen grundsätzlich positiv gesehen, wenn auch noch nicht zwingend vorgeschrieben. Es besteht die Gefahr, dass bei einem Versagen des Produkts Menschen oder Sachwerte beeinträchtigt werden. Das Risiko der Produkthaftung steigt. Ebenso ist sicherzustellen, dass die Verwendung von wiederverwendeten Bauteilen nicht zu einem Mangel des Gesamtprodukts im Sinn der vertraglichen Haftung führt. Dazu ist erforderlich, dass ein Produkt, das wiederverwendete Bauteile enthält, die gleiche Zuverlässigkeit, Funktionalität, Sicherheit und Lebensdauer aufweist, wie ein Produkt mit unbenutzten Bauteilen, und gleichzeitig sensorisch bei normaler, vorhersehbarer Verwendung nicht wahrnehmbar ist, dass Bauteile im Inneren des Produkts bereits vorbenutzt sind. Hier muss besonders sorgfältig die Sicherheit und Zuverlässigkeit geprüft werden. Hinsichtlich der Dokumentation gelten die gleichen Regeln wie bei der Verwendung fabrikneuer Bauteile. Vor dem Hintergrund der besonderen Gefahren sollte die Dokumentation jedoch besonders gewissenhaft betrieben werden.

Entspricht ein Produkt nicht den o. g. Voraussetzungen im Hinblick auf Zuverlässigkeit, Funktionalität und Sicherheit oder sind Gebrauchsspuren für den Nutzer sensorisch wahrnehmbar, kann ein solches Produkt nicht als „neu" in den Verkehr gebracht werden. Jedoch kann durch den Hinweis auf die Verwendung vorbenutzter Bauteile sowohl in werberechtlicher Hinsicht wie auch in haftungsrechtlicher Hinsicht die Haftung vermieden bzw. auf ein der Situation bei vollständig „neuen Produkten" angeglichen werden. Im Hinblick auf die Produkthaftung muss der Hinweis geeignet sein, die Sicherheitserwartung angemessen zu reduzieren. Im Hinblick auf die vertragliche Haftung ist die Beschaffenheit generell mit dem Hinweis: „Enthält wiederverwendete Bauteile" oder, soweit spezifische Probleme bekannt, sind unter Benennung dieser im Vertrag zu vereinbaren. Schädlich ist nur, die Vereinbarung spezifischer Beschaffenheitsangaben ganz zu vermeiden, weil dann ein „Normalzustand" einzuhalten ist, der im normalen Vertrieb zusammen mit „neuen" Produkten nur gegeben ist, wenn der oben beschriebene Standard erreicht wird. Ein Produkt, das wiederverwendete Bauteile enthält und diesen Standard nicht erreicht, entspricht dann auch nicht dem Normalstandard und muss deutlich anders als ein „neues" Produkt vermarktet werden, sodass dem Kunden schon bei der Präsentation bewusst wird, dass es sich nicht um ein „neues" Produkt handelt. Dann ist auch nur der „Normalstandard" für ein Produkt einzuhalten, das dem der Präsentation entspricht.

8 Ausblick

In den vorliegenden Kapiteln dieses Buchs wurde versucht, die komplexen Zusammenhänge für die Wiederverwendung aufzuzeigen. Da eine Beschränkung bei der Themenvielfalt notwendig war, haben sich die Autoren weitgehend auf die Quagan-Teile und damit hergestellte neue Produkte beschränkt. In diesem Kontext wurden auch allgemeine Aspekte der Wiederverwendung behandelt.

Die Autoren haben versucht, einige bisher unklare Begriffe festzulegen. Dazu gehörte der Definitionsbereich für Quagan-Teile, aber auch die Hypothese, dass neue Produkte auch noch dann neu sein können, wenn sie Quagan-Teile enthalten. Die gesetzlichen Regelungen zur Elektroaltgeräterücknahme, zu Gefahrstoffen und Kennzeichnung wurden für Wiederverwender interpretiert.

Die möglichen rechtlichen Verpflichtungen für den wiederverwendenden Hersteller wurden detailliert analysiert, aber auch für die Kundenseite die vertraglichen Aspekte diskutiert. Abfallrecht, Strafrecht und Vertragsrecht wurden ausgelegt. Breiten Raum nehmen auch die rechtlichen Aspekte zur Produktsicherheit und zum Produkthaftungsrecht ein. Die erfreuliche Konsequenz: Rechtlich gesehen geht keine Seite ein erhöhtes Risiko ein, wenn sie sich an die Regeln für neue Produkte hält und der Informationspflicht Genüge getan wird.

Einen breiten Raum nimmt auch die Vorbereitung eines Unternehmens zur Wiederverwendung ein: Es gibt große interessante Märkte. Geeignete Teile finden sich bei kurz- und langlebigen Gütern. Die Kosten-Nutzen-Potenziale sind vor allem bei Industriegütern sehr ausgeprägt positiv. Der potenzielle Nutzen geht über die Teile hinaus und schließt den Wert der Werkstoffe und Rohstoffe ein.

Hat sich der Hersteller für die Wiederverwendung entschieden, wird er seine Prozesse von der Rückholung bis zur Verwertung seiner Restmaterialien lückenlos dokumentieren. Die Prüfung der Teile entspricht der für neue Teile und geht darüber hinaus, wenn noch weitere Risiken bestehen sollten. Der Kunde geht kein höheres Risiko ein als beim Kauf von Geräten/Teilen, die neu sind. Das ist die durchgehende Leitlinie. Die Qualitätswissenschaft hat dazu das Handwerkszeug bereitgestellt. Hierfür wurden zahlreiche Beispiele angeführt.

Es ist evident, dass ein Hersteller die Wiederverwendung über Jahre planen muss, denn die Teile kommen ja nicht sofort zurück. Es besteht auch ein gewisses Risiko, dass sich die Technologie ändern kann. Der Hersteller muss also eine ganzheitliche Markt-, Produkt- und Designstrategie entwickeln, um diese Risiken zu berücksichtigen. Auch hierfür erhält der Hersteller zahlreiche Hinweise, wie er denn sein Produkt wiederverwendbar gestaltet. Dazu zählen vor allem die Reduktion der Kunststoffvielfalt, die Modularität und die Orientierung an den Funktionen im Gerät. Der Leser wird sich aus den angebotenen Strategien, aber auch an praktischen Hinweisen die für ihn passende Lösung schneidern müssen und auch können. Gerade darin liegen auch erhebliche Chancen für einzelne Hersteller. Er hat es nämlich in der Hand, Kunden- und Lieferanten in sein Rückholungskonzept einzubinden sowie Märkte zu erobern, die für die teuren Geräte nicht erreichbar waren.

Das Buch enthält zahlreiche Checklisten, die ein Entwickler für seine Zwecke einsetzen kann. Dazu zählen auch Checklisten für die umweltverträglichere Nutzung von Software und deren Wiederverwendung. Ein Thema, das bei moderneren Geräten auch immer stärker in den Vordergrund rückt.

Es wird betont, dass Wiederverwendung oder Design for Recycling (DfR) nur ein Teilaspekt einer Produktentwicklung sind. Zunächst sind sie Teil eines Ökodesignkonzepts mit einer lebenszyklusüberblickenden Produktgestaltung. Kostenaspekte, technische Anforderungen oder Design müssen in ein Gesamtentwicklungskonzept eingebunden werden. Um letztlich aber nachhaltig zu werden, gehören auch Material- und Ressourcenwiederverwendung und die Beachtung sozialer Fragestellungen dazu. Die hier gezeigten Konzepte zerstören keine Märkte, schaffen Arbeitsplätze und machen bestimmte Produkte und damit Leistungen sogar erschwinglicher für manche Nutzer.

Es sollte auch deutlich werden, dass Hersteller, Kunden und Öffentlichkeit gemeinsam von den Konzepten profitieren können und dass es sich um eine moderne Konzeption handelt, die die Öffentlichkeit, die Rechtssituation und die Umweltaspekte einbezieht.

Die zukünftige gesetzliche Entwicklung wird der Wiederverwendung von Teilen und Geräten mehr Gewicht geben. Die Autoren hoffen, dass sich der Begriff des neuen Produkts mit Quagan-Teilen durchsetzen wird, um der Wiederverwendung Auftrieb zu geben. Es wäre auch wünschenswert, in Pilotprojekten zu prüfen, welche Ersatzteile denn über verschiedene Produktgruppen hinweg einsetzbar wären. Behauptet wird immer wieder, dies sei ein hoher zweistelliger Prozentsatz. Hieraus entstünde möglicherweise ein interessanter internationaler Markt, der den neuen Produkten ohne solche Teile nicht schaden müsste. Wichtig ist, dabei immer wieder zu betonen, dass die Wiederverwendung nur fundiert und dokumentiert auf wissenschaftlicher Basis erfolgen kann, denn ungerechtfertigte Risiken würden das Vertrauen in einen solchen Markt sofort zerstören.

Die Autoren weisen insbesondere auf die Erstellung ganzheitlicher Konzepte hin. Was hilft es der Umwelt, wenn nur wenige Geräte zurückkommen oder wertvolle Werkstoffe gar nicht verwertet werden können, weil ein Recyclingverfahren zwar theoretisch existiert, aber in der Praxis die wirtschaftlich benötigten Mengen nicht zusammenkommen. Diese notwendige konzeptionelle Arbeit ist in Zukunft von allen Beteiligten einschließlich Gesetzgeber noch zu leisten. In Zukunft wird aus wirtschaftlichen Gründen das Thema knapper Ressourcen von bestimmten seltenen Stoffen sehr stark an Bedeutung gewinnen. Nimmt man das hier vorgestellte Konzept zur Wiederverwendung neuwertiger Komponenten hinzu, wird es notwendig werden, von den meist metallurgischen oder trenntechnischen Verfahren kommend einen Weg aufzeigen, wo dieser Stoff in welcher Komponente sitzt und von dort auch wiederverwertet wird. Die Inhaltsstoffangaben sind bereits heute vorhanden, nicht immer gibt es die Verwertungsverfahren. Den Entwickler wird es frustrieren, wenn er ein schönes Konzept entwickelt, er aber an der Praxis scheitert.

Dazu wünschen sich die Autoren, dass international akzeptierte Kriterien für die Gültigkeit von Zuverlässigkeitsprognosen auf wissenschaftlicher Basis entwickelt werden. Damit könnte so manches Fragezeichen von der Wiederverwendung einiger Komponenten genommen werden.

In gleicher Weise wurde auch die Wiederverwendung von Software als Normungsthema initiiert, weil dies nicht in die existente DIN EN 62309 (**VDE 0050**) aus formalen Gründen integriert werden konnte. Als Pendant wurde die IEC/PAS 62814 geschaffen, in der Hinweise zur Wiederverwendung von Softwarekomponenten in aufgearbeiteten Geräten gegeben werden. Veraltete Software trägt oft erheblich zum Energieverbrauch bei. Zudem ist die Softwarewiederverwendung ein immer stärker benötigter Teil einer Gebrauchtgeräteaufarbeitung. Auch dieser Aspekt bedarf mehr Aufmerksamkeit.

Literatur

[1] *Sesín, C.-P.*: Die PC-Lüge. Greenpeace Magazin 7 (1999) H. 6, S. 44–47. – ISSN 0944-2685, Online-Dokument unter www.greenpeace-magazin.de/index. php?id=4160. Hinweis: Es kann sich bei den Angaben in diesem Artikel nur um eine Größenordnung handeln. Die Bandbreite verschiedener Geräte ist heute noch größer als zum Zeitpunkt der Publikation, sodass ein Mittelwert noch schwieriger anzugeben ist.

[2] Elektro- und Elektronik-Altgeräte – Erwartete Mengen von Altgeräten, die ab 2005 über öffentlich-rechtliche Entsorgungsträger (Kommunen) und freiwillige Rücknahmeangebote von Herstellern zurückgegeben werden. ZVEI – Zentralverband Elektrotechnik- und Elektronikindustrie e. V. (Hrsg.). Frankfurt am Main: ZVEI, 2006. Online-Dokument unter www.zvei.org/fileadmin/ user_upload/Technik_Umwelt/Elektro_Elektronikaltgeraete/Hintergrundinfos/ mengen_und_kosten_DE.pdf

[3] Süddeutsche Zeitung, Deutschland-Ausgabe 68 (2012) vom 28.4.2012, S. 24. – ISSN 0174-4917

[4] *Errington, M.*; *Childe, S. J.*: Is the reliability of remanufactured second life electronic products better than that of new? S. 231–235 in Proceedings Electronic Goes Green 2008+ vom 7.9.–10.9.2008 in Berlin. Stuttgart: Fraunhofer IRB Verlag, 2008. – ISBN 978-3-8167-7668-0

[5] IEC 62309:2004-07 Dependability of products containing reused parts – Requirements for functionality and tests. Genf/Schweiz: Bureau Central de la Commission Electrotechnique Internationale. – ISBN 2-8318-7553-6

[6] DIN EN 62309 (**VDE 0050**):2005-02 Zuverlässigkeit von Produkten mit wieder verwendeten Teilen – Anforderungen an Funktionalität und Prüfungen. Berlin · Offenbach: VDE VERLAG

[7] *Belli, F.*; *Quella, F.*: Nicht zum alten Eisen. QZ – Qualität und Zuverlässigkeit 50 (2005) H. 3, S. 27–28. – ISSN 0720-1214

[8] VDI 2243 Blatt 1:1993-10 (zurückgezogen) Konstruieren recyclinggerechter technischer Produkte – Grundlagen und Gestaltungsregeln. VDI-Richtlinie. Düsseldorf: VDI – Verein Deutscher Ingenieure

[9] VDI 2243:2002-07 Recyclingorientierte Produktentwicklung. VDI-Richtlinie. Düsseldorf: VDI – Verein Deutscher Ingenieure

[10] DIN ISO 22628:2001-10 Straßenfahrzeuge – Recyclingfähigkeit und Verwertbarkeit – Berechnungsmethode. Berlin: Beuth

[11] Begriffsbestimmungen. S. 4 in *Nickel, W.*: Recycling-Handbuch. Düsseldorf: VDI-Verlag, 1996. – ISBN 3-18-401386-3

[12] Burn-in. S. 172 in Brockhaus Enzyklopädie, Bd. 5. Leipzig: Brockhaus, 2006. – 21. Auflage, ISBN 978-3-7653-4105-2

[13] **Abfallrahmenrichtlinie**. Richtlinie 2008/98/EG des Europäischen Parlaments und des Rates vom 19. November 2008 über Abfälle und zur Aufhebung bestimmter Richtlinien. Amtsblatt der Europäischen Union 51 (2008) Nr. L 312 vom 22.11.2008, S. 3–30. – ISSN 1725-2539

[14] **Altfahrzeugverordnung (AltfahrzeugV)**. Verordnung über die Entsorgung von Altautos und die Anpassung straßenverkehrsrechtlicher Vorschriften vom 4. Juli 1997. BGBl. I 49 (1997) Nr. 46 vom 10.7.1997, S. 1 666–1 678 – geändert durch Bekanntmachung der Neufassung der Altfahrzeug-Verordnung vom 21. Juni 2002 und Verordnung über die Überlassung, Rücknahme und umweltverträgliche Entsorgung von Altfahrzeugen vom 21. Juni 2002. BGBl. I 54 (2002) Nr. 41 vom 28.6.2002, S. 2 214–2 225. – ISSN 0341-1095

[15] **Altfahrzeugrichtlinie**. Richtlinie 2000/53/EG des Europäischen Parlaments und des Rates vom 18. September 2000 über Altfahrzeuge. Amtsblatt der Europäischen Gemeinschaften 43 (2000) Nr. L 269 vom 21.10.2000, S. 34–43. – ISSN 0376-9453

[16] **Ökodesignrichtlinie**. Richtlinie 2009/125/EG des Europäischen Parlaments und des Rates vom 21. Oktober 2009 zur Schaffung eines Rahmens für die Festlegung von Anforderungen an die umweltgerechte Gestaltung energieverbrauchsrelevanter Produkte. Amtsblatt der Europäischen Union 52 (2009) Nr. L 285 vom 31.10.2009, S. 10–35. – ISSN 1725-2539

[17] **Energiebetriebene-Produkte-Gesetz (EBPG)**. Gesetz über die umweltgerechte Gestaltung energiebetriebener Produkte vom 27. Februar 2008. BGBl. I 60 (2008) Nr. 7 vom 6.3.2008, S. 258–264. – ISSN 0341-1095

[18] **Elektroaltgeräteentsorgungsgesetz (ElektroG)**. Gesetz über das Inverkehrbringen, die Rücknahme und die umweltverträgliche Entsorgung von Elektro- und Elektronikgeräten vom 16. März 2005. BGBl. I 57 (2005) Nr. 17 vom 23.3.2005, S. 762–774. – ISSN 0341-1095

[19] **RoHS2-Richtlinie**. Richtlinie 2011/65/EU des Europäischen Parlaments und des Rates vom 8. Juni 2011 zur Beschränkung der Verwendung bestimmter gefährlicher Stoffe in Elektro- und Elektronikgeräten. Amtsblatt der Europäischen Union L 174 vom 1.7.2011, S. 88–110. – ISSN 1725-2539

[20] **WEEE-Richtlinie**. Richtlinie 2012/19/EU des Europäischen Parlaments und des Rates vom 4. Juli 2012 über Elektro- und Elektronik-Altgeräte. Amtsblatt der Europäische Union 55 (2012) Nr. L 197 vom 24.7.2012, S. 38–71. – ISSN 1725-2539

[21] **Kreislaufwirtschaftsgesetz (KrWG)**. Gesetz zur Förderung der Kreislaufwirtschaft und Sicherung der umweltverträglichen Bewirtschaftung von Abfällen

vom 24. Februar 2012. BGBl. I 64 (2012) Nr. 10 vom 29.2.2012, S. 212–264. – ISSN 0341-1095

[22] **Verpackungsverordnung (VerpackV).** Verordnung über Vermeidung und Verwertung von Verpackungsabfällen vom 21. August 1998. BGBl. I (1998) Nr. 56 vom 27.8.1998, S. 2 379–2 389 – geändert durch Art. 1 und 2 der Fünften Verordnung zur Änderung der Verpackungsverordnung vom 2. April 2008. BGBl. I 60 (2008) Nr. 12, S. 531–539 – Inkrafttreten der letzten Änderung Art. 4 am 1. September 2009. – ISSN 0341-1095

[23] **Produktsicherheitsgesetz (ProdSG).** Gesetz über die Bereitstellung von Produkten auf dem Markt vom 8. November 2011. BGBl. I 63 (2011) Nr. 57 vom 11.11.2011, S. 2 178–2 208 (Berichtigung BGBl. I 64 (2012) Nr. 6 vom 8.2.2012, S. 131). – ISSN 0341-1095

[24] **EMV-Gesetz.** Gesetz über die elektromagnetische Verträglichkeit von Geräten vom 18. September 1998. BGBl. I 50 (1998) Nr. 64 vom 29.9.1998, S. 2 882– 2 892 – Neufassung als Gesetz über die elektromagnetische Verträglichkeit von Betriebsmitteln vom 26. Februar 2008. BGBl. I 60 (2008) Nr. 6, S. 220–232. – ISSN 0341-1095

[25] *Quella, F.:* Recycling im Bereich der Elektro- und Elektronikaltgeräte – Konzept zur Ermittlung der Verwertungsquoten. S. 58/1–58/7 in Tagungsband 38. Essener Tagung für Wasser und Abfallwirtschaft vom 9.3.–11.3.2005 in Aachen. Aachen: Ges. zur Förderung der Siedlungswasserwirtschaft an der RWTH Aachen, 2005 – ISBN 3-932590-91-0

[26] European Commission – Environment – Waste – Waste Electrical and Electronic Equipment. Europäische Kommission, Environment DG, Brüssel/Belgien: http://ec.europa.eu/environment/waste/weee/legis_en.htm

[27] **REACH-Verordnung** (Registration, Evaluation, Authorization of Chemicals). Verordnung (EG) Nr. 1907/2006 des Europäischen Parlaments und des Rates vom 18. Dezember 2006 zur Registrierung, Bewertung, Zulassung und Beschränkung chemischer Stoffe (REACH), zur Schaffung einer Europäischen Agentur für chemische Stoffe, zur Änderung der Richtlinie 1999/45/EG und zur Aufhebung der Verordnung (EWG) Nr. 793/93 des Rates, der Verordnung (EG) Nr. 1488/94 der Kommission, der Richtlinie 76/769/EWG des Rates sowie der Richtlinien 91/155/EWG, 93/67/EWG, 93/105/EG und 2000/21/EG der Kommission. Amtsblatt der Europäischen Union 49 (2006) Nr. L 396 vom 30.12.2006, S. 1–851. – ISSN 1725-2539, in Kraft seit 1. Juni 2007

[28] Europäische Kommission – Energie – Energieeffizienz. Europäische Kommission, Brüssel/Belgien: http://ec.europa.eu/energy/efficiency/ecodesign/legislation_de.htm

[29] **Niederspannungsrichtlinie**. Richtlinie 2006/95/EG des Europäischen Parlaments und des Rates vom 12. Dezember 2006 zur Angleichung der Rechtsvorschriften der Mitgliedstaaten betreffend elektrische Betriebsmittel zur Verwendung innerhalb bestimmter Spannungsgrenzen. Amtsblatt der Europäischen Union 49 (2006) Nr. L 374 vom 27.12.2006, S. 10–19. – ISSN 1725-2539

[30] **Maschinenrichtlinie**. Richtlinie 98/37/EG des Europäischen Parlaments und des Rates vom 22. Juni 1998 zur Angleichung der Rechts- und Verwaltungsvorschriften der Mitgliedstaaten für Maschinen. Amtsblatt der Europäischen Gemeinschaften 41 (1998) Nr. L 207 vom 23.7.1998. – ISSN 0376-9453. – neugefasst durch Richtlinie 2006/42/EG des Europäischen Parlaments und des Rates vom 17. Mai 2006 über Maschinen und zur Änderung der Richtlinie 95/16/EG. Amtsblatt der Europäischen Union 49 (2006) Nr. L 157 vom 9.6.2006, S. 24–86. – ISSN 1725-2539

[31] *Jacob, P.*; *Rütsch, M.*: Microelectronic Components: How reliability impacts sustainability industry. S. 237–240 in Proceedings Electronic Goes Green 2008+ vom 7.9.–10.9.2008 in Berlin. Stuttgart: Fraunhofer IRB Verlag, 2008. – ISBN 978-3-8167-7668-0

[32] *Affüpper, M.*; *Holberg, Th.*: Wiederverwendung von Elektronikbauteilen. EP Entsorgungs-Praxis 17 (1999) H. 5, S. 16–18. – ISSN 0724-6870

[33] *Meyer, C.*; *Mahr, H.*: Lebenszyklusorientierte Produktstrategie bei Xerox. UWF Umweltwirtschaftsforum 8 (2000) H. 3, S. 42–46. – ISSN 0943-3481

[34] Environmental Performance Report, S. 16. Marlow/Großbritannien: Rank Xerox Ltd., 1995

[35] *Oberender, C.*; *Hiller, V.*; *Reichl, H.*: Spare part management from the view of sustainability. S. 505–510 in Proceedings Electronic Goes Green 2008+ vom 7.9.–10.9.2008 in Berlin. Stuttgart: Fraunhofer IRB Verlag, 2008. – ISBN 978-3-8167-7668-0

[36] Mischbarkeit von Kunststoffen/Metalle zum Recycling. S. 80–83 in *Nickel, W.*: Recycling-Handbuch. Düsseldorf: VDI-Verlag, 1996. – ISBN 3-18-401386-3

[37] Fraunhofer-Institut für Verfahrenstechnik und Verpackung (IVV), Freising: www.ivv.fraunhofer.de

[38] DIN EN 62684:2011-05 Spezifikationen für die Interoperabilität eines einheitlichen externen Stromversorgungsgeräts (EPS) für die Anwendung bei datenübertragungsfähigen Mobiltelefonen. Berlin: Beuth

[39] VDI 2343 Blatt 1:2001-05 Recycling elektrischer und elektronischer Geräte – Grundlagen und Begriffe. VDI-Richtlinie. Düsseldorf: VDI – Verein Deutscher Ingenieure

[40] VDI 2343 Blatt 2:2010-02 Recycling elektrischer und elektronischer Geräte – Logistik. VDI-Richtlinie. Düsseldorf: VDI – Verein Deutscher Ingenieure

[41] VDI 2343 Blatt 3:2009-04 Recycling elektrischer und elektronischer Geräte – Demontage. VDI-Richtlinie. Düsseldorf: VDI – Verein Deutscher Ingenieure

[42] VDI 2343 Blatt 4:1999-11 Recycling elektrischer und elektronischer Geräte – Vermarktung. VDI-Richtlinie. Düsseldorf: VDI – Verein Deutscher Ingenieure

[43] tecpol Technologieentwicklungs GmbH, Hannover: www.tecpol.de

[44] *Anselm, D.*: Unfallinstandsetzung von Kraftfahrzeugen unter Verwendung gebrauchter Ersatzteile. Allianzreport 72 (1999) H. 3, S. 188–194. – ISSN 0943-4569

[45] *Goodship, V.* (Hrsg.): Waste electrical and electronic equipment (WEEE) handbook. Oxford/Großbritannien u. a.: Woodhead, 2012. – ISBN 978-0-85709-089-8

[46] IEC 62474:2012-03 Material declaration for products of and for the electrotechnical industry. Genf/Schweiz: Bureau Central de la Commission Electrotechnique Internationale. – ISBN 978-2-88912-971-3

[47] IPC 1752 A:2012-11 Materials Declaration Management Standard. Bannockburn, Illinois/USA: Association Connecting Electronics Industry (IPC). – ISBN 978-1-61193-075-7

[48] BomCheck. Environ Corp., Arlington, Virginia/USA: www.bomcheck.net/de

[49] DIN EN ISO 14040:2009-11 Umweltmanagement – Ökobilanz – Grundsätze und Rahmenbedingungen. Berlin: Beuth

[50] DIN EN ISO 14044:2006-10 Umweltmanagement – Ökobilanz – Anforderungen und Anleitungen. Berlin: Beuth

[51] DIN ISO 14067:2012-11 Treibhausgase – Carbon Footprint von Produkten – Anforderungen an und Leitlinien für quantitative Bestimmung und Kommunikation. Berlin: Beuth

[52] VDI 4600:1997-06 Kumulierter Energieaufwand – Begriffe, Definitionen, Berechnungsmethoden. VDI-Richtlinie. Düsseldorf: VDI – Verein Deutscher Ingenieure

[53] DIN EN ISO 14021:2001-12 Umweltkennzeichnungen und -deklarationen – Umweltbezogene Anbietererklärungen (Umweltkennzeichnung Typ II). Berlin: Beuth

[54] *N. N.*: „Proven Excellence" – herausragende Qualität, Zuverlässigkeit und Flexibilität. Medical Solutions 4 (2006) H. September 2006, S. 37–41. – ISSN 1614-5569

[55] COCIR – European Coordination Committee of the Radiological, Electro-medical and Healthcare IT Industry, Brüssel/Belgien: www.cocir.org

[56] *Arglebe, C.*; *Braun, M.*; *Plumeyer, M.*: Medical electrical equipment – Good refurbishment practice. S. 737–740 in Proceedings Electronic Goes Green 2008+ vom 7.9.–10.9.2008 in Berlin. Stuttgart: Fraunhofer IRB Verlag, 2008. – ISBN 978-3-8167-7668-0

[57] Medical electrical equipment: Good refurbishment practice (GRP). COCIR Industry Standard. Brüssel/Belgien: COCIR, 2007 (vgl. [60, 64])

[58] Siemens AG, Sector Healthcare, Erlangen: www.siemens.de/healthcare

[59] Refurbished Systems. Siemens AG, Sector Healthcare, Erlangen: www.siemens.de/healthcare → Über uns → Umweltschutz → Produktbezo-gener Umweltschutz → Refurbished Systems

[60] *Braun, M.*; *Arglebe, C.*: Gebraucht und doch wie neu. Medizinprodukte Journal 14 (2007) H. 4, S. 199–204. – ISSN 0944-6885

[61] Eco-efficiency of Electrical and Electronic Equipment (WEEE): End-of-Life Options. PlasticsEurope Deutschland e. V. (Hrsg.). Frankfurt am Main: Plas-ticsEurope, 2005

[62] *Quella, F.* (Hrsg.): Umweltverträgliche Produktgestaltung. Erlangen · München: Publicis MCD-Verlag, 1998. – ISBN 3-89578-090-1

[63] Umgemo GmbH, Walderbach: www.verpackungsreinigung.de

[64] *Quella, F.*: Innovationsstrategien für umweltverträgliche Produkte. UWF Um-weltwirtschaftsforum 8 (2000) H. 3, S. 47–51. – ISSN 0943-3481

[65] DIN EN ISO 9001:2008-12 Qualitätsmanagementsysteme – Anforderungen. Berlin: Beuth

[66] DIN EN ISO 14001:2009-11 Umweltmanagementsysteme – Anforderungen mit Anleitung zur Anwendung. Berlin: Beuth

[67] *Pampoukidou, N.*: Wiederverwendung gebrauchter Elektronik-Komponenten in Neugeräten – Voraussetzungen und Prüfungen, dargestellt anhand einer Fallstudie. Diplomarbeit Universität Paderborn, EIM-E/ADT, 2007

[68] DIN EN ISO 11469:2000-10 Kunststoffe – Sortenspezifische Identifizierung und Kennzeichnung von Kunststoff-Formteilen. Berlin: Beuth

[69] DIN-Fachbericht ISO/TR 14062:2003 Umweltmanagement – Integration von Umweltaspekten in Produktdesign und -entwicklung. Deutsche Über-setzung ISO/TR 14062:2002. Berlin u. a.: Beuth. – ISBN 3-410-15480-9, ISSN 0179-275X

[70] DIN EN 62430 (**VDE 0042-2**):2010-02 Umweltbewusstes Gestalten von elektrischen und elektronischen Produkten. Berlin · Offenbach: VDE VERLAG

[71] *Steinhilper, R.*: Remanufacturing. Stuttgart: Fraunhofer IRB Verlag, 1998. – ISBN 3-8167-5216-0

[72] *Young-Do Jung*; *Hong-Yoon Kang*: Evaluation method to aid DfR (Design for Remanufacturing). In Tagungsband Care Innovation Kongress 2006 vom 13.11.–16.11.2006 in Wien/Österreich. IJAA – International Journal Automation Austria 14 (2006) Sonderausgabe. – ISSN 1562-2703

[73] SiCon GmbH, Hilchenbach: www.sicontechnology.com

[74] *Hirth, T.*; *Woidasky, J.*; *Eyerer, P.*: Nachhaltige rohstoffnahe Produktion. Stuttgart: Fraunhofer IRB Verlag, 2007. – ISBN 978-3-8167-7302-3

[75] *Boothroyd, G.*; *Dewhurst, P.*; *Winston, K.*: Product Design for Manufacture and Assembly. New York/USA u. a.: M. Dekker Verlag, 1994. – ISBN 0-8247-9176-2

[76] Design IV, Hereford/Großbritannien: www.design-iv.com

[77] Boothroyd Dewhurst Inc., Wakefield/Großbritannien: www.dfma.com

[78] *Melzer, K.*: Integrierte Produktpolitik bei elektrischen und elektronischen Geräten zur Optimierung des Product-Life-Cycle. Bd. 169 Fertigungstechnik. Dissertation Universität Erlangen–Nürnberg. Bamberg: Meisenbach-Verlag, 2005. – ISBN 3-87525-234-9, ISSN 1431-6226

[79] *Böhme, H.*: Recyclinggerechte Konstruktion von Reisezugwagen. Schriftenreihe des Instituts für Verbrennungsmotoren und Kraftfahrwesen der Universität Stuttgart Bd. 14. Dissertation Universität Stuttgart. Renningen: Expert, 2000. – ISBN 3-8169-1863-8

[80] *Elsner, H.*; *Melcher, F.*; *Schwarz-Schampera, U.*; *Buchholz, P.*: Elektronikmetalle – zukünftig steigender Bedarf bei unzureichender Versorgungslage? Bundesanstalt für Geowissenschaften und Rohstoffe: Commodity Top News (2010) Nr. 33 vom 22.4.2010. – Online-Dokument unter www.bgr.bund.de/DE/Gemeinsames/Produkte/Downloads/Commodity_Top_News/Rohstoffwirtschaft/33_elektronikmetalle.pdf

[81] Bericht der Kommission an den Rat und das Europäische Parlament über die Ziele nach Artikel 7 Absatz 2 Buchstabe b der Richtlinie 2000/53/EG des Europäischen Parlaments und des Rates über Altfahrzeuge. KOM (2007)5 endgültig vom 16. Januar 2007. Brüssel/Belgien: Europäische Kommission, 2007. – Dokument-Nr. 52007DC0005 in EUR-Lex (http://eur-lex.europa.eu/)

[82] IEC/TR 62635:2012-10 Guidelines for end-of-life information provided by manufacturers and recyclers and for recyclability rate calculation of electrical

and electronic equipment. Genf/Schweiz: Bureau Central de la Commission Electrotechnique Internationale. – ISBN 978-2-83220-413-9

[83] *Chang, Hsiang-Tang*; *Ko, Ya-Chuan*: An Eco-innovative problem-solving design process combining Triz Su-Field model and standards. In Tagungsband Care Innovation Kongress 2006 vom 13.11.–16.11.2006 in Wien/Österreich. IJAA – International Journal Automation Austria 14 (2006) Sonderausgabe. – ISSN 1562-2703

[84] Vision und Strategie (VI) – Spielregeln ändern, Kommentare. Düsseldorf · München: Boston Consulting Group, 1991

[85] IEC/PAS 62814:2012-12 Dependability of software products containing reusable components – Guidance for functionality and tests. Genf/Schweiz: Bureau Central de la Commission Electrotechnique Internationale. – ISBN 978-2-83220-501-3

[86] **Gesetz gegen den unlauteren Wettbewerb (UWG)** vom 3. Juli 2004. BGBl. I 56 (2004) Nr. 32 vom 7.7.2004, S. 1414–1421, zuletzt geändert durch Art. 2 Gesetz zur Bekämpfung unerlaubter Telefonwerbung und zur Verbesserung des Verbraucherschutzes bei besonderen Vertriebsformen vom 29. Juli 2009. BGBl. I 61 (2009) Nr. 49 vom 3.8.2009, S. 2413–2415. – ISSN 0341-1095

Anhang 1 Praxishinweise zur recyclinggerechten Produktgestaltung

Generell finden sich die nachfolgenden Hinweise (u. a. aus VDI-Richtlinie 2243) in fast allen Regelwerken von Firmen wieder, obwohl die Gültigkeit von einigen davon durchaus diskutabel sind. Viele Firmen haben deshalb aus solchen generellen Regeln eigene Vorgaben entwickelt, die für ihre Zwecke besser geeignet sind und vor allem die Erfahrungen bündeln, die sie selbst über Jahre gemacht haben.

Baustruktur

- funktional-modularen Aufbau vorsehen;
- horizontale Strukturen bevorzugen;
- kreislaufgeeignete und/oder zu demontierende Komponenten und Materialien zugänglich und leicht demontierbar anordnen;
- einfache Entfernung von Betriebsstoffen gewährleisten, ausführen und leicht zugänglich machen, Kabelbäume und elektrische Netze leicht demontierbar gestalten und anordnen;
- elektrische und elektronische Komponenten/Baugruppen leicht zugänglich/ demontierbar und möglichst in der obersten Demontageebene anordnen.

Unsere Ergänzung

- auf Batterien weitgehend verzichten, wenn möglich durch Kondensatoren ersetzen;
- Verschleißteile leicht tauschbar gestalten, konstruktiv u. U. nur das verschlissene Element tauschen;
- möglicherweise Kennzeichnung von Komponenten, die wiederverwendbar sind.

Materialien und Oberflächen

- Kennzeichnung von Materialien nach einschlägigen Normen und Regelwerken;
- Vermeidung recyclingkritischer Substanzen, Gefahr- und Schadstoffe[19];
- Einsatz stofflich wirtschaftlich wiederverwertbarer Werkstoffe[20];

---

[19] Anmerkung der Autoren: Dies ist sehr fallspezifisch, siehe gemeinsame Checkliste der Elektro- und Elektronikverbände mit EERA.

[20] Lohnt in der Elektrotechnik oft nicht. Bei geringen Mengen fehlt der Markt. Viele Komponenten in der Elektrotechnik sind nicht kompatibel zu erhalten, weil oft nur ein Hersteller weltweit existiert und nichts ändern möchte.

- Einsatz verwertungskompatibler Werkstoffe nach Herstellerempfehlungen in Modulen/Baugruppen insbesondere bei Materialverbunden[21];
- Reduzierung der Materialvielfalt und stoffliche Vereinheitlichung in Modulen/Baugruppen;
- Oberflächenschichten möglichst verwertungskompatibel mit Trägermaterial/Substrat auslegen[22];
- Einsatz recyclingfreundlicher Lacke und Beschichtungen[23];
- bei Kunststoffteilen Rezyklateinsatz vorsehen und Vermeidung metallischer Inserts[24];
- Einsatz halogenfreier Leiterplatten[25].

Unsere Ergänzung

- Durch Laserbeschriftung wird die Recyclingfähigkeit nicht beeinflusst;
- Oberflächen auch von Komponenten so gestalten, dass sie nach Alterung nicht unansehnlich werden bzw. leicht für die Wiederverwendung gereinigt werden können;
- Reduktion der Masse an Werkstoffen (Dickenoptimierung, Zusammenfassung von Teilen, Substitution von Mechanik durch Elektronik);
- Vermeidung von überflüssiger Verpackung;
- Verwendung von Standardteilen kann Verwertungschancen für bestimmte Werkstoffe erhöhen;
- Labels vermeiden oder verträglich mit dem Untergrundkunststoff wählen.

Demontage und Verbindungstechnik

- Anzahl und Vielfalt der Verbindungselemente minimieren[26];
- Verbindungselemente vereinheitlichen;
- einheitliche Demontagerichtungen, vorzugsweise axial in Demontagerichtung vorsehen;

---

[21] Lohnt in der Elektrotechnik oft nicht. Bei geringen Mengen fehlt der Markt. Viele Komponenten in der Elektrotechnik sind nicht kompatibel zu erhalten, weil oft nur ein Hersteller weltweit existiert und nichts ändern möchte.

[22] Am besten ganz verzichten! Edelstahl hat Vorteile und ist mit einem Laser beschriftbar.

[23] Am besten ganz verzichten! Edelstahl hat Vorteile und ist mit einem Laser beschriftbar.

[24] Für Massenprodukte fehlen oft ausreichende Mengen im Marktangebot.

[25] Es gibt noch zahlreiche Probleme (lieferbare Mengen unzureichend, Material für Hochfrequenzanwendungen nicht geeignet, Herstellverfahren in Japan und Europa nicht identisch), obwohl Substitution in den meisten Fällen möglich!

[26] Anmerkung der Autoren: Es gab bereits Geräte wie PC, die ohne feste Verbindungstechnik auskamen. Die Teile wurden in eine Form gelegt und insgesamt auf die gegenüberliegenden elektrischen Kontakte gedrückt.

- zerstörungsfrei lösbar ausgelegte Verbindungen leicht lösbar, auch noch nach der geplanten Produktnutzungsdauer, erkennbar und zugänglich gestalten;
- Schnappverbindungen, wenn möglich Schraubverbindungen vorziehen;
- unlösbare Verbindungsarten – z. B. Schweißen, Nieten, Kleben – minimieren und möglichst nur bei verwertungskompatiblen Materialien verwenden;
- Einsatz von Demontagestandardwerkzeugen vorsehen und Zugänglichkeit gewährleisten;
- bei Flachbaugruppen außenliegende Schnappverbindungen einsetzen und Schraubverbindungen vermeiden;
- Befestigungselemente für elektromechanische Komponenten auch ohne vorhandene Stromversorgung zugänglich gestalten.

Betriebsstoffentnahme

- Betriebsflüssigkeiten müssen unabhängig voneinander einfach, schnell und vollständig entfernbar sein;
- Ablassmöglichkeiten vorsehen und deren gute Erkennbarkeit und Zugänglichkeit gewährleisten;
- wenn keine Ablassmöglichkeit gegeben, Markierung für zerstörenden Eingriff in flüssigkeitstragendes Bauteil vorsehen.

Anhang 2 Analyse potenzieller Widersprüche bzw. Hindernisse bei der Ausarbeitung optimaler Recyclingeigenschaften (angenommenes Beispiel)

Die Fragestellung lautet beispielsweise: Hat die entsprechende Verbindungstechnik Einfluss auf die jeweilige Kundenforderung bzw. umgekehrt? Ergibt sich ein Widerspruch (w), so kann dieser häufig gelöst werden und trotzdem noch eine genügend leichte Demontagefähigkeit erreicht werden.

Recycling-eigenschaften \ Kunden-forderung	EMV*	elektrische Sicherheit für Kinder	Unzugäng-lichkeit für Verbraucher	Fallhöhe 1,2 m	...			
leichte Demontage	0	w	w	?				
Verbindungstechnik								
Schraubverbindung	?	+	0	+				
mit Sicherungslack	?	+	+	0				
Schnappverbindung	0	?	?	?				
Steckverbindung	0	–	–	?				
Lötverbindung	0	0	0	+				
Nieten	?	+	+	+				
...								

(w) potenzieller Widerspruch; (0) ohne Einfluss; (+) positiver Einfluss auf Merkmal; (–) negativer Einfluss auf Merkmal; (?) Klärungsbedarf; (*) EMV – elektromagnetische Verträglichkeit

Anhang 3 Abkürzungen, Liste der erwähnten Verbände

Abkürzungen

CAD	Computer Aided Design
CE-Zeichen	Abkürzung für „Conformité Européenne" (bestätigt die Übereinstimmung mit EU-Richtlinien)
DFMA	Design for Manufacture and Assembly
DfR	Design for Recycling
FMEA	Failure Modes and Effects Analysis (Qualitätswerkzeug zur Risikobewertung)
QFD	Quality Function Deployment (Qualitätswerkzeug zur Umsetzung von Kundenwünschen in technische Anforderungen an ein Produkt)
PAS	Publicly Available Specification

Verbände

BBS	Bundesverband Baustoffe Steine und Erden e. V., www.baustoffindustrie.de
BDI	Bundesverband der deutschen Industrie e. V., www.bdi-online.de
Bitkom	Bundesverband Informationswirtschaft Telekommunikation und neue Medien e. V., www.bitkom.org
CECED	European Committee of Domestic Equipment Manufacturers, www.ceced.eu
COCIR	European Coordination Committee of the Radiological, Electromedical and Healthcare IT Industry, www.cocir.org
DigitalEurope	Industrieverband der europäischen Informationstechnologie, der Consumerelektronik und der Telekommunikationsindustrie, www.digitaleurope.org
DIN	Deutsches Institut für Normung e. V., www.din.de
DKE	Deutsche Kommission Elektrotechnik Elektronik Informationstechnik im DIN und VDE, www.dke.de
EERA	European Electronics Recycler Association, www.eera-recyclers.com

IEC	International Electrotechnical Commission, www.iec.ch IEC TC 56: „Dependability" JTC 1: „Information Technology" Joint technical committee of IEC und ISO IEC TC 111: „Environmental Standardization for Electrical and Electronic Products and Systems"
ISO	International Organisation for Standardisation, www.iso.org
PlasticsEurope	Association of Plastic Manufacturers, www.plasticseurope.org
VDE	Verband der Elektrotechnik Elektronik Informationstechnik e. V., www.vde.com
VDI	Verband deutscher Ingenieure e. V., www.vdi.de
ZVEI	Zentralverband Elektrotechnik- und Elektronikindustrie e. V., www.zvei.org

Anhang 4 Checklisten für Softwarewiederverwendung und umweltverträgliche Software

4.1. Checkliste für Wiederverwendung und Erneuerung von Software in einer Hardwarekomponente oder in einem System, das wiedervermarktet werden soll, insbesondere für Quagan-Komponenten

4.1.1 Welcher Softwarestatus liegt im alten System vor?

4.1.2 Welche Softwareupgrades sind verfügbar und welche würden zu dem gebrauchten und erneuerten Gerätesystem passen?

4.1.3 Welche Updates hat die Software des aufzuarbeitenden Geräts schon erhalten?

4.1.4 Wurde die Verträglichkeit von Upgrades oder wiederverwendeter Software am aufgearbeiteten neuen Produkt bereits getestet?

4.1.5 Welche Hardwarekomponenten (neue/Quagan) sollen in das neue System integriert werden und welche neuen Funktionen sollen in dem neuen Hardwareprodukt zur Verfügung stehen?

4.1.6 Müssen neue Programmschritte für einige Hardwarekomponenten entwickelt werden, die in dem neuen Produkt/System neu sind?

4.1.7 Gibt es neue Hardwarekomponenten, die aufgrund möglicher Verträglichkeitsprobleme nicht in dem aufgearbeiteten Produkt eingesetzt werden dürfen?

4.1.8 Welche Hardwarekomponenten können nicht mit der alten, erneuerten oder wiederverwendeten Software gesteuert werden?

4.1.9 Gibt es unterschiedliche Normen wie für Übertragungsgeschwindigkeiten von Daten in verwendeten Komponenten?

4.1.10 Wenn das bisherige Produkt in einem Datennetz eingebunden war: Ist das wiederverwendete/erneuerte Produkt und seine Software verträglich mit dem bisherigen vernetzten System (Busstruktur) beispielsweise in einer Produktionslinie?

4.1.11 Wie kann das gesamte Produkt/System geprüft werden?

4.1.12 Falls die Hardwarekomponente in einem vernetzten System einer Anlage eingebaut ist oder mit dem Internet korrespondiert, welche Randbedingungen sind für die Software zu erfüllen?

4.1.13 Können auch die Installationsmedien für alte Datenübertragungssysteme, falls erforderlich, mit der erneuerten Hardware genutzt werden (Magnetband, CD-ROM)?

4.2. Umweltaspekte einer wiederverwendeten Software in neuen Hardwarekomponenten oder Produkten und in Quagan-Komponenten

4.2.1 Können energiesparende Elemente in die Software, wie automatisches Herunterfahren in den Stand-by-Betrieb, integriert werden?

4.2.2 Sind Ladebefehle an Batterien, Ladegeräte, Kondensatoren, Speicher usw. auf ihren evtl. zu hohen Energieverbrauch geprüft?

4.2.3 Welche Vorgaben gibt es, um vergleichbar niedrige Energieverbräuche als Zielwert heranzuziehen wie den „Energy Star"?

4.2.4 Wird der Energieverbrauch des erneuerten Geräts/Systems viel höher mit der wiederverwendeten Software, und wie kann er reduziert werden?

4.2.5 Ist die Laufzeit für einige Softwareaufgaben zu lang?

4.2.6 Wie ist der Energieverbrauch im Vergleich mit ganz neuer Hardware? Kann ein zu hoher Verbrauch durch eine ganz neue Software ausgeglichen werden?

4.2.7 Ist eine Kombination von neuer Hardware und Software notwendig, um den Energieverbrauch zu reduzieren, beispielsweise eine Kombination von schaltbaren Stromversorgungseinheiten?

4.2.8 Sind die Verbräuche der Komponenten wie Drucker auf ihren Energieverbrauch hin geprüft?

4.2.9 Kann die Hardware im erneuerten Produkt durch eine Softwarefunktion ersetzt werden, um Energie zu sparen, z. B. die Faxfunktion, die integriert ist?

4.2.10 Kann die Hardware vereinfacht werden wie im Fall von Batterien, die man teilweise durch Kondensatoren ersetzen kann?

4.2.11 Kann das System (Produkt und Software) auf einfache Weise geprüft werden?

4.2.12 Sind Produkt und Softwarefunktionen leicht bedienbar?

4.2.13 Gibt es Empfehlungen für einen Energiesparmodus für das Produkt oder System?

4.3. Aspekte der Harmonisierung von Hardwarezustand und möglichen Softwareausgabeständen während des Aufarbeitungsprozesses eines Produkts oder Systems

4.3.1 Wurde geprüft, welcher Hardwarezustand in dem wiederverwendbaren System im Einsatz ist? Gewöhnlich definiert der „Device Master Record" des Herstellers die Anforderungen.

4.3.2 Welche Softwareversionen passen zu dem aktuellen Hardwarestand? Gewöhnlich erläutern die „Device History Records" des Herstellers, welche Softwareversionen zu welchem Hardwarezustand passen.

4.3.3   Ist der Softwareupdateprozess festgelegt? Gewöhnlich gibt es eine Empfehlung des Herstellers dazu. Hinweis: Manchmal müssen die Softwareupdates in einer bestimmten Reihenfolge implementiert werden.

4.3.4   Wurde das aufgerüstete System geprüft?

4.3.5   Wurden alle Aktionen in Verbindung mit dem Softwareupdate dokumentiert?

Anhang 5 Detailcheckliste zur Teilequalifizierung

Teilebewertung/Machbarkeitsstudie

- Auswahl potenziell geeigneter Teile;
- Bewertung und Kosten des Demontageprozesses und dessen Festlegung;
- Auswahl von Teilen zur Probe für statistische Untersuchungen;
- Erprobung der ausgebauten Teile in Produkten;
- bei positivem Ergebnis: erste Produktionscharge festlegen;
- Prozessfähigkeit der Teile prüfen;
- Festlegung des Qualitätsprüfungsvorgehens und -umfangs, u. a.:
  - Risikobewertung des Teileausfalls,
  - Eigenschaften der Neuteile verglichen mit Gebrauchtteilen,
  - FMEA;
- welche Zusatzprüfung ist evtl. notwendig für kritische Teile/Anwendungen?
- welche Toleranzen sind akzeptabel? (Farbe, Messwertestreuung, …);
- Bewertung der Kosten: Neuteil vs. Prüf-, Transport-, Beschaffungskosten;
- lohnt sich der Aufwand? Wenn ja: Endgültige Festlegung des Qualifikationsprozesses! Von der Demontage … bis zum Einbau;
- Teilefreigabe für Wiederverwendung;
- Teiledisposition und Berechnung der durchschnittlich pro Gerät eingebauten Quagan-Teile für Preiskalkulation.

Prozessfestlegung und -Qualifikation

- Rückholung der Geräte anstoßen (z. B. aus Leasing, Anlagen, Rückkauf nach Ablauf einer definierten Lebensdauer);
- Demontageablauf beim Kunden festlegen (z. B. für einen Computertomografen aus dem Krankenhaus), Desinfektionsnotwendigkeit klären;
- Klärung: Fachpersonal notwendig?
- Klärung: Transport durch Fachpersonal notwendig?
- Bewertung;
- Reinigung;
- Demontageverlauf des Geräts (EGB-Schutz) festlegen;
- Prüfverfahren für Teile und Endgeräte (Qualitätsbewertung).

Reinigungsverfahren

- Druckluft (Hochdruckreiniger);
- Ultraschall;
- Kohlendioxid;
- Wasser und Seife (Gehäuse), evtl. neu lackieren;
- Desinfektion;
- Beizbäder (Laugen/Säuren).

Prüfen – Eignungsprüfung

- Vorprüfung, ob Teil überhaupt geeignet
  - Sichtprüfung des gesamten Geräts und der Teile;
  - einfache, schnelle Tests wie Stromdurchgang, Spannungswert;
  - Feststellung der Restlebensdauer eines Teils z. B. über Verschleißwert, Stundenzähler, Verbrauchszähler;
  - bei lasttragenden Strukturen müssen angemessene Prüfungen (z. B. Röntgen- oder Ultraschallprüfungen) einbezogen werden;
  - Bewertung des Softwarezustands, Aufrüstung festlegen;
  - Umwelteigenschaften klären, wie: verbotene Stoffe nach RoHS vorhanden?
  - Energieverbrauch zu hoch?
- Reparatur, falls notwendig, wie Verschleißteile wechseln (Kohlebürsten in Motor, Kontakte).

Prüfung für Quagan-Teile

- Prüfverfahren für neue und neuwertige gebrauchte Teile sind nach dem vorgesehenen Konzept weitgehend identisch;
- Zusatzprüfaufwand entfällt, wenn die Teile gemeinsam mit neuen verbaut werden und dieselbe Wareneingangsprüfung mit durchlaufen. Wenn die Teile den Burn-in schon durchlaufen haben, ist diese Prüfung nicht mehr nötig;
- einschleusen in die Eingangsprüfung der normalen Fertigung, vermischen mit Neuteilen, genügend Teile für Qualitätsaussage bereitstellen; alternativ 100 %-Prüfung durchführen;
- Geräteprüfung:
  - elektrisches Prüfprogramm des Geräts (oft Eigenbau des Herstellers) durchlaufen,
  - zyklische Belastungstests (Temperatur, Feuchte, …), beschleunigte Tests;
- Auswerten der Qualitätskennwerte (Ausfallraten vor und nach Auslieferung), Verwendung der Qualitätskennwerte für Neuentwicklung.

Stichwortverzeichnis